부모의 말 수업

공감과 지지로 깊은 애착 관계를 만드는

부모의 말 수업

힐랄 비릿 지음
이은비 옮김

FIKA

서문

우리는 아이들을 바꾸지 못합니다. '조금만 달라지면 돼. 그러면 훨씬 더 쉬워질 거야'라고 아무리 생각해본들 마찬가지입니다. 네, 그럴 수만 있다면 참 좋겠습니다. 하지만 아이들은 자기 본성을 늘 그렇게 계속 유지합니다. 그리고 부모들에게는 이게 아주 도전적인 과제가 되기도 하지요.

그런데 우리가 아이의 본성은 어쩌지 못해도 서로서로 더 편해지기 위해 아이의 행동에는 영향을 미칠 수 있습니다. 어떻게 가능하냐고요? 아이를 그 존재 자체로 받아들이면 됩니다. 아이가 자기 자신을, 우리를, 그리고 이 세상을 좀 더 잘 이해하도록 우리가 도와주면 됩니다. 아이가 성장하고 발달하도록 충분한 시간을 허락해주면 됩니다. 아이를 이해심으로 포용해주면 됩니다. 그리고 부모인 우리도 우리 자신을 좀 더 잘 이해하고 자기 행동을 변화시켜 나가면 됩니다. 부모와 자녀의 관계, 가정에서 서로 함께하는 생활, 상호 의사소통에 대한 책임은 바로 부모인 우리에게 있기 때문입니다.

이에 관해 저자보다 더 잘 아는 사람은 없을 겁니다. 저는 개인적으로 심리치료사이자 교육자, 발달심리학 전문가인 저자를 높게 평가합니다. 우리 부모들에게 필요한 정보와 지식을 간략하고 이해하기 쉽게 핵심만 콕 집어 설명해주니까요. 또 필요한 내용을 쉽게 가르쳐줌으로써 부모들의 일상생활이 한결 더 편해지도록 도와줍니다. 결코 불가능한 것들을 이야기하지 않습니다. 부모가 아이와 함께 잘 지낼 방법, 그리고 부모에게 필요한 것들을 고민합니다. 저자가 부모들에게 조언을 건넬 때는 우리 아이들, 그리고 아이들의 특성과 기질을 고려합니다. 아이들은 무엇을 할 수 있을까? 아이들에게는 무엇이 필요할까? 아이들이 부모의 말을 듣지 않는 이유는 무엇일까? 이와 동시에 저자는 아이들의 부모도 함께 생각합니다. 부모가 갖추고 있는 자원들, 몸에 밴 오래된 습관들, 오랫동안 그냥 내버려두어 문제가 된 것들을 고려하면서 이로 인해 현재 부모가 직면하고 있는 어려움은 무엇인지 함께 고민합니다.

이 책을 통해 저는 저자가 가진 전문 지식뿐만 아니라 진심도 엿볼 수 있었습니다. 저자는 온 정성을 다해 부모와 자녀의 의사소통 방법에 관한 자신의 첫 번째 저서를 완성했습니다. 이 책은 가족들이 서로 경멸하는 대신 서로 함께 이야기 나누는 방법을 보여줍니다. 이 책을 통해 우리는 우리 자신뿐만 아니라 아이들도 더 잘 이해하게 되어 '서로 함께' 성장해 나갈 수 있습니다. 깊게 들여다보아야 가족들 간에도 차근차근 변화가 생깁니다. 저자는 어른들의 말이 아이들에게 진심으로 다다를 방법을 가르쳐줍니다. 이를 통해 우리는 우리 부모들 속을 마구 휘저어대며 매번 고심케 했던 문제들을 해결해 나갈 수 있을 겁니다. 애착 관계 몽상가인 저는 가족 구성원 모두의 욕구를 고려하면서 안정된 애착 관계를 형성하도록 도와주는 이 책이 진심으로 고맙습니다!

잉케 험멜Inke Hummel

(교육자, 가족 상담가이자 〈슈피겔〉 베스트셀러 작가)

차례

2장

의사소통은 아이의 발달 수준에 맞게

소중한 우리 아이에게 필요한 것

육아가 힘겨운 부모에게 필요한 것

말에는 아주 특별한 힘이 있다

아이의 언어로 말해야 갈등이 풀린다

7장

부모의 설명이 꼭 필요한 순간들

유감스럽게도 부모와 아이 사이를 멀어지게 하는 말입니다.

부모와 아이의 관계가 개선되도록 돕고 지지하는 말입니다.

아이와 좀 더 깊은 관계를 맺고 싶은 부모들을 위한 조언입니다.

1장

과연 나는 아이와 얼마나 친밀한가

아이가 커가는 동안 부모는 어떻게 함께해줘야 할까? 요즘에는 아이의 눈높이에 맞추며, 아이를 사랑으로 대하고, 의사결정 과정에 아이를 참여시키고, 아이의 욕구를 잘 지각해서 충족시켜주어야 좋은 양육이라고 여긴다. 이 모든 일은 사랑이 가득 담긴 말들과 공감적인 언어로 부모가 의사소통하는 것이 핵심이다. 이렇게 대해주면 아이는 자신이 이해받고 있으며, 평온하고 안전하다고 느낀다. 이는 아이의 인격뿐만 아니라 부모와 아이 사이의 애착 관계도 튼튼하게 만들어준다.

단단한 애착 관계는 어떻게 만들어질까?

갈팡질팡하는 부모의 마음

우리 부모들은 아이 교육이나 양육에 관한 질문들을 부모용 잡지나 일상 대화 속, 혹은 놀이터나 (결단코 간과해선 안 될) 소셜 미디어 등에서 끊임없이 마주한다. 지금도 아이에게 맞게 양육 방식을 조절하고, 권위적인 태도로 억누르지 않으며, 모든 과정에 아이를 참여시키고, 사랑스럽게 돌보고자 애쓰고 있지만, 다른 부모들이나 조부모가 하는 소리에도 한쪽 귀는 늘 열려 있다.

"아이들은 네 머리 꼭대기 위에서 놀고 있어! 그런 행동은 그냥 그렇게 내버려두면 안 돼!"

이런 말을 들으면 자그마한 의구심들이 생겨나 내 교육 방식이 정말로 옳은지 고심하게 된다. 또 내 아이에게 옳은 건 이것일 거라는 직감, 그리고 '다른 사람들'이 '옳은' 방법이라고 말하는 것들 사이에서 이리저리 갈피를 못 잡곤 한다.

심할 때는 '다른 사람들'이 완전히 상반된 견해들을 보이기도 한다. 우선 규칙 준수를 엄격하게 강요하고 아이의 의견은 안중에도 없는 사람들이 있다. 쉽게 말해, "규칙은 어른인 내가 정해. 그리고 이건 내가 말한 것이니 지켜져야만 해!"라는 식이다. 또 다른 한쪽에선 아이의 욕구에 맞춰 교육하고픈 부모들이 있다. 그들은 아이가 보내는 신호들에 부모는 곧장 반응해야 하며 아이의 욕구는 늘 계속해서 고려되고 충족되어야 한다고 말한다. 이때 어른의 욕구는 전혀 안중에 없을 때도 있다.

자, 이제 놀이터에서 그만 집으로 돌아가고 싶다. 그런데 집에 가자는 부모의 말에 아이는 꿈쩍도 하지 않는다. 되레 부모와 토론을 벌인다. 이때 (부모의 마음속에는) 딜레마가 생긴다. 아이가 계속 놀도록 허락하며 스스로 결정하게 내버려두겠는가, 아니면 부모의 고집을 끝까지 고수하여 아이에게 제한이라는 걸 만들어 주겠는가? 게다가 '다른 사람들'의 시선도 마구 느껴진다. 대체로 부모들은 이렇게 생각할 것이다.

'아휴, 이제는 제발 좀 가자. 내 말을 왜 이렇게 안 듣지? 왜 저런 식으로 말하지? 왜 다들 나를 그렇게 쳐다봐? 내가 뭘 잘못했어? 아이는 좀 더 놀게 할 수도 있어. 하지만 나도 저녁 식사를 준비해야지. 그러니까 이제는 정리해야 해. 집에 가자!'

우선 한 가지만 이야기하자면, 어떤 의구심이건 어떤 생각이건 아주 당연한 거다. 그리고 한 가지 더 말한다면, 다른 사람들의 눈에는 '완벽하지 않게' 아이에게 반응했다고 해서, 혹은 아이가 '완벽하지 않게' 행동했다고 해서 자신을 비난하지는 말자. 그런데 완벽하다는 건 도대체 뭘까? 아이에게 필요한 건 여기저기서 소개되는 양육 콘셉트들을 100퍼센트 실행으로 옮기고자 스트레스 속에서 아등바등 애쓰는 '완벽한' 부모가 아니다. 언제나 OK를 외치며 아이가 바라는 걸 다 들어주는 부모도 아니다. 아이에게 필요한 건 부모와의 애착 관계, 아무런 조건 없이 자신을 (지금의 모습 그대로) 수용해주는 진정한 사랑, 그리고 자신의 삶을 함께해주는 마음이다.

부모의 사랑에 어떤 조건도 전제되지 않음을 아이가 느끼고 경험하게 되면 아이의 인격은 엄청나게 성장해 나갈 수 있다. 그리고 아이는 확신한다.

"지금 내 모습 그대로 나는 언제나 사랑받을 거야!"

공감이라는 슈퍼파워

아이가 보내는 신호들이 바로바로 파악되고, 부모의 말이 아이에게 아주 잘 먹히고, 서로 간의 애착이 느껴지고, 아이가 부모 말을 잘 따르며 미소 짓는 상황들을 분명 잘 알고 있을 것이다. 그런 순간들 덕분에 우리의 일상은 편해진다. 이때 부모는 '마음 대 마음'으로 이야기하고자 자신의 슈퍼파워를 무의식적으로 사용했을 것이다. 이런 상황에서는 아이의 욕구뿐만 아니라 부모의 욕구도 충족된다. 성공적인 대화는 온 가족이 윈윈하는 상황이다. 게다가 서로가 함께하는 삶에 아주 좋은 영향을 미치게 된다.

그런데 모든 순간이 그렇지 않은 이유는 무엇일까? 지난 몇 주간을 잠시 떠올려보자. 다툼, 눈물, 분노, 과부하, 절망…. 아이에게 무언가를 요구해도 아이는 들은 체도 안 하고, 그러면서 상황은 나빠진다. 이제 아이와 부모의 대화 속에는 불평, 분노, 위협밖에 남지 않는다. 이 감정들은 부모에게 있던 모든 안전장치를 없애버린다. 물론, 부모에게는 의사소통을 위한 슈퍼파워가 있다. 하지만 늘 우연히 사용했기에 그런 능력이 자신에게 있다는 걸 부모는 지금껏 몰랐을 것이다. 충분히 이해한다. 출산 준비물 목록에는 아기 점프슈트나 기저귀 교환대만 있지, '아이와 공감적인 대화를 나누는 방법'이나 '아이에게 먹힐 말들'과 관련된 것은 전혀 언급되지 않는데 어떻게 알겠는가. 어째서인지 부모의 의사소통 능력은 그저 당연시된다.

인터넷 검색창에 '대화로 관계 맺기'를 넣어보면 연인 및 부부 관계와 관련된 내용만 나온다. '의사소통 과정에 제대로 참여하는 방법'을 검색해보면 정치인과 회사 경영자를 위한 값비싼 강좌들이 엄청나게 소개된다. 부모 상담가들도 의사소통은 대개 개인적인 문제로 한정적으로만 다룰 뿐이다. 왜 이런 걸까?

언어와 단어 선택은 우리 아이들과의 관계에서 결단코 간과되어선 안 될 사안이다. 그저 아이가 내 명령을 따르는지 안 따르는지에만 초점을 맞추며 "신발 좀 신어!", "조용히 말해!", "이제 이리 좀 와봐!" 같은 말을 내뱉어서는 안 된다. 물론, 이런 요구들은 가족의 일상에서 비일비재하다. 하지만 아이를 움직이는 게 강압이나 두려움이어서는 안 된다. 아이가 부모와 진정한 유대감을 느끼고, 부모가 아이에게 무언가를 바랄 때 그게 아이를 위한 것임을 아이도 확신할 수 있어서 자발적이고 협동하는 마음으로 부모의 요구 사항을 따라야 한다. 그렇기에 말은 입의 움직임 이상이요, 애착 관계는 "나는 너를 사랑해!"라고 말하는 것 이상이다. 가족 간의 세심한 대화는 아이의 생각, 감정, 언어 능력에 영향을 미친다. 즉, 부모와 자녀가 좋은 관계를 맺는 바탕이 된다.

그렇다면 공감 어린 대화의 좋은 점을 구체적으로 짚어보자.

- 부모와 자녀의 안정된 애착 관계의 바탕이 되어준다.
- 공감은 학습되고 장려된다.
- 서로의 내면세계(욕구)를 더 잘 표현할수록 아이와 부모는 서로를 더 잘 이해하게 된다.
- 갈등이 잘 해결될 뿐만 아니라 방지될 수도 있다.
- 좋은 대화는 분위기를 즐겁고 자유롭게 만든다.
- 아이의 자의식이 강해진다.
- 아이가 문제와 변화 상황에 대한 적응력과 회복력을 길러 저항력을 갖춘 사람으로 거듭나게 된다.
- 아이가 발달과정에서 힘든 시기를 더 잘 지나갈 수 있다.
- 아이가 긍정적인 생각과 자아상을 형성해 나간다.

부모의 행동과 아이의 언어 사이에는 상관관계가 존재한다. 다수의 연구에 따르면, 부모가 아이에게 아주 세심하게 반응하고 아이를 좀 더 따뜻하게 대할수록 아이의 언어 능력은 훨씬 좋아진다. 즉, 부모가 아이를 좀 더 다정하게 대하고 아이에게 좀 더 민감하게 반응해주면 아이의 언어 능력도 긍정적인 영향을 받는다.

입 밖으로 표현되는 말에는 어마어마한 힘이 있다. 게다가 화자에게는 슈퍼파워를 선사한다!

올바른 의사소통으로 아이에게 다가가기

부모 자녀 간의 관계 형성에는 공감적인 의사소통이 아주 중요하다. 어떻게 대화하는가, 어떤 단어를 선택하는가, 얼마나 신중하고 숙련되게 말을 내뱉는가 등 부모의 의사소통 방식은 부모와 아이의 관계, 가족의 일상생활, 심지어 아이의 삶에도 어마어마한 영향을 미친다.

이 순간 어떤 양육 콘셉트가 적용되고 그 명칭이 무엇인지는 전혀 중요하지 않다. 가족끼리 진심으로, 존중 어린 마음으로 의사소통하는 적합한 방식을 찾고자 매번 부모가 자신을 끼워 맞출 필요도, 자신의 교육 혹은 관계 형성 방식에 어떤 이름을 붙여댈 필요도 없다. "부모가 편해야 아이들도 편해!", "괜찮아. 그렇게 심한 것도 아니야. 더한 사람들도 많아!" 같은 지인들의 '폭풍 조언'은 무시해도 좋다. 그런 말들은 부모 자신이나 가족이 가진 자원은 전혀 고려하지 않으며, 되레 악영향까지 미칠 수 있다.

부모만큼 아이를 잘 아는 사람은 없다! '소통의 케미'가 맞으면 애착 관계도 좋아져서 아이의 세상으로 들어가 여러 다양한 색깔과 복잡한 감정들 사이에서 아이를 데리고 나올 수 있다.

묻지도 않았는데 건네오는 육아 조언들

부모들은 여기저기서 쉴 새 없이 비판받는다. 그것도 서로를 가장 잘 이해할 법한 다른 부모들로부터. 참 이상하지 않은가? 정작 부모 자신은 바라지도 묻지도 않았건만 그들은 저마다 '육아 조언들'을 건넨다. 이런 조언들은 어떤 잉여가치도 만들어내지 못한 채 부모에게 괜한 죄책감을 심어주고 압박감을 주며 아이를 바라보는 시각도 '흐리게' 한다. 그럴 땐 다음과 같이 반응하면서 상대방에게 오히려 되돌려주자.

육아 조언 1. "아이에게는 원칙들이 단호해야 큰 도움이 될 거예요."

⇒ "단호하다는 건 무슨 뜻일까요? 그건 마치 ~처럼(예: 벌주는

것처럼) 들려요. 우리 아이의 나이를 고려하면 자기 조절 능력과 감정 통제력이 아직 길러지지 않았어요. 제가 도와주면 그런 능력들은 더 잘 발달할 거예요."

육아 조언 2. "당신은 아이의 발달을 방해하고 있어요. 함께 결정할 기회를 아이에게 매번 허락하지는 않잖아요."

⇒ "자기 결정에 관한 아이의 욕구를 상기시켜줘서 고마워요. 저도 이건 아주 중요하게 생각해요. 그런데 저는 아이가 나아갈 방향을 제시해주고 발판도 함께 마련해주고 싶어요. 부모로서 아이를 이끌어주며 함께할 수 있는 일들이죠. 아이가 옳지 않은 결정을 내려서 너무 힘들어하지 않게 도와주고 싶을 뿐이에요."

육아 조언 3. "아이가 당신을 완전히 쥐락펴락하고 있어요. 그냥 무시해요."

⇒ "저를 걱정해주는 마음은 알아요. 그런데 우리 아이는 자기 욕구를 제게 그렇게 표현한답니다. 아이들을 향한 우리 어른들의 시각을 달리하며 아이들을 '마구잡이 폭군'으로 여기지 않는 게 중요하다고 생각해요. 그런 관점에 따라 아이들을 대하는 우리의 태도, 그리고 아이들과의 의사소통을 받아들이는 우리의 자세가 달라지니까요. 제가 힘들어 보인다는 걸 알아요. 때론 정말 힘

겹기도 해요. 하지만 최선을 다해 아이에게 공감해주면서 아이가 나아가는 길에 함께할 거예요."

육아 조언 4. "그러면 당신의 아이는 규칙들을 절대 배우지 못해요."
⇒ "물론 사회 규칙은 중요해요. 그렇지만 그 규칙들 이면에 담긴 의미도 아이가 이해하길 바라요."

아이와 함께하는 일상생활뿐만 아니라 아이와 관계를 형성하는 방식, 아이와 의사소통하는 방식은 모두 다르다. 그러니 자칭 자기가 최고의 부모라 말하는 사람들에게 괜히 휘둘리지 말자.

그런데 다양한 전략이나 조언을 적용하는 데는 시간이 필요하다. 특히 부모의 행동방식과 접근방식이 효과가 있다는 걸 아이를 통해 확인하기까지는 시간이 걸린다. 공감적인 의사소통은 마치 정원과 같다. 그곳에 어울리는 씨앗들을 찾아 땅에 심고 물을 주면 새싹이 돋아날 시기에 정말로 싹을 틔우며 쑥쑥 자라난다. 다시 말해, 당장은 아무 일이 안 일어날지언정 언젠가는 일어난다. 처음에는 아이가 계속해서 화를 내며 장난감 블록을 던져대는 반응을 보일 수도 있다. 하지만 어느 순간에는 스스로 이렇게 말할 것이다.

"아니야, 엄마. 나는 블록을 던져선 안 돼. 엄마가 아플 거야."

그러면서 엄마를 꼭 껴안아줄 것이다. 이것이야말로 사랑이 듬뿍 담긴 의사소통이 만드는 가시적 결과물이다. 우선은 아이와의 관계를 잘 형성해 나가자. 그러면 부모의 말은 먹히게 되어 있다.

이제부터 우리가 이 책을 통해 다룰 문제는 이것이다.

'그런 의사소통은 어떤 모습일까? 무슨 말을 해야 우리 아이에게 가장 잘 먹힐까?'

실상 부모는 '아이가 내 말을 잘 듣길 바란다'는 목표를 달성하고 싶은 게 아니다. 다다르고 싶은 대상은 바로 자신의 '아이'다.

부모의 '의사소통 정원'을 위해 이 책에서 얻게 될 '씨앗들'은 일상에서 쉽게 활용할 수 있는 표현 어구나 행동 조언이다. 즉, 일상에서 흔히 맞닥뜨리는 상황에서 꺼내 볼 수 있는 커닝 종이 같은 거다. 이제부터 (진짜 이 세상 모든 엄마 아빠가 다 아는, 심지어 이미 몇 번이고 내뱉어봤을) '서툴게 표현된 말들'을 '목적이 뚜렷한 말들'로 바꿔 나갈 것이다. 이때 중요한 건 '옳은 말' 혹은 '맞는 말'이라는 건 없다는 사실이다. 부모와 자녀의 관계를 편안하게, 더 나아가 원활하고 쾌활하게 만들어줄 표현과 구절은 부모 스스로 결정해야 한다. 이 책의 조언들은 부모들이 좋은 영감을 얻어 자기만의 방법을 스스로 찾을 수 있게 도와주는 자극제일 뿐이다.

아이에게 줄 최고의 선물

아이가 세상에 태어나면 자신의 애착 대상을 그렇게 오랫동안 찾아 헤맬 필요가 없다. 애착 대상과의 관계 형성은 인간의 발달 과정에서 소위 생물학적으로 규정된 사항이다. 그런데 아이가 부모를 직접 선택하지는 못해도 부모에 대한 기대는 할 수 있다. 아이는 부모가 자기를 어떻게 받아들이고, 바라보고, 듣고, 느끼고, 이해하고 있는지 파악하고자 부모를 관찰할 것이다. 그리고 부모의 반응에 따라 자신이 이 세상에서 보호받고 있는지, 안전함을 느껴도 되는지 판단한다. 부모가 아이의 욕구들(먹고 자는 것 등과 관련된 생리적 욕구, 보호와 같은 안전에 관한 욕구, 애정에 관한 욕구)에 민감하고, 즉각적으로, 다정하고, 신뢰감 있게 반응하면서 충족시켜주면, 즉 아이와 의사소통을 하게 되면, 눈에 보이지 않는 부모와 자녀의 정서적 관계는 끈끈해진다. 아이와 애착 대상 간의 이런 유연한 관계는 효과적인 의사소통을 위한 기반이 된다.

다시 말해, 쌍방관계다. 의사소통은 애착 관계에 영향을 미치고, 애착 관계는 부모와 자녀 간의 의사소통에 오랫동안 영향을 준다. 그렇기에 부모의 말들이 아이에게 먹히려면 우선 아이와의 관계를 단단히 다져두어야 한다.

기반이 확실하게 다져져 있으면 함께 대화를 나누는 것뿐만 아니라 함께 성장하는 것도 가능하다. 그런데 긍정적인 영·유아기 애착 관계의 의사소통이 중요한 이유는 훨씬 더 많다. 안정된 정서적 연결이야말로 부모가 아이에게 줄 수 있는 최고의 선물이다. 이는 언제나 부모가 아이 곁에 함께하며 아이를 부정적인 요인들로부터 지켜주는 일종의 보호 망토가 되어줄 것이다.

부모와 안정적으로 연결되어 있는 아이는 살아가는 동안 이런 모습을 보인다.

- 힘겨운 일들에 부딪혀도 충분히 이겨낼 수 있다.
- 문제 상황에서도 자신의 능력을 신뢰하며 극복할 방법을 찾는다.
- 높은 공감력과 훌륭한 사회적 능력을 갖추게 된다.
- 원만한 대인관계를 형성하고 유지할 줄 안다.
- 낯선 상황에서도 잘 적응하고자 창의적으로 해결책을 찾아 나선다.
- 사회적으로 행동하며 자존감도 높다.
- 자신의 감정들과 마주하며 그게 무엇인지 명명할 줄 안다.
- 남을 돕는 걸 좋아하며 필요할 땐 도움을 요청할 줄도 안다.
- 주변에 건강한 호기심을 보이며 자신의 반경을 넓혀간다.
- 신체적으로나 정신적으로나 건강하게 성장해 나간다.

아이의 머릿속에 저장되는 부모의 소통

다행인 점은 애착 관계가 언어건 행동이건 모든 상호작용을 통해 형성된다는 사실이다. 게다가 (스트레스로 가득한 부모들이라면 그 부담을 진정 덜어줄 만한 소식이겠는데!) 그 어떤 별도의 지식도 필요하지 않다. 그냥 일어난다.

애착 관계에 결정적인 상황들에서 아이는 제 욕구들을 표출하고, 부모뿐만 아니라 아이를 달래는 부모의 행동방식에 관한 정보도 수집한다. 그리고 이런 애착 관계 경험들을 다른 상황에도 적용한다. 부모의 목소리를 통해 전달된 '나는 네 곁에 있고 너를 보호해줄 거야'라는 신호에 대한 초기 지각은 '긍정적인 애착 관계 경험'으로서 아이의 머릿속에 오랫동안 저장된다. 부모와의 공감적인 의사소통을 통해 아이에게는 '내적 내비게이션 목소리'가 만들어지고, 이는 부모가 함께 있건 없건 언제나 아이와 함께한다. '형형색색이지만 안전한 세계'를 아이가 탐험하고자 하면, 아이에게 저장된 내적 내비게이션 목소리가 활성화되면서 아이가 나아갈 방향이나 잠깐 멈춰야 할 곳을 여행 중간중간 가르쳐준다.

아이가 아무런 방해 없이 제대로 잘 발달할 수 있도록 아이의 욕구에 본능적으로 반응하게 만드는 행동 프로그램들은 아이뿐만 아니라 애착 대상에게도 진화적으로 형성되어 있다. 이 사실을 한 아이의 보호자인 부모들이 알고 있으면 참 좋겠다. 이 행동 프로그램 덕분에 부모는 아이가 보내는 신호들을 적절하게 인지하고 평가하며 제대로 반응할 수 있다. 아이가 신호를 보내면 이를 자신에게 맞게 해석한 다음, 아이에게 적절한 반응을 보이게 된다. 그러면 아이는 근본적인 신뢰라는 걸 형성하게 된다.

'내가 신호를 보내면 엄마 아빠가 적절하게 반응해줄 거야. 그 사실을 나는 알고 있어. 그렇기에 나는 내 부모님에 대한 신뢰뿐만 아니라 내적, 정서적 안정감도 갖추게 되지. 이런 점은 내가 훗날 다른 사람들과의 관계도 신뢰할 수 있게 도와줄 거야.'

아이가 어릴수록 아이가 보내는 신호의 의미는 (반드시 그런 건 아니나) 좀 더 쉬울 수 있다.

운다(아이의 신호) → "알았어. 배가 고프구나."(부모의 해석) → "먹을 걸 줄게."(부모의 반응)

아이가 유치원에 가고 초등학교에 입학하면 신호들은 점점 더 복잡해진다. 그러면 아이가 정말로 원하는 게 뭔지, 아이가 왜 그런 반응을 보이는지 100퍼센트 정확하게 파악하기란 어렵다. 아이와의 대화가 종종 엉망이 될 때마다 그 이유가 궁금한 부모에게 이제부터 전하는 정보들은 분명 도움이 될 것이다.

충족되지 않은 욕구들이 갈등으로 번질 때

아이가 커갈수록 아이와의 의사소통은 출생 직후처럼 그렇게 순조롭게 흘러가지는 않는다. 상호 간의 신호 전달에 영향을 미치거나 방해하는 요인들이 참 많다. 스트레스와 같은 일상생활 속 어려움, 개인적인 문제들(경제난, 사회적 관계망 결여, 차별 등), 정신 질환과 같은 부모 자신의 구조적 문제들, 양육 부담, 시간 부족, 아이의 특성(기질적, 심리적 문제), 게다가 낯가림 시기나 반항기 등 특정 발달단계 때 나타나는 일들로 아이와의 의사소통에 오해가 생길 때도 있다. 그럴 때마다 부모는 '이 녀석이 내게 무슨 말을 하고 싶은 건지 도무지 모르겠어!' 혹은 '애는 도통 내 말을 들어 먹질 않아!'라고 쉽게 생각해버린다.

알아차리기 힘든 욕구와 잘못 선택된 단어

아이와의 대화는 종종 지뢰밭 같다. 더욱이 아이가 제 욕구를 제대로 전달하지 못하고 부모도 그것에 주의 깊게 반응하지 못하면, 지뢰가 폭발하는 상황은 특히나 더 자주 발생하게 된다. 이처럼 실패로 끝나버리는 대화는 일상생활 속에서 가족들 사이에 비일비재하게 발생하는 분쟁들의 주요 원인이다.

아이: "엄마는 언제 와요?"

똑같은 질문이라도 아빠들의 대답은 제각각일 수 있다.

아빠 1: "곧!"
아빠 2: "엄마가 보고 싶은 모양이구나. 엄마한테 전화해보자. 분명 집으로 오는 중일 거야."

"곧!"이라는 대답은 불특정한 시간을 언급하면서 아이를 달래려고 하는 말이다(아이들은 2세까지 오로지 현재 시점 속에서만 살아간다. 이 아이들에게 '곧'이라는 개념은 없다. 6세 정도 되어야 어른들이 이해하는 정도와 비슷한 수준의 시간개념이 발달하기 시작한다). 그런데 여기서 중요한 건 정확한 '시간'이 아니라, 아이가 엄마 품에 파고들어 엄마와 연결되며 편안함을 느끼고 싶어 한다는 사실이다. 그렇기에 아이는 엄마가 보고 싶다. 아이와 엄마 사이에 연결된 '보이지 않는 끈'이 '너무 오랫동안' 늘어져 있었던 거다. 그런데 '곧'이라는 잘못 선택된 단어가 그 끈을 끊어버리고 만다. 아이는 "하지만 나는 엄마! 엄마! 엄마를 원한다고요!"라며 마구 소리친다. 엄마와의 분리로 유·아동기의 애착 체계가 활성화된다.

Tip 유·아동기의 애착 체계

애착 체계는 부모와 아이 사이에 이미 유전적으로 확립되어 있고, 아이가 태어남과 동시에 활성화된다. 아이의 '생존' 보장이 목적인 이 체계는 위협, 단절, 고통, 두려움, 익숙하지 않은 상황들, 낯선 사람들로 작동된다.

아이가 기본적인 질문들을 만들어낼 수 있고 단어들을 조화롭게 연결해 표현할 수 있는 나이가 되더라도 가끔은 자기가 정말로 원하는 바를 제대로 표현하지 못할 때가 있다. 예를 들어, 앞선 사례에서 아이는 "아빠, 엄마가 너무 보고 싶어요. 지금 엄마 품에 안기고 싶어요"를 "엄마는 언제 와요?"라는 질문으로 확 줄여 표현했다. 유사한 상황에서 이럴 때 아이들은 "근데 엄마는 진짜로 언제 와요?", "네, 하지만 언제요?" 등 계속해서 질문을 던진다. 그러면 아빠는 똑같은 질문을 도대체 왜 열 번씩 하냐고 언성을 높이기 일쑤다.

그런데 여기서 잠깐, 아이와 그런 이야기를 나눴던 이유는 뭘까? 그 이면에는 어떤 욕구들이 충족되지 못한 채 감춰져 있었던 걸까? 곰곰이 다음 사항들을 생각해보자.

- 아이는 어떤 행동을 보이는가? 어떤 점들이 확인되는가?
- 아이가 하고 싶은 말은 무엇인가?
- 질문이 옳게 표현되었는가?
- 아이는 지금 무엇을 필요로 하는가?
- 어떻게 공감해주고, 어떻게 명확하게 말해줄 수 있는가?
- 아이는 어떻게 받아들이는가?

"엄마는 언제 와요?"라는 질문 하나로 부모가 고려해야 할 것이 너무 많다고 생각할 수도 있다. 충분히 이해가 간다. 더군다나 시간이 별로 없을 때는 이 모든 측면을 고려하기란 결단코 쉽지 않다. 그렇다면 진퇴양난에 놓인 갈등 상황에서만이라도 이렇게 잠시 멈춰 곰곰이 생각하는 작업을 시도해보는 건 어떻겠는가?

더욱이 우리는 아이의 눈과 귀로 각 상황을 인식할 필요가 있다. 즉, 아이의 입장이 되어봐야 한다. 그러면 대화를 나눌 때 아이를 더 많이 이해하게 되고, 무엇보다 더 많이 공감하게 된다. 아빠 2의 말("엄마가 보고 싶은 모양이구나. 엄마한테 전화해보자. 분명 집으로 오는 중일 거야")에는 공감, 진정한 관심, 욕구 인지 등이 엿보인다. 이런 말은 아이를 편안하게 해준다.

너는 뭘 원하는 걸까?

"매일 내게 주어진 애착의 '할당량'을 받아내기 위해 나는 엄마(애착 대상) 뒤를 쫓아다니며 소리 지르고 투덜거려야 해. 이런 나의 애착 행동에 엄마는 가끔 화를 내며 좋지 않은 소리를 내뱉지. 내가 잘 자라려면 엄마와의 친밀감, 보호, 평온함이 필요하다는 사실을 엄마는 잊고 있어. 꽃이 자라려면 해님이 필요한 것처럼 말이야!"

아이가 욕구 충족에 관한 자신의 바람들을 이렇게 명확하게 표현할 수 있다면 얼마나 좋겠는가! 그렇다면 부모의 임무도 아주 분명해질 것이고 아이의 요구 사항들도 확실하게 충족시켜줄 수 있을 것이다. 하지만 앞서 살펴보았듯이 어린아이가 제 의사를 말로 명확하게 표현하기란 한계가 있다. 그렇기에 처음 몇 년 동안은 주로 몸짓언어를 사용한다.

아이들은 비구두적nonverbal 의사소통 방식, 그러니까 옷자락을 잡아당기거나 미소를 지으면서, 혹은 껌딱지처럼 착 달라붙어서 부모에게 자기 신호를 전달하려고 애쓴다. 그러면서 자신의 마음이 이해되길 바란다. 하지만 정신없는 일상에서는 '나는 엄마 곁에 있고 싶어요!'라는 아이들의 고요한 외침이 제대로 전달되지 못할 때가 많다. 직접 경험해봐서 알겠지만, 그럴 때마다 어른들은 아이들에게 대개 감정적으로 성급하게 반응하며 이런 말을 쉽게 내뱉는다.

"이제 그만해. 치맛자락 좀 그만 잡고 늘어져!"

이때 아이는 생각한다.

'나는 이해받지 못하고 있어! 엄마(혹은 아빠)의 관심을 받기 위해 다른 방법을 찾아볼 거야!'

부모는 생각한다.

'네가 뭘 원하는지 나는 도무지 모르겠어! 일부러 나를 화나게 하는 거야?'

시간도 없고 상호 간의 이해도 부족한 상황에서 부모와 아이 모두 감정적으로 좌절하게 되고 상황은 점점 나빠진다. 아이는 자기 목표를 달성하고자, 자기가 바라는 바를 좀 더 명확하게 표현하고자 더더욱 안간힘을 써댄다. 부모는 결국 짜증을 내면서 아이를 위협한다.

"그만하지 않으면 혼나!"

그렇게 싸움은 시작되고, 이런 일이 반복되다 보면 애착 관계를 향한 아이의 근본적인 바람, 더 나아가 '비폭력'으로 교육한다는 부모 자신의 바람으로부터도 멀어지게 된다. 아이는 제 욕구 충족을 위해 다른 방법을 찾는다. 어떤 행동방식은 부모가 보기엔 부적절해 보여도, 어쨌든 '부모의 곁'이라는 아이의 근본 목표는 달성시켜준다. 부모 곁에 가까이 다가가려는 아이의 노력은 이제 때리기, 욕하기, 시끄럽게 고함지르기 등으로 더욱 심해진다. 부모 마음에는 들지 않겠지만.

이 이야기를 통해 우리는 무엇을 배울 수 있을까? 설령 제일로 다정하고 제일로 적극적인 부모 중 한 명일지라도 가끔은 스트레스도 받고, 시간에 쫓길 때도 있으며, 가정 내 다른 문제들로 종종 버거울 때도 있다. 그러면 아이의 욕구에 즉각적으로 반응하기 힘들다. 그 순간엔 그렇게 '긍정적으로' 생각하지 않을 수도 있다. 크게 문제 될 건 없다. 짜증이 올라와 있거나 과부하 상태면 아이들이 보내는 신호를 '간과'하기도 한다. 그런 순간들은 부모의 애착 관계에 그렇게 오랫동안 영향을 미치지 않는다. 공감적인 의사소통을 기반으로 한다면, 다시 말해서 아이를 대하는 기본적인 행동방식이 공감과 인내를 바탕으로 한다면, 부모의 유연한 애착 관계 체계는 그 실수들을 잘 견뎌내준다. 그러니 괜한 죄책감에 그 많은 좋은 순간들을 뒤로하고 몇몇 안 좋은 순간들만 끄집어내어 화를 자초하는 일은 범하지 말자.

힘겨운 상황들에 맞닥뜨리면 부모의 내적 목소리는 이렇게 속삭일 것이다.

'나를 도울 슈퍼파워는 지금 내게 없어. 이 상황에 난 휘둘리고 말 거야!'

지금껏 살아오는 동안 내면화했던 오래된 확신이나 관점, 믿음은 이런 갈등을 극복하지 못하게 할 뿐만 아니라 아이와 함께 성장하는 것도 가로막을 수 있다. 그런데 부모는 둘 다 해낼 수 있다. 이미 오래전에 잃어버렸다고 생각했던, 아니면 다 써버려서 남아 있는 게 없다고 믿었던 그 힘은 여전히 남아 있다. '공감적'이면서 무엇보다 '명확한' 언어, 이것이 바로 부모의 슈퍼파워다.

더더욱 멋진 점은 그냥 몇 가지만 조금 바꿔도 이 슈퍼파워를 제대로 완벽하게 사용할 수 있다는 사실이다. 아이에게 다다르기 위해, 아이의 발달과정을 함께하기 위해, 이를 통해 아이의 인격을 더 단단하게 해주기 위해 부모 자신에게 이미 갖춰져 있는 능력을 조금만 조정하면 된다. 공감적인 의사소통의 잠재력을 부모가 깨달으면서 이를 제대로 활용할 줄 알면, 엉망진창에 양면적이기도 하며 감정은 엄청나게 중요시되는 아이의 세계를 분명 더 건강하게 돌봐줄 수 있을 것이다.

아이의 기질에 따른 접근

똑같은 환경에서 자라난 아이들도 완전히 다를 수 있다. 이는 우리 모두 잘 알고 있는 사실이다. 다자녀 가정을 보면, 아이들 각자가 얼마나 상이하게 행동하는지를 관찰해볼 수 있다. 이때 기질이 한몫한다. 아이가 자주 보이는 전형적인 행동방식들, 그 모든 특성이 '기질'이라는 한 단어로 요약된다. 아이의 기질은 부모와 아이 간의 의사소통에도 영향을 미친다.

신경학적 기반을 갖추고 있는 기질은 일부 유전된다. 이런 기질은 사람들이 세상에 반응하거나 작업하는 방식에 기본적인 경향이라는 걸 만든다. 12세 아이의 기질을 예전 3세 때 보였던 기질과 비교해보면 공통점이 무수히 많다. 그런데 기질은 한평생 내내 똑같은 게 아니다. 성장하는 동안 변할 수 있다.

아이의 기질을 구분하는 몇몇 기준을 사례를 통해 살펴보자. 아주 극단적인 경우만 언급할 예정이다. 물론, 모든 경우의 수는 열려 있다. 그날의 기분이나 몸 상태에 따라서도 달라질 수 있다.

한 예로, 아이들은 낯선 상황이나 변화에 어떤 반응을 보이는지에 따라 구분된다. 어떤 아이는 불안정한 감정들(스트레스, 불안 등)을 보이지만, 어떤 아이는 새로운 것에 열린 자세로 다가서며 좀 더 쉽게 적응한다. 게다가 아이들이 새로운 자극들에 보이는 반응의 강도도 제각각이다. 어떤 아이는 되레 침착한 태도로 불안에서도 금세 벗어나지만, 어떤 아이는 낯선 사람들이나 새로운 상황에 아주 강한 반응(불안이나 발작 등)을 보인다. 그 강력한 반응들이 얼마나 오래 계속되는지, 혹은 스스로 얼마나 빨리 진정할 수 있는지 등에 따라서도 아이들은 구분된다. 어떤 아이는 모든 자극에 쉽게 반응하며 주의력도 흐트러지지만, 어떤 아이는 주의력을 잘 유지하면서 좀 더 오랫동안 집중할 수 있다. 움직임의 정도에서도 아이들은 차이를 보인다. 끊임없이 움직이는 아이도 있고, 탄력이 천천히 붙는 아이도 있다는 사실을 우리는 잘 알고 있다. 지구력과 끈기의 측면에서도 차이를 엿볼 수 있다.

수많은 연구에 따르면, 아이의 기질과 부모의 행동은 서로 쌍방향으로 영향을 주고받고, 기질에 따라 아이들은 부모의 행동에 서로 다른 반응을 보인다. 기다림에 서툴고, 아주 정신없거나, 새로운 것에 울음, 분노, 두려움 등으로 반응한다면, 이는 아이의 기질 때문일 가능성이 아주 크다. 그리고 부모나 아이의 탓이 아니라는 점을 늘 염두에 두어야 한다. 부모는 아이가 좀 더 주의를 기울이도록, 좀 더 조용히 행동하도록, 혹은 새로운 것에 좀 더 열린 자세로 다가가도록 도와줄 수는 있다. 그런데 행동의 이유가 기질이 아니라면 지지적 접근은 조금 더 어려워진다.

부모와 자녀의 소통을 방해하는 말

그림 속 말들을 보자. 잘 아는 말들이라 피식 웃음이 나오는가? 아니면 너무도 자주 하는 말들이라 가슴이 콕콕 찔리는가? 시간이 부족하거나 스트레스 받는 상황에서, 혹은 압박감이 마구 밀려들 때면 이런 말을 자주 내뱉게 된다. 누구나 그렇다. 아이들을 차분하고 공감적인 태도로 마주하며 아이들과 진심 어린 친밀한 관계를 맺으며 살아가기 위한 말이나 전략이 우리에게는 없다.

어느 날 오후, 친구 집에서 놀던 아이를 데리러 간 엄마는 빨리 집에 돌아가고 싶다. 하지만 아이는 갈 생각이 없다. 오히려 "싫어~~!"라며 고함을 질러댄다. 그러면 엄마는 초조해지고 심지어 화가 치밀어오르기도 한다. 그런데 아이들은 아이들 세상에 살고

아이와의 소통을 방해하는 말들

내가 그렇게 말했잖아.
지금부터 셋 셀 거야.
그만둬!
마지막 경고야. 양치해!
당장 안 오면 나 혼자 갈 거야.
조심 좀 해.
지금이라면 지금인 거야.
'해주세요'라고 해야지.
그러면 아빠가 속상하잖아.
네 동생도 혼자서 신발 신어!
더는 정말 못 들어주겠어!
이제 그만 좀 내려놔.
그만!
나한테 그런 식으로 말하지 마.
안 된다고 몇 번이나 말해야 하니!
너 때문에 늦었잖아.
그런 말을 어디서 배웠어!

있다. 아이들의 생각과 감정은 어른들과는 다르다. "싫어"라는 말에는 어떤 악의나 강압적인 의미가 숨겨져 있지 않다. 가끔 그렇게 보이긴 해도 전혀 그렇지 않다. 오히려 자기 의지와 자기 결정에 대한 바람에 더 가깝다. 그 순간 엄마에게 중요한 것들은 아이의 우선순위 목록에 없다. 즉, 서로 다른 관점과 욕구로 인해 일상생활 속에서 갈등이 발생하는 것은 이미 예정된 사실이다.

그런데 시간 부족과 조급함으로 인해 아이의 말을 분석해보거나 신중하게 고려해볼 수 없다면, 그 힘겨운 순간에 어떤 방법을 활용할 수 있을까? 그때 엄마의 뇌는 '지금까지 잘 됐었어' 문서철을 열어 해결책을 재빠르게 찾는다. 순간 튀어나오는 말은 "지금 안 오면 엄마 혼자 갈 거야!"다. 지난번에도 이 말이 먹혔으니까. 그리고 진짜로 아이는 자리에서 일어나 엄마 뒤를 따른다. 휴, 다행이다. 목표 달성. 그렇지 않은가?

흠, 글쎄. 정말인지 아닌지를 확인해보기 위해 엄마가 아이에게 내뱉었던 말들과 엄마의 요구 사항이 해결된 진짜 이유를 한번 살펴보자.

"지금 안 오면 엄마 혼자 갈 거야!"라는 말은 여느 가족들 사이에서 흔히 사용되는 말 중 하나다. 어떤 말은 충동적으로 내뱉은 것이고, 어떤 말은 자기 부모로부터 습득한 것이다. 이 사례처럼 그런 말들이 효과를 보게 되면(아이가 따라오면), 더욱 빈번하게 사용되고 소위 '습관' 문서철에 저장된다.

우리의 일상은 습관들로 가득하다. 매일 우리가 행하는 행동이 이 습관들로 대부분 결정된다. 습관을 사용하는 건 너무도 쉽다. 그렇기에 거듭 반복해서 사용할 넓고 편안한 길들을 우리 뇌 속에 확 뚫어놓는다. 이에 반해 새로운 습관들은 어떨까? 새로운 행동 방식들이 확고하게 자리 잡으려면 우선 길부터 새롭게 놓아야 할

뿐더러, 잘 내달릴 만한 길이 될 때까지 평평하게 다져주면서 계속 공을 들여야 한다. 왠지 번거롭게 들리지 않는가?

습관적인 말이 영향을 미치는 방법

오전 7시 50분, 아이의 방에서 별생각 없이 자동으로 튀어나오는 말 한마디는 이렇다.

"또 늦었어. 너는 왜 맨날 이렇게 꾸물대는 거야?"

이 말이 뇌리에 박히는 순간, 의도적이건 아니건 간에 엄마는 이 말을 더 자주 사용하게 된다(편안하게 내달릴 고속도로!). 일상생활 속에서 엄마는 이 말에 어떤 의문도 품지 않는다. 이 말은 엄마의 '습관' 문서철에 보관돼 있고 언제든 계속해서 꺼내 쓸 수 있다.

습관처럼 몸에 밴 말은 편하다. 하지만 아이와의 관계에는 방해가 될 뿐만 아니라 본격적인 걸림돌이 될 수 있다. "넌 늘 꾸물대!"라는 불분명한 메시지는 아이를 혼란스럽게 한다. 엄마의 요구 사항도 명확하게 전달하지 못한다. 그러므로 엄마가 전형적으로 내뱉는 이런 말의 이면에 숨겨진 진짜 메시지는 무엇인지 한번 생각해보자.

- **상황**: 아이는 놀이에 푹 빠져 있다. 엄마는 "빨리 와. 지금 갈 거야!"라며 여러 차례 요구한다. 하지만 아이는 그 말을 흘려듣는다. 엄마는 점점 더 스트레스를 받는다.
- **습관처럼 밴 말을 내뱉기**: "지금 안 오면 엄마 혼자 갈 거야!" 그런데 이 말이 아이에게는 위협처럼 들린다.
- **아이의 반응**: 아이는 생각한다. '엄마가 날 여기에 혼자 내버려둘 거야.' 혼자 남겨질 두려움에 아이는 이렇게 대답한다. "지금 가잖아!"
- **엄마에게 미친 영향**: 아이가 엄마의 지시를 따른다. 그래서 이 말은 효과적이다. 엄마는 스트레스 지수가 내려가고 자기 효능감을 느낀다. 습관처럼 한 말에 힘이 실린다. 이제 이 말은 '습관' 문서철에 보관되어 거듭 반복적으로 사용된다.
- **결론**: 아이는 오로지 두려움 때문에 엄마에게 협력했다. 엄마의 요구 사항에 적절하게 반응하는 방법은 배우지 못했다. 엄마가 자신을 버릴 수도 있는 위험이 도사리고 있는 이 세상은 그렇게 안전해 보이지 않는다.

언어가 아이의 정서, 생각, 행동에 엄청난 영향을 미치는 것은 확실하다. 그렇지만 어느 부모도 자신의 아이를 겁먹게 하고 싶진 않다. 이 역시 분명한 사실이다. 부모는 그저 다른 해결책을 알

습관처럼 밴 말들이 '습관' 문서철에 보관되는 과정

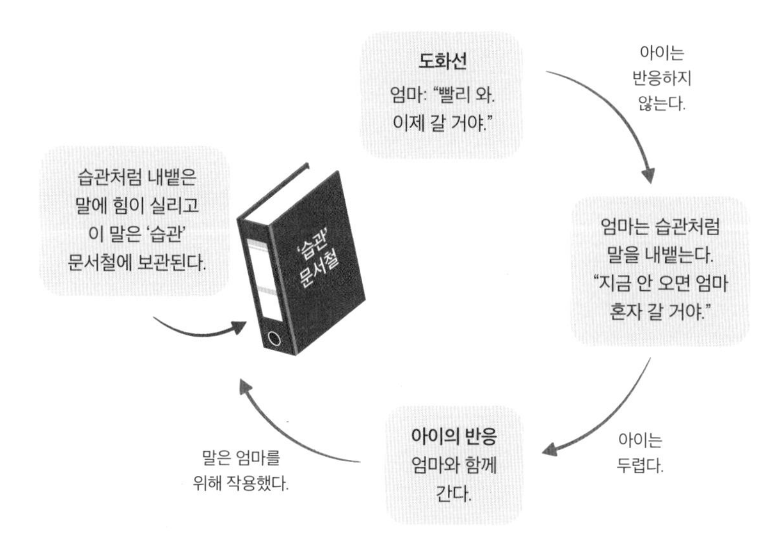

지 못하거나 자신의 언어를 아직 적절하게 사용할 줄 몰라서 아이를 위협하게 될 뿐이다. 공감적인 대화, 분명한 태도, 친절한 설명만으로도 아이가 "네, 갈게요!"라고 말하게 이끌 수 있다. 어떤 길을 택하건 아이에게는 이런 메시지를 보내는 부모가 필요하다.

'나는 너의 욕구가 뭔지 알고 있어. 너와 나의 관계를 나는 느낄 수 있단다. 마음속 깊은 곳에서부터 내게 협력하고픈 너의 마음을 나는 알아. 너의 경계선과 더불어 나의 경계선에도 주의를 기울일게. 네가 이 세상에서 올바른 길을 찾아갈 수 있도록 내가 안내해줄게.'

그런데 어떻게 해야 하는 걸까? 일상에서 공감적이면서도 아주 명확하게 의사소통을 하려면 어떻게 해야 할까? 걸림돌들, 그러니까 습관으로 밴 말들을 어떻게 떨쳐낼 수 있을까?

우선 아이에게 습관적으로 내뱉는 말들은 무엇이고, 언제 그런 말들을 내뱉는지 파악해야 한다. 어떤 말을 어떻게 내뱉는지를 알면, 부모 자신의 말을 변화시킬 방법도 거기서 얻을 수 있다.

습관이 된 말들을 모아보기

종이 한 장을 준비하자. 그리고 습관이 된 말을 인지할 때마다 다음 질문에 대한 답변을 메모해두자. 그러면 습관적으로 내뱉는 말이 얼마나 많은지 확실히 알 수 있다.

- 습관처럼 내뱉는 말은 언제 튀어나오는가?
- 몇 시쯤인가?
- 아이의 어떤 행동이 그 말을 내뱉게 하는가?
- 내 기분은 어떤가?
- 아이는 어떤 반응을 보이는가?
- 그 말에 긍정적인 효과가 있는가?

의사소통에 걸림돌이 되는 말들을 관찰해보면 아이가 정말로 부모의 말을 안 듣는 건지, 아이가 요란스럽게 행동하는 건지, 아니면 습관적으로 내뱉는 말이 되레 아이와의 관계에 방해가 되는 건 아닌지 등을 알 수 있다.

습관적으로 내뱉는 말들의 목록을 냉장고 문이나 식탁에 붙여 둔 다음, 거듭 반복해서 수정하거나 매일 점검해봐도 괜찮다. 그러면서 공감적인 의사소통이라는 목표에 얼마나 가까워졌는지 확인해볼 수 있다.

갈등은 생각할 기회를 준다

역설적으로 들릴지 모르겠지만, 갈등도 가끔은 도움이 된다. 아무런 싸움이나 문제 없이는 우리의 무의식적인 행동방식과 사고방식을 바라보지 못하기 때문이다. 정신없는 가정생활 속에서는 우리가 전혀 인지하지 못하는 일들이 엄청나게 많이 발생하고 있다. 그 일들을 정확하게 지각할 수 있다면 스트레스도 엄청 많이 줄일 수 있다. 갈등이야말로 아이를 마주할 때 부모의 언어가 실상 어떤 모습을 드러내는지를 곰곰이 생각하고 숙고하게 하는 경고 신호이자 필수 자극제다.

애정 어린 말과 공감적인 언어는 그 영향력과 관련하여 과소평가되어도 너무 과소평가되고 있다. 그런데 지금까지 이야기한 의사소통 방식에 관한 통찰이야말로 공감적인 의사소통을 일상화하기 위한 첫 번째 단계다. 정확하게 어떻게 해 나가야 하는지는 이 책의 마지막 부분에서 다룰 것이다. 엄청 복잡하고 번거로울 것 같다면 우선 한 가지만 확실하게 이야기해두겠다. 의사소통 방식에 최소한의 변화를 주면 가정생활에서는 최대한의 변화를 이끌어낼 수 있다.

2장

의사소통은 아이의 발달 수준에 맞게

출생 후 첫 몇 년간 아이는 엄청나게 많은 발달단계를 거친다. 아이의 언어 및 정서 발달단계를 알면, 아이의 발달 수준에 맞춰 의사소통할 수 있다. 그러면 아이와 함께하는 시간이 더 편해지고 아이의 건강한 발달도 도울 수 있다.

우리 아이의 언어 발달을 하나하나 살펴보기

아이가 이 세상에 태어나기 훨씬 전부터 엄마는 아이와 소통해 왔고 확신에 찬 목소리로 이렇게 말했을 것이다.

"와, 얘가 내 말을 듣고 움직였어!"

부모들은 첫 번째 '언어적' 표현에 앞서 이미 요리조리 흔들기, 노래하기, 말하기, 어루만져주기 등의 방식으로 자신의 아이에게 확신, 안정감, 신뢰감 등을 전달한다. 그러면서 언어 발달을 위한 첫 번째 주춧돌이 무의식적으로 놓이게 된다. 아이는 모든 감각을 통해 언어를 경험한다. 자기 스스로 첫 번째 단어를 말하기도 전에 이미 언어를 듣고 느끼고 체험한다. 말하기는 유전적으로 결정되지만, 이 세상에 태어난 즉시 주변 환경으로부터 자극들이 주어져야 한다. 즉, 아이는 태어나는 그 순간부터 부모로부터 배운다. 부모가 듣고 말하고 접촉하는 방식은 아이의 언어 발달뿐만 아니라 부모와 아이의 관계에도 중요하다. 그런데 이는 의사소통이 일방통행이 아니라는 것, 아이만 새로운 언어를 배우는 게 아니라는 것을 의미한다. 부모도 이렇게 질문해볼 필요가 있다는 뜻이다.

"나도 아이의 언어를 말하고 있을까?"

언어란 구두적인 표현 그 이상

언어 습득은 우리가 생각하는 것보다 훨씬 더 복잡하다. 아무런 사전 지식이 없는 아주 어린 아이들일지라도 구두 언어 외에 상대방의 표정과 몸동작을 해석하고 이해할뿐더러 그것에 적절한 반응까지 보일 수 있다. 그렇기에 어떤 부모들은 자신의 아이가 혼자 자동차에 올라타 카시트에 앉을 수 있으니 다음과 같은 말도 다 이해할 거라는 착각에 빠지기도 한다.

"똑바로 좀 앉아. 아니면 혼날 줄 알아!"

이때 아이는 눈을 크게 뜨고 부모를 바라보지만 실상 부모가 원하는 행동(벨트 매기)은 하지 않을 수 있다. 부모는 아이가 자신의 말을 제대로 잘 이해했다고 생각하기에, 그렇다면 아이가 일부러 말을 듣지 않는 거라고 판단해서 아이에게 짜증을 내며 반응할 수 있다.

일상생활이 아무리 정신없다 할지라도 아이가 부모의 단어와 문장을 올바로 해석할 수 있는지는 종종 생각해봐야 한다. 아이가 아직 그 발달단계가 아니라면, 혹은 부모가 명확하게 표현한 게 아니라면, 그럴 때는 공감적인 의사소통이라는 슈퍼파워를 써야 한다. 그래야만 부모가 정말로 전하고 싶은 바를 아이에게 명확하게 전달할 수 있다.

😊 "빨리 벨트 매. 출발할 거야!"

아이가 정말로 이해한 것이 무엇인지 파악되면, 거기에 부모의 의사소통 방식을 맞춤으로써 아이와 '제대로' 대화할 수 있다. 그러면서 다음의 질문들을 던져보게 된다.

- 지금 내가 하는 말들이 아이에게 부담을 주는가?
- 내 말이 아이에게 먹히려면 어떤 점을 주의해야 하는가?
- 언어적으로 아이를 지지해주려면 어떻게 해야 하는가?

이 질문들의 답을 찾으려면, 우선 아이의 언어 발달단계를 살펴볼 필요가 있다.

아이가 이해하는 것과 부모의 의사소통 방식

이제부터 아이의 언어 발달단계를 하나하나 살펴볼 것이다. 이때 염두에 둘 사항은 각각의 능력을 습득하는 시기는 아이마다 다르다는 점이다. 아이들은 (다행히도) 모두 저마다의 속도로 발달한다. 그렇기에 여기에 언급된 시기는 대략적인 방향만 제시할 뿐이다. 단계별 조언들은 아이의 언어 능력을 촉진하는 데 도움이 될 것이다.

출생 전

1 태아의 청력은 임신 약 26주부터 형성된다.

2 아기는 뱃속에서부터 부모의 목소리나 아름다운 멜로디를 세심하게 듣고 있으며, 엄마의 심장 소리를 좇는다.

⇒ 임신 중에 아기와 대화하자. 하루가 어땠는지 아기에게 이야기해주자. 함께 음악을 듣거나 이야기를 들려주자.

출생 후 첫 몇 달

1 신생아는 냄새에 이미 반응을 보인다.

2 아기는 아주 일찍부터 모국어를 이해하며 다른 사람들의 목소리와 부모의 목소리를 구분할 수 있다. 언어나 말을 이미 이해해서가 아니라 어조, 쉼, 억양 등이 친숙하기 때문이다.

⇒ 입술로 중얼거리거나 쪽쪽대면 아기는 소리가 나는 방향으로 시선을 돌릴 것이다.

3 눈 맞춤, 표정, 손짓과 발짓, 음색 등 비구두적인 자극에 아기는 반응할 것이다. 부모의 얼굴 표현을 관찰하며 따라 한다.

⇒ 아기로부터 약 30센티미터 떨어진 곳에서 입을 수차례 천천히 벌렸다 오므렸다 하고 그 사이사이에 약 8초간 반응할 시간을 주면, 아기는 모방할 것이다.

4 이 시기에 아기는 이른바 '유아어baby talk'를 선호한다. 유아어란, 높은 목소리 톤, 느리게 말하기, 조금 긴 쉼, 과장되게 내뱉는 모음 등 어른들이 본능적으로 아기와 이야기하는 (전 세계적으로 공통된) 방식을 말한다. 이 모든 게 아기의 주의를 확 끌어모은다. 흔히 아기에게 해선 안 될 행동으로 언급되는 '우르르 까꿍'도 처음엔 그렇게 나쁘지 않다. 단지 너무 오랫동안 그렇게만 해주면 안 된다. 어느 정도 시간이 지나면 의미 있는 단어들과 온전한 문장들로 표현해줘야 하고, 문장은 문법적으로나 발음상으로나 정확해야 한다.

⇒ 조금은 고음으로, 멜로디를 섞어가며 이야기해보자. 짧은 문

장을 말하되 단어마다 조금 길게 쉬면서 단순화해보자.

"○○이는— 어디에— 있지?"

5 신생아에게 가장 중요한 의사소통 수단은 우는 거다. 그다음에 옹알댐, 즉 첫 번째 옹알거림이 시작된다(옹알이 1단계).

⇒ 아기가 자기만의 언어 도구를 찾아낼 수 있도록 옹알이 단계 때는 아기가 옹알대는 "다다다다"(같은 소리 반복) 등을 모방한 다음, 기대에 가득 찬 눈빛으로 아기를 바라보자. 이는 아기에게 '이제 네 차례야'라는 신호가 된다(화자 전환). 그렇게 아기는 대화라는 걸 배워간다.

6 아기들은 생후 4~5개월부터 자기 이름을 알아들을 수 있다.

⇒ 시험해보자! 아기의 이름을 부른 뒤 아기가 부모 쪽을 바라보는지 보자. 잠깐! 만약 아기를 '똥강아지' 같은 애칭으로 불러왔다면 시험 때도 '똥강아지' 같은 애칭으로 불러야 한다.

7 아기들은 생후 6개월까지 대략 이렇게 구두어를 인식한다. "아기들은내가여기에적은것처럼모든걸한덩어리로이해한다."

8 생후 약 6개월 무렵부터는 더욱 풍부해지고 발달한 옹알거림을 시작한다(옹알이 2단계). 이제 아기는 자기가 들은 말들을 조각조각 쪼개기 시작하며, 마구 쏟아져 들리는 말들 속에서 단어들을 콕 집어내 이해한다. 이는 언어와 문법 발달, 어휘 확장에도 엄청나게 중요하다.

⇒ 천천히 말하되 멜로디로 핵심어를 강조하자.

"이건~ 네 '공'이야!"

다음 사항은 주의하자. 아기가 생후 8개월이 될 때까지 옹알대지 않거나 말을 아예 안 한다면, 즉 옹알이 2단계가 나타나지 않는다면 소아과 청각 전문가와 상담하길 바란다. '청각 손실'을 의미할 수도 있다.

9 생후 7~10개월에는 '나' 혹은 '바'와 같은 단음절뿐만 아니라 '아바'와 같은 두 음절, 심지어 다음절(바바바, 아바아바아바)을 만들어내기도 한다. 곧 아기의 입에서 '엄마'나 '아빠'라는 소리가 튀어나올 것이다. 그런데 사실 아기는 이때 이게 무슨 의미인지 정확하게 모른다. 그래도 얼마 지나지 않아 자주 말할 것이다. 이 말이 부모를 기쁘게 한다는 사실을 부모의 반응을 통해 아기가 알아차리기 때문이다.

⇒ 이제 아기는 "나한테 줘!"와 같은 가벼운 지시를 몸동작(손 움직임)과 연결하여 이해하게 된다. 이때 핵심만 정확하고 간결하게 말하며, 구구절절 복잡한 문장은 사용하지 않는 게 좋다.

10 생후 9개월부터는 제3의 대상에도 주의를 기울일 수 있다.

⇒ 어떤 대상을 의도적으로 가리키면서 그 이름을 말해주자.

"이건 개야!"

11 생후 10개월부터 아기는 '마신다', '먹는다'와 같이 일상생활

속에서 자주 사용하는 동사들을 이해한다(상황 연결로 단어 이해). 이 단계에서는 아기와 많은 이야기를 나누며 최대한 많은 걸 설명해주고 언급해주는 게 중요하다.

⇒ 놀이 해설자처럼 놀이를 최대한 자세하게 묘사해주자.

"아, 녹색 블록 위에 빨간색 블록을 올렸네!"

12 생후 10개월 무렵, 아기는 자기가 흥미 있어 하는 대상을 의도적으로 가리키기 시작한다.

⇒ 아기를 구두적으로 지지해주자. 주요 문장을 만들어보자.

"공이 굴러가네!"

13 생후 10개월부터 아기는 부정적 혹은 긍정적 표정과 몸짓을 구분하기 시작한다. 유머를 처음으로 이해하며 이에 반응한다. 그렇기에 장난감이나 소리 등에 웃는다.

⇒ 이제 아기는 전형적인 숨바꼭질 놀이, '까꿍'을 재미있어하기 시작한다.

14 단어 형성 능력이 점점 좋아진다(예: '멍멍'). 첫돌 즈음, 아기는 첫 번째 단어들을 말한다. 손짓과 발짓, '오, 오!' 같은 감탄사, '아킴(아이스크림)'과 같은 단축어도 이제 나오기 시작한다. 발음이 명확할 필요는 없다. 아기는 이제 단어들(엄마, 아빠 등)의 의미를 알고 있다.

⇒ 신발과 같이 일상에서 자주 사용하는 물건이나 장난감을

의도적으로 요구해보자. 아기는 그 지시를 이해하고 그 물건들을 건네줄 것이다.

15 생후 1년쯤 되면 아기는 50~100개 정도의 단어를 이해하게 된다. 하지만 그 단어들을 다 말할 줄 아는 건 아니다.

Tip 아이가 이해하는 단어, 말할 줄 아는 단어

언어 발달이 이뤄지는 첫 몇 달, 몇 년 동안은 아이가 이해하는 단어들(수동적 어휘)과 이후 아이가 말할 줄 아는 단어들(능동적 어휘)을, 계속해서 기록해두자. 이때 아이가 100퍼센트 완벽하게 단어를 표현해내는 건 중요하지 않다. 아이가 '고이리'라 말해도 확실하게 '코끼리'를 가리키는 거라면 목록에 집어넣어도 괜찮다. 그러면 아이가 언어적으로 행할 수 있는 것들을 한번 조망해보게 된다. 또한 나중에 아이가 좀 더 컸을 때 아이가 언제 어떤 말을 이해하고 말할 수 있게 됐는지를 들여다보는 일도 재미있다.

첫돌 이후

1 출생 후 두 번째 해에는 아이의 '단어 이해력'이 확장된다. 이제부터 아이는 자신의 단어장에 엄청나게 많은 새로운 단어들을 저장할 것이다. 또한 어떤 이름으로 명명된 대상에 어

떤 내용과 특성이 해당하는지 추측하기 시작한다(예: 공 = 장난감, 둥글다, 다채롭다, 던지거나 굴릴 수 있다 등).

⇒ "○○이의 '코'는 어디에 있지?" 등 간단한 질문들을 던져보자. 아이는 그 질문을 이해하고 자기 코를 가리킬 것이다.

2 아이는 자신에게 친숙한 단어들을 그것과 유사하거나 동일한 특성을 가진 새로운 대상들에 가져다 사용한다(소위 과잉일반화). 예를 들어, 모든 교통수단을 '차'라고 말할 수 있다.

⇒ 아이가 버스를 보고 '차'라고 하면, 반응하되 수정해주자.

"그래, ○○이가 '버스'를 봤구나!"

3 생후 약 18개월부터 아이는 "아빠, 맘마", "엄마, 저기!" 등 두 단어(핵심어, 동사, 형용사)를 연결하여 이야기하기 시작한다.

⇒ 옷 입기, 양치하기, 놀이하기, 밥 먹기 등 일상적인 상황에서 아이와 이야기하자. 이때 각각의 행동을 명확하게 말해주자. 아이들은 반복되는 상황과 활동 속에서 새로운 단어들을 더 잘 습득한다. 아이와 놀아줄 때 새로운 단어들을 집어넣어 여러 다양한 형태로 반복해서 말해주면 된다.

"아기 말이 뛰어노네. 망아지가 엄마랑 재미있게 놀고 있어!"

이때 '망아지'라는 새 단어를 반복해서 언급할 필요가 있다.

4 "싫어!", "내가 할 거야!", "엄마는 하지 마!"와 같은 말들을 아이가 점점 더 자주 사용하게 될 것이다. 그러면서 아이는 자

율성에 관한 욕구를 드러낸다. 인칭대명사(나, 너)도 점점 더 명확하게 사용할 수 있다.

⇒ 이제 아이는 부모가 하는 말을 거의 다 이해할 수 있다. 그런데 "잠바를 입어줄래?"와 같이 요구 사항을 질문 형태로 표현했을 때 아이가 싫다고 대답하면 수용해줄 수 있어야 한다(더 상세한 대안 문구들은 뒤의 '자율성 단계'에서 볼 수 있다).

5 아이는 이제 "안녕", "고마워", "제발" 등의 '사회적' 단어들을 사용하기 시작한다. 간단한 단어는 복수 형태(예: 자동차들)로도 표현할 수 있다.

⇒ 아이에게 부모는 언어 모델이다. 아이의 표현이 바르지 않으면 수정하여 다시 말해주자. 아이가 "공 위 책장"이라고 말하면 이렇게 말해주면 된다.

"그래, 맞아. 책장 위에 공이 있어!"

6 아이는 처음으로 질문을 던지기 시작한다. 아이는 억양을 이용해서 "문 열어?"라고 질문한다.

⇒ 아이의 질문을 되받아 확장해주자.

"문을 열어달라고? 당연히 문을 열어주지!"

7 아이는 "나는 어린이집에 가요" 같은 간단한 문장은 제대로 표현할 줄 안다. "나는 어린이집에 가요. 친구가 있어요!"처럼 일종의 부가 문장도 등장한다.

⇒ 아이가 몇몇 단어들을 말하면 그 단어를 중심으로 문장을 늘려주자. 그러면서 아이의 어휘력을 계속해서 확장해주자. 아이가 "나는 바지를 입어요"라고 말하면 이렇게 말해주자.

"그래, ○○이는 '따뜻한' 바지를 입는구나."

8 아이가 말할 때 "나, 나, 나 배고파!"처럼 단어를 반복하는 현상 등이 나타나기도 한다.

⇒ 아이의 말에 귀 기울이며 아이가 말을 끝마칠 때까지 기다리자. 어떤 음이나 음절을 계속 반복해서 말하는 현상, '무우우우울'처럼 느릿느릿 말하는 현상, 혹은 '그, 오, 양이'처럼 음을 끊는 현상 등이 아이에게서 지속적으로 오래 나타난다면 언어치료사와 상담해보는 게 좋다.

9 '토끼깡충이' 등 새로운 단어를 만들어내는 일이 이제부터 중요해진다. 아이는 특정 물건이나 행동, 상황에 자기만의 새로운 단어들을 만들어 이름 붙인다.

⇒ 아이의 말에 전염되어보자. 수정하지 말자. 이런 단어들은 가족들끼리만 사용하는 언어 목록에 기꺼이 끼워주자. 아이는 자기가 충분히 이해받았다고 느낄 것이다.

10 아이는 이제 "아빠, 깜깜해. 무서워!"처럼 자기 내면의 감정 상태와 신체적 느낌을 점점 더 잘 지각하고 표현하게 된다.

⇒ 부모가 인지한 것을 말하며 감정 관련 어휘를 확장해주자.

"무서운 것 같구나!"

11 질문하는 나이가 시작됐다. '어디', '왜'와 같은 질문은 이제부터 일상이다. 부모가 요구한 사항에 "왜요?"라고 되묻거나 거절하는 경우도 발생한다.

⇒ 아이가 "왜요?"라고 물을 때 아이의 표정과 몸동작을 주의 깊게 살펴보자. 그러면 아이가 요구 사항의 내용을 제대로 이해했는지 아닌지를 짐작해볼 수 있다.

12 이제 아이는 여러 지시를 이해하고 적절히 행동할 줄 안다.

"방으로 가서, 유치원 가방을 들고 와. 그리고 가방에 물병을 넣어!"

⇒ 길어서 금방 잊어버리면 짧게 끊어서 말해주자.

"유치원 가방을 들고 와줘!" "이제 물병!" "자, 그럼 가방에 넣자!"

13 이제 아이는 일상 대화들은 다 잘 이해한다. 하지만 "내가 말했던 건 좀 더 큰 물병이야"와 같은 문장이나 "그러면 안 돼!"와 같은 간접적 금지는 여전히 이해하기 어렵다.

⇒ 말하고 싶은 바를 잘 생각해본 다음 표현해주자. "소파에서 뛰지 마!"처럼 아이가 하지 말아야 할 행동은 이야기하지 말자. 아이에게 바라는 바를 정확하게 표현하자.

"바닥에서 놀아!"

14 아이의 언어 모델인 부모는 세부사항과 문법에 좀 더 초점을 맞추면서 아이에게 도움을 주며 지도해줄 수 있다.

⇒ 대상의 특성을 이해하기 위한 질문을 더 많이 던져보자.

"공은 무슨 색깔이지?"

15 아이가 한 대답들을 가져와 그것을 반영해서 문법적으로 수정하거나 변형해볼 수 있다.

⇒ 아이가 "아빠, 나는 브라브리카 좋아!"라고 말하면 이렇게 말해주자.

"오케이, 아빠가 파프리카를 가져올게!"

앞의 내용을 바탕으로 아이가 또래 친구들과 다른 언어적 발달 양상을 보인다는 생각이 든다면, 뒤에 나오는 '말이 늦은 아이들'에 관한 보크만 교수와의 인터뷰를 읽어보길 바란다.

세 돌 이후

1 아이의 언어 발달 속도가 느려진다. 아이는 이제 제 생각, 감정, 행위에 관해 유창하게 말할 수 있다. 대화도 가능하다.

⇒ 누가, 무엇을, 어디서, 왜라는 질문을 던져보자. 아이의 성이나 이름 등을 물어보자.

2 아이는 색깔을 꽤 정확히 표현하고, 10까지도 셀 수 있다.

⇒ 함께 걸음을 옮길 때마다 10까지 세어보자. 서로 하나씩 주고받으며 세는 게 가장 좋다.

3 아이의 말하기 능력은 점점 더 좋아진다. "그런 다음, 우리는 ~을 했고, 그다음엔 ~을 했어. 그러고 나선 이걸 했지" 식으로 과거에 있었던 일들을 아주 자세하게 이야기할 수 있다.

⇒ 아이의 말에 귀를 기울이고 이야기를 끊지 말자. 중간에 말이 끊기면 아이는 어디서부터 다시 이야기를 시작해야 할지 모를 수도 있다.

4세부터 6세까지

1 아이는 이제 2만 개 이상의 단어를 이해하고(수동적 어휘), 그 가운데 대략 4분의 1 정도를 사용할 줄 안다(능동적 어휘). 4개 이상의 단어로 문장을 만들 수 있다.

2 언어 발달이 거의 끝나가는 시기로 아이는 "겨울은 너무 추워. 동상에 걸리겠어!"처럼 다소 함축적인 단어들('지루하다'처럼 눈에 보이지 않거나 손으로 만질 수 없는 것들)과 전문 용어들을 새롭게 배워 나간다.

⇒ 어려운 단어들을 사용했다면, 의미했던 바를 좀 더 쉬운 단

어들을 이용하여 한 번 더 설명해주자.

3 아이는 표정, 손짓과 발짓 같은 비구두적 신호를 더 잘 이해할 수 있다.

⇒ 이렇게 질문한 뒤에 아이가 어떻게 대답하는지 살펴보자.

"지금 엄마가 어때 보여?"

아이의 대답을 보면 아이가 비구두적 신호를 이해하는지를 파악할 수 있다. '감정 판토마임' 놀이를 해볼 수도 있다. 아이에게 '슬픔'이나 '행복'과 같은 개념을 표정이나 몸짓을 이용해 표현해보길 요청하자.

4 아이는 점점 더 심도 있고 철학적인 질문들을 던진다.

⇒ 아이의 내적 세계를 이해하기 위해 "그게 왜 그런 걸까? 네 생각은 어때?"라고 반문해봐도 좋다. 그런 다음 아이의 대답을 경청하자. 물론 솔직해져도 괜찮다! 대답을 모르거나 대답해줄 상황이 아닌 경우에는 "유감스럽지만 나도 잘 모르겠어!"라고 말해도 된다. "비는 왜 내려요?"와 같은 지식에 대한 질문은 인터넷이나 책을 통해 답을 함께 찾아봐도 좋다.

5 아이의 말하기 능력은 세분화된다. 이제부터 아이는 자기가 경험했던 일이나 이야기를 감정적으로 미화하거나 구조화한다. 약 5세부터는 어디서 들었거나 자기가 직접 지어낸 이야기들(2가지 이상의 사건을 포함)을 전달할 수 있다.

⇒ 어린이집 생활에 관해 이야기 나누고 싶다면 우선 "어린이집 어땠어?"라는 질문은 피하고 아이에게 이렇게 물어보자.

"오늘 선생님 이야기 중에서 뭐가 제일 재미있었어?"

"오늘 어린이집에서 뭐가 특히 좋았어?"

6세 이후

이제 아이의 언어 발달 속도는 한 번 더 감소한다. 초등학교 입학 시기는 언어적으로 중요한 전환점이 된다. 아이는 의사소통 규칙에 능숙하고, 이해가 안 될 때는 확실한 목적을 가지고 되묻기도 한다("이건 무슨 뜻이에요?"). 농담처럼 좀 더 세련되고 다양한 형태의 언어들도 사용하기 시작한다("1초 농담이라는 걸 알아? 오, 유감이야. 이미 지나갔어!").

그런데 부모인 우리가 주의해야 할 사항이 하나 있다. 대화가 시작되면 아이는 대화 주제를 정확하게 이해하고 있어야 할 뿐만 아니라, 상대방의 관점으로 생각해볼 줄도 알아야 한다. 그래야 대화 시 적절하게 반응할 수 있다. 그런데 이 시기의 아이들은 상대방이 하는 이야기의 핵심을 완전하게 이해하지 못하는 경우가 많다. 공감적인 대화를 제한적으로밖에 해내지 못한다. 그런 능력은 약 9~10세가 되어야 완전하게 발달한다.

아이의 언어 발달을 도와줄 방법과 부모가 하지 말아야 할 행동

설령 아이에게 모국어 습득에 관한 자기만의 동기가 있어도 부모가 아이를 도와줄 수 있다. 이때 다음의 사항들에 유의하자.

- 다정하게 대하며 존중 어린 학습 분위기를 형성해주자. 아이들은 애착 대상을 통해 경청 및 상호작용을 배워 나간다.
- 출생 후 3년 동안은 아이의 눈높이에 맞는 언어가 좋다.
- 놀이하듯 읽어주기, 설명해주기, 묘사하기, 이야기해주기, 가르쳐주기, 이름 명명해주기 등은 이제 일상이다. 각각 상황별로 지금 부모가 하는 일을 아이에게 이야기해주자. 예를 들면, "지금 나는 ○○이 밥을 준비하고 있어. 이럴 땐 ~가 필요하지"라고 말할 수 있다.
- 수동적인 언어 이해 능력은 능동적인 말하기 능력보다 더 빨리 발달한다.
- 아이는 언어를 들어야 한다. 핵심어를 강조하거나 반복하면서, 그리고 이에 관한 설명을 자연스럽게 덧붙이면서 아이의 이해를 도와주자. 말의 내용은 그것에 상응하는 표정과 몸짓으로 강조해주며, 실제로 연관된 맥락 속에서 표현하자. 예

를 들어, 열린 문을 가리키는 손짓과 함께 "저기 누가 오는지 봐"라고 이야기해준다.

- 아이의 언어 학습 모델은 부모라는 사실을 명심하자. 아이의 언어 모델이 되어주자. 아이는 아무런 필터 없이 모든 걸 죄다 흡수하며 부모를 똑같이 따라 할 것이다.
- 아이가 말을 끝마칠 때까지 기다려주자. 적극적으로 귀 기울여주고, 아이가 질문을 던지도록 용기를 북돋워주자.
- TV와 언어 습득에 관해서는 이렇게 말하고 싶다. 아이가 제 나이에 적합한 어린이 방송을 본다면 수동적 어휘와 이해력은 확장될 수 있다. 반대로 나이에 맞지 않는 방송과 장시간 시청은 아이의 언어 발달뿐만 아니라 주의력 및 인지 능력 발달까지도 저해한다. 중요한 건 그냥 따라 말하기가 아닌 사람들과의 실제 상호작용이다. 그러므로 아이는 제 나이에 적합한 수준의 어린이 방송을 아주 적은 분량으로 시청하는 게 좋다. 또한 어른이 계속해서 지도해주고 아이가 시청한 내용을 함께 이야기해야 한다. 그래야 아이는 자신이 접한 정보를 분류하게 되고, 관련 사항들을 인지하며, 제 어휘 목록에 새로운 단어들을 적극적으로 추가하게 된다. 더욱이 적절한 말소리와 발음은 어린이 방송을 통해서도 배울 수 없다. 대개 듣고만 있지 적극적으로 말하지는 않으니까.

Tip 놀이로 언어 배우기

다음에 소개하는 손가락 및 언어 놀이는 아이들이 분명 좋아할 것이다. 아이들이 새로운 단어들을 학습하는 데도 도움이 될 것이다.

"○○이는 얼마나 클까요?"라고 말한 다음, 다정한 표정을 지으며 공중에 두 팔을 쭉 뻗고, "○○이는 이만큼 크지요"라고 말하자.

"이건 엄지야", "꼼지락꼼지락 조그만 난쟁이들 열 명이야"라고 말하는 손가락 놀이도 아이들의 호기심을 자극한다.

〈산토끼〉나 〈올챙이와 개구리〉처럼 율동을 곁들인 동요나 동시를 아이와 함께 부르면 아이의 언어 습득에 특히 효과가 있다.

질문과 대답 놀이를 해볼 수도 있다. "고양이는 어떻게 울지?"라고 묻고 아이의 대답을 기다린 다음(너무 오래는 말고), 아이가 호기심 어린 눈빛으로 계속 바라보면 "야옹!" 하고 대답해주자.

한편, 부모가 아이의 언어 발달에 함께할 때 차라리 하지 않는 게 좋은 행동들이 있다.

우선, 아이와 함께 책을 읽을 때 자꾸 묻지 말자. 아이가 심리적 압박을 느껴선 안 된다. 아이와 함께하는 시간을 즐기며, 아이가 새롭게 배울 단어들을 찾아보자.

아이가 제대로 발음하지 못할 때 즉각 수정해주진 말자.

"가오등이 아니야. 가로등이야. 따라 해봐. 가, 로, 등."

이런 식으로 말하면 아이는 잘못 발음할 두려움에 새로운 단어에 대한 유희적 호기심과 유쾌함까지 상실할 수 있다. 아이가 잘못 발음한 단어로 새로운 문장을 만든 다음, 아이와의 대화 속에서 자연스럽게 제대로 발음해주는 게 더 좋다. 그러면 아이는 새로우면서도 올바르게 변형된 구절을 금세 배우게 된다.

"그래, 맞네. 이건 진짜 알록달록한 가로등이야."

아이는 '가오등'이 아닌 '가로등'이라는 걸 배울 뿐만 아니라, 부모로부터 이해받았다는 사실에 기뻐할 것이다.

단어와 문장으로 의사를 표현하는 능력, 타인과 말을 주고받는 능력은 모든 아이가 똑같은 속도로 갖춰 나가지 않는다. 아이들은 저마다의 속도로 언어를 습득한다. 아이의 언어 발달 속도가 다소 느리다고 해서 아이나 부모 자신에게 압박을 줘선 안 된다.

아이가 아직 이해하지 못하는 것들

아이들이 아직 잘 이해하지 못하는 표현들이 있다. 반어와 조롱, 관용구와 속담, 수사적 질문이 들어가는 문장들이 그렇다.

반어와 조롱

어린아이들은 반어적 문장을 쉽게 오해한다. 언어적 '다의성'을 이해하는 능력은 몇 년은 더 지나야 발달한다. 반어적 표현을 이해하는 능력은 약 4세부터 발달하기 시작하여 9~10세 무렵이 되어서야 끝난다. 이런 형태의 말을 이해하려면 이를 해석하고 평가할 수 있어야 할 뿐만 아니라 이 모든 걸 한 맥락 속에서 받아들일 수 있어야 한다. 대개 화자의 특이한 억양(특별한 강조)을 통해 그것이 반어적 표현이라는 걸 이해한다.

반어적 문구들을 매일 사용하더라도 어린아이들은 이해하지 못한다. 되레 갈등 상황이나 문제로 받아들인다. 그러므로 반어적으로 표현하기보다는 명확하게 말해주는 게 좋다.

"와, 신발을 세 번이나 벗어젖혔어!"

이렇게 말하는 대신 다음과 같이 말해주자.

"이제 신발 신자!"

관용구와 속담

"말이 씨가 돼!"

아이고, 이런 말을 아이가 어떻게 이해하겠는가. 아이들은 글자 그대로 말을 이해한다.

"엥, 씨? 꽃씨? 꽃이 자랄 때 필요한 씨? 말이 어떻게 씨앗으로 변하지?"

관용구는 의미상 서로 관련 없는 2가지 대상이 서로 연결된 표현으로, 복잡하기 짝이 없는 비유적 묘사다. 이 경우엔 말과 씨앗이 그렇다. 관용구를 자주 사용하는 편이라면 관련 설명을 바로 덧붙여주는 게 좋다. 그러면 아이가 좀 더 잘 이해할 수 있다.

"내 말은, 뭣 모르고 한 말이 진짜 실제로 일어날 수도 있으니 말은 늘 조심해서 해야 한다는 뜻이야!"

수사적 질문

이는 많은 사람이 경험하는 문제로, 이야기하고 싶은 무언가를 질문 형태로 표현하는 것이다.

부모: "잠옷 좀 입을래?"

아이: "싫어!"

아이는 "싫어"라는 말로 부모의 질문에 아주 정확하게 대답했다. 아이는 잠옷을 입기 싫다. 그런데 부모는 아이에게 선택권을 주려던 게 전혀 아니었다. 자, 이제부터 비생산적인 토론이 이어질 수도 있다. "입어야만 해!" "싫어!" "이제 입어!" "안 입을 거야!" 이런 질문(더는 수사적이지 않은 질문)은 아이가 자유롭게 선택할 수 있을 때, 아이가 정말로 싫다고 대답해도 될 때만 해야 한다.

"이제 함께 양치하자!"

이 말은 의도가 명확할뿐더러 아이도 확실하게 이해할 수 있는 표현이다.

"이 다 썩게 내버려둘 거야?"

이는 수사적 질문이다. 자기 이가 다 썩도록 내버려두고 싶은 사람은 없지 않은가! 게다가 아이가 결정할 수 있는 문제인가? 이런 질문은 아이가 전혀 감당할 수 없는 책임을 아이에게 전가한다. 아이의 건강에 대한 책임은 부모에게 있다. 취학 전 아이들은 자신이 맞닥뜨릴 위험이나 장기적으로 봤을 때 도출될 결과(소위 논리적인 결론)를 미리 파악하거나 예측할 수 없다.

이 사례들을 통해 우리는 수사적 질문이 겉보기에만 질문일 뿐, 이에 대한 대답은 되레 불필요하다는 사실을 명확하게 알 수 있다. 이런 화법은 부모가 일상생활 속에서 명확하게 전달하고픈 메시지들을 오히려 '불명확하게' 만들어 아이를 혼란스럽게 한다. 아이와 공감적인 의사소통을 하고 싶다면 부모의 메시지가 아이에게 정확하게 전달되도록 의사를 명확하게 표현해야 한다.

더 읽을거리

우리 아이가 말이 늦다면

심리학자, 소아·청소년 심리치료사이자 언어치료사인 안 카트린 보크만Ann-Katrin Bockmann 박사와의 인터뷰를 정리했다.

Q 아이의 언어 발달과 관련한 이야기에서 '말이 늦은 아이late talker'라는 용어가 매번 등장합니다. 무슨 뜻인가요?

A '말이 늦은 아이'란, 언어 발달이 느린 아이를 말합니다. U7(독일에서 생후 21~24개월 아이들에게 행해지는 영·유아 발달 검사를 말한다—옮긴이) 기준에 따라 2세 정도의 아이들은 50개 정도의 어휘를 알고 있어야 합니다. 전형적인 발달과제 중 하나로, 정확하게 발음할 필요는 없습니다. '바나나'를 '바나'

라고 말해도 괜찮습니다. 중요한 건, 그 단어를 식별할 줄 아느냐입니다. 또 이 연령대의 아이들은 "엄마 저기", "곰돌이 아야" 등 두 단어를 연결해서 사용하기 시작합니다. 아이들이 이런 발달과제를 해내지 못하면, 우선 '이상한' 거죠. 희소식은 이렇게 말이 늦은 아이들 가운데 다수가 그저 '말이 늦게 터지는 아이late bloomer'라는 겁니다. 이 아이들은 그냥 놔둬도 혼자 알아서 또래 아이들을 따라잡습니다. 그런데 '말이 늦은 아이' 중 일부는 뇌에서 언어 자극을 다르게 받아들이기에 다른 자극들도 필요합니다. 이때는 부모나 어린이집 교사들이 언어치료사 등의 전문적인 자문을 받아야 합니다.

Q 부모는 자신의 아이가 '말이 늦은 아이'라는 걸 어떻게 확신할 수 있나요?

A 흠, 만약 제 아이가 말을 너무 조금 한다는 생각이 든다면 저는 메모지를 준비할 겁니다. 그 메모지를 바지 주머니에 넣어두거나 냉장고 문에 붙여둔 다음, '여기', '응', '맘마', '싫어', '엄마', '아빠' 등 아이가 말하는 단어들을 매번 기록해두는 거죠. 2~3세 아이들의 부모들이 인터넷에서 내려받을 만한 체크리스트도 있습니다. 아이를 관찰한 다음, 아이가 이미 말할 수 있는 단어들을 체크리스트에 표시합니다. 목록에 없는

단어들은 메모로 남겨두는 게 좋습니다. 그제야 아이가 몇 개의 단어를 말할 수 있는지 파악하는 부모도 허다합니다. 이렇게 표시한 체크리스트를 영·유아 검사 때 가져가셔도 됩니다. 걱정되신다면 소아과 전문의를 만나보시길 권유합니다. 아이에게서 두드러지는 사항들을 확인해보고자 언어치료사를 소개해줄 겁니다(독일의 경우, 소아과 전문의가 소견서를 써주어야 하는 게 일반적이다—옮긴이).

Q 언어치료는 언제 시작하는 게 좋은가요?

A 4세 전까지는 언어치료가 그렇게 큰 도움이 되지 않는다고 말하는 사람들도 많습니다. 하지만 조기 진단과 상세한 부모 상담은 꼭 필요합니다. 2세부터라도 조기 개입을 하게 되면 노력을 조금만 기울여도 좋은 결과를 얻을 어마어마한 기회가 있기 때문이죠. 언어치료사와의 상담 때까지 사전에 정보를 좀 모아두시길 권합니다. 말이 늦은 아이에 관한 아주 좋은 책자도 찾아보시고요.

Q 아이가 말을 하지 않거나 너무 늦게 시작하면, 부모는 어떤 점에 유의해야 할까요? 어떻게 아이를 도와줄 수 있을까요?

A 내 아이가 다른 아이들과 왠지 '다르다'는 생각이 들면, 흔히

동요되고 걱정되고 두렵습니다. 그러면 대개 부모는 아이를 더는 '자연스럽게' 대하지도, 편하게 바라보지도 못합니다. 오히려 '조력자 모드'로 바뀝니다. 아이에게 뭔가를 가르쳐야 한다고 생각하는 거죠. 아이가 말을 잘하지 못하면, 부모는 특히나 좋은 그림책을 사서는 아이와 '일'을 합니다. 아이에게 이렇게 묻죠.

"여기 봐. 뭐가 있지?"

아이가 말을 안 하면 이렇게 질문합니다.

"개는 어디 있어? 가리켜봐."

그런 다음엔 아이가 가리켜야 한다거나, '아니요' 혹은 '예'로 대답할 폐쇄형 질문들을 던집니다. 이런 '조력자 모드'는 아이와 부모 모두에게서 재미를 빼앗아 갑니다. 게다가 아이가 언어를 배울 기회도 훨씬 줄어들죠. 이 순간, 결정하는 사람은 아이가 아닌 부모니까요. 관심이 있는 동행자가 되는 게 훨씬 낫습니다. 아이가 관심 있어 하는 걸 부모로서 따라가주면 됩니다. 아이에게 개방형 질문을 해보세요. 아이가 "바나"라고 말하면, "그래, 바나나"라고 그냥 한 번 더 제대로 말해주면 됩니다. 아이를 따라가고, 아이의 말에 귀 기울여주세요. 우리는 그렇게 말을 많이 할 필요가 없습니다. 또한 짧은 문장으로 여러 번 반복해서 말해주는 게 좋습니다. 지친 일상에 '언어적 거주지linguistic enclave'를 만들어주는 것도 도움이 됩니다. 점심 식사 등을 마친 뒤 아이가 좋아하는 그림책을 10분 정도 아이와 함께 보는 것입니다. 이때 아이는 무릎에 앉힙니다. 아이가 엄마(혹은 아빠)의 얼굴을 바라볼 수 있고 다른 형제자매의 방해를 받지 않으면 제일 좋습니다.

Q TV 프로그램이 말이 늦은 아이들에게 도움이 될까요?

A 언어 발달에는 부모와 자녀의 관계, 상호작용, 부모의 접근성이 제일 중요합니다. 어린이 방송과 같은 방송 매체도 도움이 될 수 있습니다. 대중 매체라고 하면 대개 엄청나게 부정적으로 치부되면서 심히 무분별한 평가를 받고 있죠. 언어 발달에 굉장히 도움이 되는 방송도 있습니다. 그런데 이때 핵심은 아이와 부모가 함께 시청하는 겁니다. 예를 들어, 〈뽀로로〉를 10분간 함께 본 다음 함께 이야기를 나누는 겁니다. 아이가 "저기, 자동차"라고 말하면, 부모는 "맞아. 엄마도 자동차를 봤어"라고 대답해줄 수 있겠죠.

Q 다중 언어를 쓰는 아이들은 과부하가 걸리니, 자동으로 '말이 늦은 아이'가 되나요?

A 다중 언어로 인해 아이가 말을 하지 않는다는 풍문을 다중 언

어를 쓰는 아이를 둔 부모들은 자주 접합니다. 제가 대답해드릴게요. 아닙니다! 그 아이들의 언어 발달은 다른 아이들보다 느리지 않습니다. 아이가 두 언어를 동시에 배워 나가기에 처음엔 조금 느릴 수 있습니다. 하지만 대부분 금세 따라잡을뿐더러 나이에 따른 발달과제를 거의 똑같이 해냅니다. 또 다른 풍문은 "두 언어를 섞어 쓰는 건 좋지 않은 신호다"라는 거죠. 이때도 제 대답은 같습니다. 아닙니다! 이건 오히려 좋은 신호예요. 게다가 아이가 현재 거주하는 나라의 언어로만 말해야 한다는 조언도 틀렸습니다. 부모가 최고로 잘할 수 있는 언어로 아이와 이야기하면 됩니다. 어떤 어머니 한 분이 제게 말씀해주신 것처럼, 그 언어야말로 아이에게 진심으로 다가갈 수 있는 마음의 언어입니다.

정서 발달 지지해주기: '문제 감정'이 생기지 않게

”

아이의 정서 발달에서 부모는 의사전달 지도라는 중요한 역할을 맡게 된다. 부모는 아이의 감정들을 끊임없이 파악(사정 및 해석)하고, 명명하고, 적절하게 반응해줘야 한다. 아이가 울면서 다가온다면 이렇게 말해줄 수 있다.

"곰돌이 인형을 못 찾아서 슬프구나! 우리 함께 찾아보자!"

이런 정서적 경험을 통해 아이는 자신의 감정을 파악하게 되고, 어떤 방식으로 감정을 조절하고 표현해야 하는지도 알게 된다. 아이들은 감정을 표현하는 단어(슬프다, 화난다, 무섭다 등)를 2세 때까지는 그저 드문드문 사용한다. "나는 슬퍼"처럼 자기감정을 적극적으로 표현하는 일도 드물다. 그렇지만 감정에 대한 수동적인 이해력은 점점 높아진다. 앞서 이야기한 사례처럼 우리 부모들이 아이들의 감정에 상응하는 표현을 말해주면, 아이들은 지금 자기 마음에서 느껴지는 것들과 해당 감정을 표현하는 단어를 더 잘 연결할 수 있다. 그렇게 아이들은 자신의 감정을 하나하나 구분한다.

2~4세 무렵의 아이들은 감정을 점점 더 자주 언급하며 그것에 관한 대화도 시작한다. 5세부터는 "○○이가 나를 화나게 했어!", "엄마(혹은 아빠)가 나를 데리러 와줘서 기뻐!" 등 한층 더 복잡한 정서적 표현들을 구사한다. 이때 아이의 언어 발달이 중요하다.

요약하자면, 아이의 정서 능력은 부모와의 상호작용, 그 밖의 다른 사람들과의 상호작용, 그리고 아이의 기질적 요인으로부터 영향을 받는다.

아이가 제 감정을 드러낸다면 그것을 통해 자기 욕구를 전달하고자 함이다. 이때 정서적 표정(얼굴, 몸짓, 음역)이라는 게 드러난다. 이때는 좋고 나쁜 감정이라는 게 없다. 그저 '편하거나 불편한' 감정만 있을 뿐이다. 아이가 슬프다면 부모의 보살핌이 필요하다. 아이가 화를 내서 아이를 방으로 보내버리며 동행자 역할을 포기하거나 아이의 감정으로부터 부모를 분리한다면 아이는 그 '불편한' 감정과 홀로 싸워야 한다. 압도적인 감정들(나이와 발달 수준에 따라 그 강도는 상이하다)을 아이 스스로 극복하는 일은 아이에게 엄청난 부담이다. 어떤 아이들은 그런 감정들을 억누르거나 피하고, 그러면 그것을 조절하는 방법은 배우지 못한다. 어떤 경우에는 처음에 느낀 슬픔과 같은 감정을 넘어 분노 등 아이가 견딜 만한 감정을 무의식적으로 만들어낸다. 이때 아이는 이렇게 생각할 수 있다.

'울지 말고 차라리 소리 지를래.'

이런 식으로만 감정을 '통제'할 수 있고 참아낼 수 있다. 잘못된 동행 때문에 '정상적인 감정'에서 '문제 감정'이 생겨나는 것이다.

Tip 동행과 반영

동행co-accompany이란, 아이가 드러낸 감정을 반영하고 명명해주며, 가능하다면 아이의 감정 조절을 도와주는 것이다.

반영reflect이란, 상대방의 관점을 수용하고 자신이 이해한 바를 다시금 드러내 보이면서 상대방의 행동방식과 감정에 반응하는 행위다. 즉, 아이의 언어, 표정, 몸짓을 통해 부모가 파악한 내용을 다시 부모의 언어, 표정, 몸짓을 통해 표현하는 것이다. 아이와 공감하고 있으며 각 상황을 이해하고 있다는 것을 이 반영을 통해 아이에게 표현해줄 수 있다.

공감적이고 긍정적인 의사소통은 아이의 정서 발달에 엄청난 영향을 미친다. 아이와 부모 사이의 애착 관계가 확실하게 성립

되어 있고 출생 후 몇 년간은 적절한 수준에서 아이와 동행해준다면, 아이는 자신의 감정을 적절하게 조절하는 전략들을 효과적으로 갖출 수 있다.

아이들은 언제부터 자기감정을 조절할까?

정서 발달도 언어 발달과 다르지 않다. 아이들은 저마다의 속도로 정서가 발달하기 때문에 나이에 따른 발달과제는 단계별로 딱딱 나뉘는 게 아니라 유동적이다!

태어나고 나서 몇 달 동안 아기는 가장 가까운 애착 대상(보통 부모가 된다)을 통해 자신의 감정을 통제하게 된다. 아기가 배가 고프거나 잠이 부족해서 스트레스를 받지 않도록 부모는 아기에게 젖을 주고 잠이 들도록 이리저리 흔들어준다. 이같이 엄청난 자극들로부터 젖먹이를 보호하는 일은 부모에게도 그렇게 쉬운 일이 아니다.

생후 약 3개월부터 아기는 (기질에 따라 상이하나) 조금 더 큰 자극들도 참아내기 시작한다. 이때 아기는 자극 요소(시끄러운 소리 등)를 피하고자 시각적 전략을 사용한다. 이 조그만 녀석은 얼굴을 돌리는 행위 등을 통해 자기감정을 다루는 방법을 조금씩 배워 나간다.

생후 약 6개월부터는 좀 더 발달한 자신의 운동 영역들로 자기 감정을 극복한다. 필요한 경우에는 정서적으로 격앙된 상황들에서 벗어나거나 다른 데로 기어가고, 부모와 눈을 맞추고자 애쓰기도 하며, 부모의 행동도 관찰한다. 부모는 언어적으로 동행해줄 수 있다. 예를 들면 "불안한 것 같구나. 엄마 여기 있어. 네 옆에 있어줄게"라고 말해준다.

Tip 아기에겐 부모의 반응이 필요하다

눈 맞춤, 미소, 공감적인 반응이 아기에게 얼마나 중요한지는 이른바 '무표정 실험'을 통해 확인할 수 있다. 이 실험에 참여한 엄마들은 한 살 정도 된 자신의 아기와 마주 앉아 함께 이야기하며 몇 분 동안 놀아주었다. 그러다가 1~2분 정도 아기에게 언어적 반응이나 몸짓을 전혀 보이지 않으면서 무표정하게 아기 뒤쪽만 응시했다. 이때 아기들은 명확한 행동 변화를 보였는데, 긍정적인 친밀감(미소 짓기, 물건 가리키기)을 보이며 엄마와 다시 소통하려고 노력했다. 엄마가 아무런 반응을 보이지 않은 지 2분 정도 지나자 아기들은 고개를 돌리거나 울면서 명백히 항의하거나 주저하는 행동을 보였다. 이런 행동은 분명 생후 3~4개월부터 나타난다. 아기들은 엄마가 반응하지 않아 혼란스러워했고, 스트레스와 무력감, 부정적 정서 지수가 높아졌으며, 다시 소통하려고 애썼다.

약 2세부터는 몇몇 감정을 스스로 다스릴 수 있으며 자기만의 감정 조절 전략을 점차 갖춰 나간다. 언어 및 의사소통 능력은 정서 능력에 긍정적인 영향을 미친다. 강력한 감정들에 압도되는 경우, 이 단계에서도 부모는 아이와 함께해야 한다. 이 시기에도 아이는 부모의 도움을 바란다(형제자매 간의 다툼이나 놀이터 문제 등).

약 5세부터 아이는 제 감정을 스스로 조절할 수 있다. 시간이 지남에 따라 몇몇 감정(슬픔, 분노, 두려움 등 대부분 불편한 것들)에서만 부모의 도움이 필요하다. 자기만의 감정 조절 전략이 이 시기에 촉구돼야 한다. "기분이 어때?", "지금 어떻게 하고 싶어?", "네 생각은 어때?"라고 물어보자.

아이의 정서 발달을 지지해주는 방법

- 세심하게 의사소통을 하자. 또한 긍정적이면서도 확실한 애착 관계를 형성하자.
- 가족들 간에 긍정적인 정서 분위기를 형성하자(어떤 감정이든 환영한다!).
- 부모의 감정을 솔직하게 내보이며 아이의 눈높이에 맞게 대화해보자. 감정에는 저마다의 이유가 있으며 어떤 욕구들이 있는지를 우리에게 보여준다.
- 아이가 감정을 조절하도록 도와주자(동행). 이때 감정 언어

들을 사용하자.

- 감정들을 깊이 이해하도록 도와줄 대화를 시작하자.
- 상황에 따라 자기감정을 스스로 조절하는 자기 성찰적인 태도를 보임으로써 감정을 적절하게 다루는 삶의 모습을 아이에게 보여주자.

Tip 감정 언어를 적절히 사용하자

아이와 의사소통할 때 감정 언어들(웃기다, 기쁘다, 화난다, 슬프다, 용감하다, 두렵다 등)은 그것에 상응하는 표정들보다 훨씬 더 중요하다. 그러므로 무서운 눈빛으로 아이를 바라보는 것보다 이에 적합한 단어들을 사용하는 게 더 낫다!

감정은 불편한 감정과 편한 감정으로 나뉜다. 편한 감정에는 즐거움, 행복, 사랑, 자부심 등이 있고, 불편한 감정에는 두려움, 화, 분노, 외로움, 죄책감, 슬픔 등이 있다. 아이가 감정을 이해하는 데는 다양한 표정으로 여러 감정을 드러내는 것보다 각각의 감정을 감정 언어로 언급해주는 게 훨씬 중요하다. 이는 다수의 연구를 통해 증명된 사실이다. 두 돌 이후부터는 그저 표정만 살피는 것보다 언어적 표현을 통해 감정을 더 잘 인지하고 습득한다. 부모가 '침묵'하는 편이라면 아이가 그 표정의 의미를 정말로 이해할 수 있는지 곰곰이 생각해보자.

낯가림, 생후 8개월의 불안

아이가 하루아침에 갑자기 경계태세를 보이며 부모 곁에만 있으려고 한다. 어떤 사람들은 이를 사랑의 증표로, 어떤 사람들은 도전적인 과제로 받아들인다. 낯선 사람들과 마주하면 아이는 부모 옆에 딱 달라붙거나 울면서 부모 곁만 찾는다. 유감스럽게도, 아이가 울어대면 제삼자가 자꾸 끼어든다.

"아, 좀, 나한테 있어도 괜찮아!"

"네 딸도 가끔은 너랑 좀 떨어져 있어야 해. 네가 얘 버릇을 잘못 들이고 있어!"

낯가림이 정상적인 아동 발달단계에 속한다는 걸 알고 있으면 좋다(이 단계가 나타나지 않아도 괜찮다!). 그러면 아이가 지금 부모와 더 함께하고픈 이유, 그리고 이때는 아이가 다른 사람에게 다가가고 익숙해지는 데 시간이 좀 더 걸린다는 사실을 다른 사람들(할머니, 할아버지, 친척, 이웃)에게 설명함으로써 아이에게 공감해줄 수 있다. 우리의 부모 본능을 믿자. 그리고 아이를 위해 마음에 걸리지 않는 행동을 하자.

😊 "지금 ○○이는 내가 필요한 것 같아. ○○이 옆에 있으면서 이맘때 애들이 필요로 하는 안정감을 내가 느끼게 해줘야지!"

😊 "○○이가 너나 이 상황에 적응하기 위해서는 시간이 좀 더

필요한 것 같아!"

이와 동시에 아이가 (처음에는 부모와 함께) 상대방과 상호작용하도록 용기를 북돋워주는 것도 좋다. 특히 아이가 불안해하는 상황에서는 신체적 표현에 유의할 필요가 있다. 또한 아이의 자세나 표정, 몸짓, 목소리 톤 등을 정확하게 파악해야 한다. 예를 들어, 부모가 두려운 표정을 짓거나 목소리가 불안한 듯하면 아이도 더욱 조심스럽게 반응한다. 반면, 이 상황이 안전하며 어떤 위험 요인도 없다는 걸 온몸으로 아이에게 보여주면 아이는 좀 더 편안하게 반응할 수 있다. 부모가 다른 사람과 상호작용할 때도 아이는 이 점을 느낄 수 있다.

"엄마 여기 있어. 그리고 계속 여기에 있을 거야. 할아버지한테 기어가도 괜찮아!"

Tip '엄마 아빠 바이바이byebye' 놀이

숨바꼭질 놀이를 자주 하면 분리 연습을 함께 해볼 수 있다. 이 놀이는 (짧은) 분리 뒤엔 늘 재회한다는 점, 그렇기에 부모가 잠깐 사라지더라도 불안해하거나 무서워할 필요가 없다는 점을 아이가 이해하고 내면화하는 데 좋다.

더 읽을거리

분노: 아이의 뇌에 무슨 일이?

신경학자, 블로그 운영자이자 세 아이의 엄마인 다니엘라 갈라샨Daniela Galashan 박사와의 인터뷰를 정리했다. 그녀는 화난 아이에게 부모가 어떻게 반응할 수 있는지 알려준다.

Q 아이가 화가 났을 때는 왜 말이 안 먹히나요?

A 우리는 화가 난 아이와 종종 마주하게 되죠. 그런데 그 순간 아이는 부모 말을 하나도 안 듣고 있어요! 두려움이나 질투 같은 강력한 감정에서는 뇌에 이른바 '경고음'이 울려 퍼지거든요. 그러면 감정을 작업하는 뇌 영역들이 기본적으로 활성화됩니다. 감정은 주로 우반구에서 다루어진다고들 이야

기합니다. 그런데 사실 감정을 다루는 뇌 영역들은 대부분 뇌 깊숙한 곳에 있습니다. 좌반구와 우반구 모두에서 감정을 다루고 있고요. 예를 들어, 여러 뇌 구조들(편도체와 해마 등)로 구성된 변연계 같은 곳에서요. 이 부분들은 모두 함께 활성화됩니다. 이처럼 깊숙이 놓여 있는 뇌 구조들은 이마 뒤쪽에 있는 전두엽처럼 진화론적으로 좀 더 발달한 뇌 영역들을 기본적으로 압도해버립니다. 그런데 문제는 생각하기, 계획하기, 문제 해결하기와 같은 작업을 하는 전두엽이 충동 조절에도 관여한다는 사실입니다.

Q 아이가 화가 나면 어떤 논리적인 말도 받아들일 수 없고 곰곰이 생각해볼 수도 없다, 게다가 자기 화도 통제하지 못한다, 그렇기에 어른이 하는 논리적인 이야기는 안 먹힌다, 왜냐하면 이 모든 기능을 담당하는 전두엽 같은 뇌 영역들이 지금 제대로 작동하지 못하기 때문이다. 요약하자면 이런 건가요?

A 맞습니다. 게다가 유감스럽게도 전두엽은 23~25세가 되어서야 비로소 완전히 발달합니다. 그렇기에 태어난 지 몇 년 안 된 아이가 감정을 통제할 수 있다고 기대해서는 절대 안 됩니다. 어른들도 아직 그렇게 못 하는 사람들이 많은 걸요.

Q 화난 아이에게 부모의 말이 그래도 좀 먹힐 방법은 없나요?

A 이렇게 말하면 아이의 감정이 무시되거나 별일 아닌 것처럼 치부될 수 있고, 어리석은 것처럼 여겨질 위험도 있습니다.

"그런 일로 이렇게 화낼 필요는 없잖아!"

"이 심술쟁이 녀석!"

"또 난리야!"

중요한 건 그 순간 아이의 감정이 그렇다는 겁니다! 아이가 그 감정을 최대한 빨리 떨쳐내기만을 계속 바라고 있으면, 아이는 그 감정이 옳지 않다고 생각할뿐더러 심지어 그 감정을 품고 있는 자신도 문제가 있다고 받아들입니다. 앞의 표현들은 아이가 자신의 격한 감정을 처리하는 데 아무런 도움이 안 됩니다. 화가 난 아이를 혼자 내버려두는 행위(방으로 보내기 등)도 도움이 못 됩니다. 아이는 부모가 함께 조절해줌으로써 제 감정을 조절하는 방식을 배워 나가니까요.

우리에게 도움이 되는 전략들은 다음과 같습니다.

첫째, 감정들을 명명하면 아이뿐만 아니라 우리 자신에게도 도움을 줄 수 있습니다.

"네가 엄청 화가 난 듯하구나."

"무서운가 보구나."

이렇게 해주면 어린아이는 지금 자신이 느끼는 것(빨라진 심장 박동, 신체적 긴장감, 식은땀 등)과 부모가 언급한 감정(두려움 등)을 서로 연결 지을 수 있죠. 감정을 정리할 기회를 주고 감정의 강도도 줄여줄 수 있어서 아이를 편안하게 해줍니다. 감정들이 언급되면 전두엽의 뇌 영역들은 활성화되지만, 편도체처럼 뇌 깊숙이 위치한 감정 처리 영역들은 되레 활동이 억제됩니다. 그렇기에 감정들을 명명하는 것 자체만으로도 안정 효과를 가져올 수 있습니다. 이는 함축적인 감정 조절 형태로 간주합니다. 그런데 중요한 건 긍정적인 감정들도 언급해줘야 한다는 사실입니다. 우리는 대개 불편한 감정들에만 엄청 집중하니까요.

둘째, 심호흡, 발 구르기, 무언가를 꾹꾹 누르기 등 감정을 처리하는 방식을 직접 시범을 보이며 가르쳐줄 수 있습니다. 어떤 아이에게는 부모의 곁이 도움이 되기도 합니다.

"엄마한테 안기고 싶니?"라고 물으면 어떤 아이는 화를 더 내기도 합니다. 아이의 나이와 기질에 맞게 방법을 찾아야 합니다. 이때 어떤 감정이든 모두 환영하는 자세가 많은 도움이 될 겁니다. 이 말은 어떤 행동도 다 괜찮다는 뜻이 아닙니다. 남에게 피해를 주지 않으면서 격한 감정을 날려버릴 행동방식을 아이들에게 가르쳐줘야 합니다.

아이들의 발달 이정표

아이가 성장하는 동안 부모는 "내가 할 거야!", "싫어!", "내가!" 같은 고함들을 자주 듣게 될 것이다. 자율성 및 자기 결정과 관련된 고함들이다. 아이들은 커가는 동안 여러 발달단계를 거친다. 사람들이 소위 이정표라고 부르는 이 발달단계들은 아이의 행동에도 엄청난 영향을 미친다. 자신의 아이가 현재 어느 발달단계에 있는지를 부모들이 안다면 아이의 힘겨운 행동방식도 좀 더 쉽게 받아들일 수 있다. 그 단계 때 배워야 할 능력을 아이가 습득하게 되면 그 행동도 금세 사라진다는 걸 알기 때문이다. 그렇기에 부모들은 발달단계를 머릿속에 기억해둘 필요가 있다. 그러면 아이의 발달단계에 맞춰 적절하게 의사소통할 수 있다.

자율성 단계

2세 무렵부터 시작되는 이 발달단계는 아이가 제 반경을 넓혀가며 자율적으로 행동하고 싶은 시기다. 아이는 "내가!", "싫어!"라는 말을 주야장천 해댈 것이다. 예전에는 다소 경시적인 의미로 '반항 시기'라 부르며 아이들을 '제대로 단호하게 다루어야' 한다고 말했다. 요즘에는 '자율성 단계'라 부른다. 이 발달단계를 좀 더 자세히 들여다보면, 아이가 '반항적인'(부모를 힘들게 하고자 악의적으로 반대 태세를 취하는) 게 아니라 자율성에 관한 제 욕구를 드러내고자 '노력하는' 것임을 알 수 있다. 그러므로 이 시기의 아이는 부모의 도움이 꼭 필요하다. 아이가 아무리 "싫어. 내가 할 거야!"라며 도발적인 태도를 보여도 아이는 부모에게 의존하고 있다. "싫어. 내가 할 거야!"라는 지독히 제한적인 표현만 하면서 아이는 자기만의 행동 공간, 자기만의 반경을 넓혀가고 싶다.

아이들은 이를 참 '유난스럽게' 해 나간다. 어떤 때는 맞지도 않은 상황에서 그렇게 행동하고, 어떤 때는 부모와의 협력을 거부하기도 한다. 그런데 부모의 공감적인 언어가 이런 아이에게 도움이 될 수 있다. 조금은 희소식이 되겠는가?

이 단계 때 아이의 뇌는 소위 '건축 현장'과도 같다. 뚝딱뚝딱 망치질에 쿵쾅쿵쾅, 아주 많은 게 달라지고 있다. 어떤 때는 공사장

소음으로 아이가 부모 말을 제대로 듣지 못한다. 이와 함께 아이는 발달단계상 둥지를 벗어나 날아가고 싶다. 이때 "내가!"나 "싫어!"라는 말은 목표 달성을 위한 자기만의 특별한 표현 방식이다. 이 불안정한 단계에 있는 아이와 최대한 안정적으로 함께해주자.
알고 있다. 말하는 거야 쉽다. 그래도 부모는 아이보다 좀 더 긴 지렛대에 앉아 있고, 부모의 뇌는 아이와 달리 완전히 발달해 있지 않은가. 그런데도 부모의 성숙한 뇌가 갈등이 악화되는 상황 속에서 아이의 미성숙한 뇌에 맞서 싸우고 있고 그 싸움이 공평하게 보이지 않는데도 되레 무력함을 느낀다. 자, 이제 부모는 무엇을 할 수 있을까?

자율성 단계에서는 아이에게 '2가지 대안'을 제시하며 '선택'하도록 하는 게 도움이 될 수 있다. 이렇게 말해보자.

"파란색, 초록색 중 어떤 스웨터를 입고 싶니?"

이렇게 하면 너무도 많은 선택지 부여에 따른 부담을 아이가 받지 않아도 되고 스스로 결정하고 싶다는 아이의 욕구도 충족될 수 있다. 예전에는 함께 결정할 기회를 아이에게 자주 줄수록 그저 더 좋다고만 여기던 때가 있었다. 그런데 아이가 지나치게 많은 결정을 내려야 하면 오히려 부정적인 효과가 도출된다(그런데 성인들도 대개 그렇지 않은가?).

Tip 이것 아니면 저것?: 2가지 대안의 장점

어떤 결정이건 정신적인 힘이 소요된다. 뇌에 너무도 많은 선택지가 주어지면 하나를 결정하는 데 훨씬 더 많은 에너지가 필요하다. 그렇기에 결정 뒤에는 자기 조절 능력이 한층 감소한다. 선택지가 적으면 자유로움도, 발전 가능성도 적은 것처럼 보이지만, 결국엔 더 많은 정신적 자원을 비축하는 것이다. 더욱이 선택지가 많을수록 최종 결정에 덜 만족한다는 사실이 명확하게 밝혀졌다.

줄타기: 부모는 무엇을 할 수 있을까?

아이가 부모 앞에 서 있다. 아이는 놀이터에 나가고 싶다. 그런데 이때 비가 마구 쏟아지기 시작한다. 아이는 모든 게 최고로 좋으리라 생각했는데 이제 그럴 수 없어 엄청나게 실망하고 슬픔에 빠진다. 자, 이런 상황들을 우리는 종종 마주하게 된다. 이처럼 별것 아닌 일(아이가 원했던 파란 컵이 식기세척기에 있다거나, 초콜릿 조각이 부서졌다거나, 빵이 '잘못' 썰렸다거나 등등)에 아이가 이토록 실망할 수 있다니, 부모는 참 궁금하다. 그런데 그 순간 아이가 느꼈을 실망감은 2년 전부터 표까지 사면서 그토록 기다려온 콘서트가 취소되었을 때 부모가 느끼는 실망감만큼이나 크다는 사실을 명심하자. 살면서 여러 일을 겪어본 부모에게는 물에 질퍽질퍽

빠지는 놀이터 방문이 그토록 큰 실망을 안겨주지 않겠지만, 아이의 뇌는 다르다. 그 감정은 그냥 그렇게 올라와버린다. 아이는 의도적으로 고함지르는 게 아니라 그 감정에 정복당한 거다.

아이: "비가 와도 놀이터에 가고 싶어!"

부모: "안 돼. 그럼 우리 둘 다 젖어!"

이제 부모 자신의 관점을 확인해볼 시간이다. 정말로 안 되는 일인가? 아니면, 부모의 유년기 때부터, 혹은 예전의 규칙과 규범들로부터 넘겨받은 '그런 일은 하지 않아'라는 신념 때문인가? 만약 그렇다면, 신념을 계속 따를지는 스스로 선택해야 한다.

👍 방풍과 방수가 되는 잠바를 입고 아이와 진흙탕 점프 경주를 벌일 수도 있다. 이때 멋진 시간뿐만 아니라 몇 번이고 기억해볼 추억을 아이에게 선물해주게 된다. 물론, 그럴 마음이 없다고 해도 충분히 이해한다.

아이의 바람을 '생각'으로 채워줄 수도 있다. 아이가 상상의 나래를 펼치도록 도와주자.

😊 "놀이터에 너무나도 가고 싶구나, 그치?"

아이는 그렇다고 할 것이다.

😊 "놀이터에서 뭐가 제일 하고 싶어?"

이렇게 물으면 아이는 자기가 하고 싶은 것을 설명할 기회를 얻게 되고(아니면 부모가 설명해주고), 그렇게 설명하는 동안 아이는 정신적으로는 자신이 그토록 바랐던 상황으로 들어가게 된다. 이런 상상 자체만으로도 아이는 지금 당장 그럴 수 없는 자신의 상황을 좀 더 잘 받아들이고 극복해낼 수 있다.

상상의 나래를 함께 펼쳐본 뒤, 아이가 하고 싶어 했던 걸 나중에 해볼 수도 있고 아이의 욕구 충족을 위해 다른 대안을 찾아볼 수도 있다. 오후에는 비가 그칠 수도 있고, 아이가 집 안에서 뛰어놀 방법도 있을 수 있지 않은가.

자율성 단계에서는 '안 돼'라는 실망스러운 대답을 아이에게 직접 내뱉지 않는 게 중요하다. 물론 항상 그럴 수 있는 건 아니다. '안 돼'의 이유를 아무리 설명해보려고 애써봐도, 거절이라는 게 아이의 뇌에 실망 효과를 주면서 부모의 말은 끝까지 전혀 안 먹히고 결국엔 모든 게 분노 발작 상황에 빠질 위험도 있다.

이 단계에 있는 아이들이 반경 확장과 자율성에 대한 욕구로 자신의 신체적, 언어적, 정서적 한계를 경험할 수 있음을 이해해주자. 공감적이고 명확한 의사소통으로 아이를 도와주자. 아이가 자기 능력들을 발견할 수 있게 이끌어주자. 아이의 수준에 맞는 일들은 아이에게 맡겨보자. 예를 들어, 이렇게 말할 수 있다.

"여기 물뿌리개가 있어. 거실 화분들에 물 좀 줘!"

이런 경험을 통해 아이는 자기 효능감을 느끼게 된다. 책임 있는 어른으로서 부모는 이 단계의 아이에게 자기 결정권은 좀 더 많이 허락해주되, 규칙이나 한계 설정 등 아이의 발달을 위한 보호용 울타리도 쳐주어야 한다. 맞다. 분명 힘이 덜 들 거다. 커피 한 잔을 더 마셔야 할 수도 있다.

아이가 인식하는 자신과 타인

생후 4~6주 무렵의 아이는 사회적 미소로 부모를 기쁘게 한다. 이때 아이는 자신이 바라보는 얼굴들에 미소 짓는다. 조그마한 아기들도 우리의 표정을 모방할 수 있고, 우리가 다양한 표정을 지으면 주의 깊게 관찰할 줄도 안다.

생후 7~10개월부터는 이른바 사회적 참조social referencing 행위를 보인다. 이는 아이가 (특히 불안한 상황에서) 다른 사람들(보통 애착 대상)과 함께 있을 때 그들을 관찰하고 그들의 반응을 살피면서 재확인하는 행위를 말한다. 애착 대상이 목소리나 표정 등으로 두려운 감정을 보이면, 아이는 애착 대상이 긍정적이거나 평상시 기분일 때보다 더욱 조심스러운 반응을 보인다. 아이가 방 안에서 다른 사람이나 부모를 자주 쳐다본다면, 아이가 불안해하며 이 상황을 어떻게 해석해야 좋을지 모른다는 신호일 수 있다.

생후 약 18개월이 되어서야 아이는 자신과 상호작용하는 상대방에게 무언가를 제시하기 전에 그 사람이 자기를 쳐다보고 있는지 주의를 기울인다. 자기가 제시한 것을 상대방이 봤을 때에야 반응이 나타난다는 사실을 아이가 알게 된 것이다.

생후 약 15~22개월부터 아이는 거울에 비친 자기 모습을 인지한다. 거울에 비친 사람이 다른 사람이 아닌 자기 자신이라는 사실이 명확해진다.

Tip 거울 속에 있는 건 누구야?: 루즈 테스트rouge-test

거울에 비친 게 자기 자신임을 아이가 인지하는지는 이른바 루즈 테스트를 통해 확인해볼 수 있다. 붉은 자국을 아이가 눈치채지 못하게 아이의 얼굴에 묻혀보자(코 풀 때 등). 거울을 바라본 뒤 아이가 붉은 자국을 제 얼굴에서 닦아내려 하거나 부모에게 보여준다면, 아이는 거울에 비친 게 자신임을 확실하게 아는 것이다.

아이가 자기 자신을 인지하더라도 다른 사람들이 자기와 다르게 생각하고 느낄 수 있다는 사실은 아직 명확하게 인식하지 못한다. 이는 시간이 지나서야 비로소 발달하게 되는 깨달음으로 '마음 이론Theory of Mind'이라 불린다.

Tip 다른 사람의 입장이 되어볼 수 있을까?: 마음 이론

마음 이론은 타인의 입장이 되어보는 사고 능력, 타인의 관점에서 무언가를 살펴보고 판단하는 능력을 다룬다. 또한 타인이 아는 것과 모르는 것, 그리고 그 사람이 그렇게 행동하는 이유를 이해할 수 있는 능력의 문제이기도 하다. 아주 간단하게 표현하면 이런 거다. 아이들은 타인이 자기와 사뭇 다르게 생각하고 느낀다는 사실을 알고 있는가?

이런 능력이 보통 몇 살 때부터 갖춰지는지는 이른바 샐리 & 앤 테스트Sally and Anne test를 통해 파악해볼 수 있다. 이 실험에서 아이들은 손가락 인형극 등을 통해 다음의 이야기를 접하게 된다. 샐리는 바구니를 들고 있고 앤은 상자 하나를 가지고 있다. 샐리는 바구니에 공을 넣어둔 다음 산책하러 나간다. 샐리가 없는 동안 앤은 바구니에서 공을 꺼내 자기 상자에 담는다. 샐리가 산책에서 돌아왔다. 샐리는 공놀이를 하고 싶다.

자, 인형극을 보던 아이들에게 샐리가 어디서 공을 찾을지 물어보자. 3세 아이들은 샐리가 앤의 상자에서 공을 찾는다고 대개 틀린 대답을 한다. 아이들은 샐리의 공이 그곳에 있다는 사실을 알고 있다. 샐리와 다르게 자신은 관객으로서 이 모든 상황을 지켜봤다. 그런데 아이들은 샐리가 아는 정보가 자신과 다를 수밖에 없다는 사실을 이해하지 못한다. 5~6세가 되면 아이들은 대부분 샐리가 자기 바구니에서 공을 찾을 거라고 올바르게 대답한다. 이 나이의 아이들은 앤이 공을 가져간 걸 샐리가 보지 못했다는 사실을 분명하게 이해할 수 있다.

자기가 아닌 다른 사람의 관점에서 생각할 수 있는 지각 능력이 있어야 거짓말을 하거나 타인을 의도적으로 속일 수 있다. 그런데 타인에 대한 이해와 '공감' 역시 아이가 타인의 입장이 되어볼 수 있을 때라야 비로소 가능하다.

아이가 일부러 나를 화나게 하는 걸까?

아이들의 뇌는 아직 발달하는 중이다. 그래서 아이들이 아직은 잘 해내지 못하는 것인데도 우리 어른들이 아이들은 해낼 수 있다고 생각하면 힘겨운 상황들이 벌어지기 마련이다.

샐리 & 앤 테스트 결과를 보면, 유치원에 다니는 아이들은 타인의 입장에서 생각해보는 게 어렵기 때문에 타인이 나와 다른 생각과 감정을 가진다는 사실을 우선 배워 나가야 한다. 이 사실을 부모들이 염두에 둔다면 아이에게 너무 많은 걸 요구하지는 않게 된다. 또한 아이가 부모를 일부러 화나게 하는 건 아닌가 하는 생각은 그렇게 자주 안 하게 될 것이다.

유치원에 다니는 아이들은 자신은 지금 막 기분 좋게 집 안을 정신없이 뛰어다니고 싶지만, 부모들은 조용히 있고 싶어 한다는 사실을 잘 이해하지 못한다. 그런데 부모들이 자극을 받아서는 아이가 부모를 배려하지 않는다고, 조용히 있자는 부모의 말을 무시한다고 생각해버리면 곧잘 싸움이 일어날 수밖에 없다. 다른 사람들의 생각, 기분, 목적 등에 관해 아이와 자주 이야기하면, 타인의 입장이 되어볼 수 있는 사고 능력이 더 잘 발달하도록 근본적인 도움을 줄 수 있다.

"이 책에서 그네를 빼앗긴 여자애 좀 봐. 기분이 어떨까?"

놀이를 통해서도 아이들은 자신과 타인에 관해 많은 걸 배운다. 다른 아이들과 교류하면서 제 능력들을 시험해볼 수 있고, 이와 동시에 다른 아이들의 반응을 짐작해보며 자신의 행동을 적절하게 맞춰 나갈 수도 있다. 이런 질문들을 아이들에게 반복적으로 해보자.

- "내가 ~하면, ○○이는 어떻지?"
- "○○이는 언제 나랑 놀지?"
- "내가 ~하면, 다른 아이들은 어떻게 반응할까?"
- "놀 때 ○○이는 어떤 기분이지?"

이런 경험들은 타인의 정신적 상태(나와 다르게 믿고, 생각하고, 느낀다는 점)를 인정하고 그 사람들의 행동도 어느 정도 예측할 수 있는 기반이 되어준다.

마술적 사고 단계

아이: "아빠, 나 유니콘 봤어."

아빠: "그럴 리 없어. 쓸데없는 소리 하지 마."

'마법의 논리'로 아이들의 환상과 현실이 마구 섞인다. 이때 아이들은 자기만의 생각과 행동으로 이 세상에 영향을 미칠 수 있다고 생각한다. 예를 들어, 무지개다리를 건너간 반려동물이 다시 살아날 수 있다고 아이들은 생각한다. 부모들은 이해하기 힘들지만, 이 마술적 사고 단계 때 아이들은 유니콘이나 상상 속 친구들도 그려낼 수 있다. 이런 순간들에는 현실에는 유니콘이 없다는 수많은 논리적인 근거들도 죄다 거부된다.

부모는 그런 이야기들을 경청하고 진심으로 대해주며 아이의 욕구를 다루어야 한다. 형형색색인 아이의 세상으로 들어가 유니콘 같은 상상의 존재가 아이에게 보여주고픈 게 무엇인지 함께 생각해보자. 아이는 그 존재를 확고하게 믿고 있으며, 그런 믿음으로 자기만의 세상을 만들어낸다. 허구도 아니고 거짓말도 아니다. 이 단계의 아이들은 산타 할아버지나 부활절 토끼도 믿는다. 밤에 잠들지 못하도록 방해하는 괴물들도 믿는다.

이 단계의 아이들은 많은 걸 문자 그대로 이해한다. 양치를 제대로 하지 않으면 이가 몽땅 빠진다는 소리를 들은 아이는 그 말을 곧이곧대로 받아들인다. 심지어 두려움을 느끼기도 한다. 그렇기에 단어 선택에 주의해야 한다. 산타 할아버지와 같은 마법의 존재는 교육이나 압박의 수단으로 사용하지는 말아야 한다("산타 할아버지는 ○○이가 착한 어린이인지 아닌지 다 알고 계셔!").

'나는 이제 형님이에요' 단계

취학 전 아이는 하루하루 독립적으로 변화한다. 제 옷을 직접 고르고, 친구들과 약속을 정하고, 하고픈 취미 활동을 표현하기도 한다. 점차 자신감이 높아지면서 "나 할 수 있어. 안녕!"이라고 말하며 부모와 떨어질 시도도 천천히 하게 된다. 아이가 던지는 날카로운 대답들은 부모를 놀라게 하며 복합적인 사고 능력이 잘 발달하고 있음을 보여준다. 아이는 다양한 관점을 받아들이고 자기 생각을 맹렬하게 표현할 수 있다. 그리고 더 넓은 행동반경, 더 많은 자유, 더 큰 자율성을 요구한다. 하지만 이와 동시에 여전히 안기고, 울고, 부모가 함께해주길 바란다. 정신적 능력이 발달하면서 아이가 이제 다 큰 것처럼 느껴질 때도 있지만, 아이는 여전히 어느 정도는 부모의 도움을 받아야 할 존재다.

거의 어른처럼 내뱉는 말들이나 토론을 벌이는 모습을 보면 아이가 상당히 '커' 보이지만, 여전히 '작다.' 바로 이런 이유에서 자율성 단계가 함께 연상된다. 아이가 바라는 것이라도 아직은 해내지 못한다. 입학, 우정, 성별 같은 주제도 마주하게 될 것이다. 아이는 비슷한 연령대의 아이들이 좋아하는 옷이나 지금 유행하는 색깔을 찾아낸다. 이때 복합적인 감정이 올라올 수도 있다. 예를 들어, 이런 생각이 들 수 있다.

'유니콘 스웨터를 입고 싶은데, 친구들 마음에도 들까?'

'학교에 가고 싶지만, 엄마 옆에도 있고 싶어!'

이는 아이가 2가지 감정을 저울질하고 그것에 자기 행동을 맞출 수 있다는 뜻이다. 아이가 자기감정에 반응할 수 있고 내적 문제를 독자적으로 해결하며 그것에 맞춰 행동할 수 있음을 보여주는 것이기도 하다. 올바른 의사소통을 통해 아이의 발달에 긍정적인 영향을 미칠 수 있다.

성 고정관념은 이렇게 형성될 수 있다

"근데 이건 여자애들 색깔 아니야?"

"넌 진짜 부산스러워. 남자애들이 다 그렇지 뭐!"

이런 말 대신 성별에 중립적인 말을 건네보자. 여자건 남자건 상관없이 아이들은 강할 수 있고, 소심할 수 있고, 쿨할 수 있고, 예민할 수 있고, 다정할 수 있다. "남자아이는 울지 않아!"처럼 특정 성별에 초점을 둔 표현은 비생산적이다. 성별에 주의를 기울이며 대화하려면 아이의 성별에 맞춰 아이와 어떻게 대화할지 부모 스스로 질문해보아야 한다. 부모의 답변이 특정 선입견을 내포하고 있지만 이를 부모 스스로 인지한다면 그리 나쁜 것도 아니다. 아이에게 다양한 것을 시도해볼 기회를 제공한다면(성별과 무관한 색깔, 옷, 직업 등), 아이는 '자유의' 날개를 펼칠 것이다. '남자애는 자동차, 여자애는 인형'과 같이 흔히 이야기되는 성 고정관념에 대해 아이와 이야기해봐도 좋다.

자율성을 키워주는 방법

일상에서 해야 할 일들을 아이가 별로 안 하고 싶어 하면 부모가 대신 해주는 경우가 많다. 그러면 '더 빨리' 되니까 말이다.

"너무 오래 걸려. 내가 할게!"

그런데 아이가 제 나이에 맞는 책임과 의무를 행하게끔 그냥 놔둬야 한다. 다음의 질문들에 대답해보자.

- 아이가 무엇을 할 줄 아는가?
- 아이가 혼자서 얼마나 할 수 있는가?
- 아이는 무엇을 요구하고 있는가? 이 발달단계를 함께 준비할 방법은 없는가?
- 나는 무엇을 걱정하는가? 근거가 있는 우려인가?

수저 놓기, 빨래 바구니를 세탁기 앞에 가져다 놓기, 화분에 물 주기, 옷들을 서랍장에 넣기 등은 아이가 제 나이에 맞춰 해볼 수 있는 작은 활동들이다. 이런 일들을 일찍 해볼수록 아이는 자율성과 자기 효능감을 더 자주, 더 많이 느끼게 된다. "나는 널 믿어!", "잘 해낼 거야!"와 같이 용기를 북돋워주는 말도 부모가 아이를 '놓아줄' 준비가 되었다는 걸 아이에게 암시할 수 있다.

학교에 대한 기대를 높여주기

학교에 가는 걸 악몽처럼 여기는 아이들이 많다. 곧 다가올 입학과 관련하여 이런 이야기들이 자주 들리기 때문이다.

"가만히 앉아 있는 법을 배워야 해. 곧 초등학생이 될 거니까!"

"학교에선 누구도 네 물건을 대신 챙겨주지 않아!"

이런 상황에서는 아이에게 전달하고픈 메시지를 잘 생각해봐야 한다. 학교라는 새로운 환경에 관해서는 입학 전 아이와 시간을 두고 이야기해볼 필요가 있다. 평가하는 표현은 하지 않는 게 좋다. 입학과 등교에 관한 아이의 생각을 물어보자.

아이의 사생활을 보호하기

아이들은 사춘기가 시작되기 훨씬 이전에 이미 사생활 영역을 보호받고 싶은 욕구를 가진다. 사생활이 무자비하게 드러나거나 조롱의 대상이 되면 아이의 진실 어린 마음은 상처받을 수 있다.

☹ "문을 왜 잠그는 거야?"

☹ "아, 좀, 그런 식으로 행동하지 마. 넌 아직 어린아이야!"

아이들도 부끄러움을 느끼며 그 감정을 표현한다는 사실에 유념하자. 이때의 부끄러움은 2가지 형태로 구분된다. 자기 몸에 대한 부끄러움은 자기만의 사생활 영역으로 보호되어야 한다("엄마 앞에서 옷 갈아입고 싶지 않아!"). 타인의 몸에 대한 부끄러움은 타인의 경계선에 대한 존중이다("누나가 볼일 다 볼 때까지 나는 여기 화장실 문 앞에서 기다릴 거야!"). 아이들이 부끄러움에 관한 자기만의 경계선을 드러내면, 그 경계선을 존중해줘야 한다.

3장

소중한 우리 아이에게 필요한 것

사실 아이들이 필요로 하는 것은 아주 분명하다. 자기 욕구가 충족되는 것. 그런데 가끔, 더욱이 정신없는 일상생활 속에서는 이를 깜빡하고 만다. 어린아이들은 자기가 무엇을 왜 하고 있는지 대부분 잘 모르기 때문이다. 이때 머릿속에 한 가지 사실을 염두에 두면 좋다. 아이의 모든 행동의 이면에는 충족되지 못한 욕구가 숨겨져 있다는 것을 말이다. 그래야 부모는 공감적인 언어를 통해 지금 아이가 가진 욕구를 파악하고, 그것을 아이와 자신에게 맞춰 적절히 해석하며 가장 잘 충족시키는 방법까지 알아낼 수 있다.

부모가 먼저
보고, 듣고, 느껴주기

많은 일을 바쁘게 처리해야 하는 일상에서 부모는 아이의 자기 결정권과 자기 효능감을 잘 고려하지 못한다. 초점은 오로지 '제대로 하기'와 '대참사 막기', 아니면 '항상 모든 걸 내가 조정하기!'에 맞춰져 있다. 한번 생각해보자. 아이의 말에 귀 기울일 여유가 정말로 없는가? 아니면 부모를 조급한 잔소리꾼으로 만드는 부모 내면의 습관 때문인가? 설명, 게임, 유머, 참을성 등을 조금만 더해 상황이 주는 압박을 줄여볼 수는 없는가? 아이가 실망감으로 하루를 보내게 하지 말고, 정서적으로 건강한 하루를 보내도록 도와주면 안 될까? 부모가 더 많이 의사소통하고 공감할 준비가 되어 있다면 아이와의 애착 관계는 끊임없이 촉진될 것이다.

아이의 욕구를 알아줘야 하는 이유

아이에게 필요한 것은 무엇일까? 사실 이 사안에 관해서 부모들은 이미 처음부터 전문가다. 부모는 아이의 울음에 자동반사적으로 반응하고, 아이가 잠들도록 흔들어주고, 아이가 선인장 앞으로 성큼성큼 다가서면 후다닥 뛰어가게끔 만들어진 것만 같다.

이 세상에 태어나자마자 아기가 갖게 되는 욕구들 가운데 생물학적 기본 욕구들(먹기, 마시기, 잠자기 등)과 '반드시' 충족되어야 하는 심리적 기본 욕구들을 구분할 필요가 있다. 그런데 심리적 욕구에 해당하는 것들이 그렇게 명확하지는 않기에 해당 용어들부터 자세하게 설명하고자 한다.

- **애착 관계**: 친밀감, 안정감, 가까운 사람에 대한 욕구
- **자존감의 향상과 보호**: 자기 자신을 가치 있고 좋게 경험하며, 자아를 확인하고픈 욕구
- **방향 설정과 통제**: 삶에서 통제를 경험하고, 직접 결정할 수 있다는 기분을 느끼고픈 욕구
- **욕구 충족과 불쾌감 방지**: 즐거운 경험에 대한 욕구, 이와 동시에 불편한 경험들을 피하거나 다루는 법을 배우고픈 욕구

아이의 욕구들은 우선 애착 대상들로부터 충족된다. 즉, 아이는 부모의 공감 능력과 더불어 자신이 충족하고픈 욕구를 부모가 알고 있다는 사실에 의존한다. 아이가 저녁에 "엄마, 좀 와줘. 잠이 안 와!"라고 말하는 건 "엄마 옆에서 자고 싶어. 엄마의 친밀감과 안정감이 필요해!"로 해석할 수 있다(애착 관계에 대한 욕구).

아이가 조정할 수 있는 행동반경은 정말로 작다. 아이는 태어날 때부터 타고난 자신의 탐색 욕구들을 좇으며 부모의 친절한 도움과 함께 작은 행동반경을 하루하루 넓혀간다. 이 맥락에서 "나 혼자 할 수 있어. 내버려둬!"라는 말을 분명 들어봤을 것이다. 이게 불현듯 저항처럼 들린다면, 자아 확인의 욕구(자존감 향상 욕구)임이 분명해진다. 모든 행동의 이면에는 아직도 충족되지 못한 욕구가 숨겨져 있다.

물론 불확실한 감정 역시 알고 있다. 스트레스로 가득한 일상에서 아이가 하는 행동의 이면을 들여다보며 '내 아이가 필요로 하는 것'이라는 해결책을 발견하기란 분명 쉽지 않다. 욕구들은 나이, 기질, 상황에 따라 완전히 다르게 표현된다. 아기는 욕구 충족을 위해 그냥 운다. 두 살배기 아이는 "높이, 아빠!"라고 말한다. 5세 아이는 "내 옆에 있어줘요. 보고 싶어요!"라고 말하며 욕구를 표현한다. 또한 칭얼대기, 불평하기, 밀기 등도 아이의 충족되지 않은 욕구와 '불편하게 포장된 의문'을 보여주는 신호다. 바로 '엄마 아빠는 나를 보고, 듣고, 느끼고 있을까?'라는 의문이다.

아이의 행동 이면에 숨겨져 있는 진짜 욕구들을 알면 좀 더 공감적인 부모가 될 수 있다. 아이가 특정 행동을 보이는 진짜 이유를 부모와 자녀의 관계 속에서 끊임없이 고민해야 한다. 이를 염두에 두자. 분노 표출, 놀이터 시비, 형제자매 전쟁, 숙제 싸움 등이 일어난다면 스스로에게 이렇게 질문해보자.

- 내 아이는 왜 그렇게 행동하는가?
- 그 이면에 숨겨진 욕구는 무엇인가?
- 그 욕구는 어떻게 파악되고, 소통되고, 충족될 수 있는가?

더욱이 욕구에 관한 대화는 부모가 그토록 바랐던 아이와의 친밀한 관계, 그리고 가족 간의 안정적인 일상생활을 만들어준다. 부모의 피드백("지금 너는 이런 게 필요한 것 같구나")을 통해 아이는 자신을 더 잘 이해하게 된다. 그러다가 언젠가는 부모 없이도 자기 욕구를 인지하고 분류하고 직접 충족시킬 뿐만 아니라, 자기 욕구에 주의를 기울이고 자신에 대한 책임을 스스로 지게 된다. 게다가 아이의 공감적인 말하기 능력과 대화 능력까지 향상된다. 이는 아이가 주변 환경에 자신을 표출하고 다른 사람들을 이해하며 그들의 말에 귀를 기울이는 데 필요한 능력들로, 유치원과 학교, 더 나아가 훗날 직장 생활에서도 필요한 것들이다.

이론은 빠삭하다. 그런데 현실에서 아이의 욕구를 바로바로 파악하는 건 실상 어렵다. 그렇다고 부담을 가질 필요는 없다. '소란스럽게' 전달된 메시지와 행동방식이 종종 아이의 충족되지 않은 욕구를 시사해주고, 그래서 부모가 좌절할 필요가 없다는 걸 아는 것으로도 충분하다.

부모 자신의 욕구도 돌봐줘야 한다. 이는 아이뿐만 아니라 부모 자신의 심리적 안녕을 위해서도 꼭 필요한 일이며 절대 간과해서는 안 된다. 헌신적인 부모들은 어딘가 불편하거나 아프다는 걸 느끼고 나서야 비로소 지금껏 자기 자신을 제대로 돌보지 않았다는 사실을 깨달을 때가 많다(4장 참고). 어린아이의 욕구는 뒤로 미뤄두는 게 상당히 힘들지만, 그래도 부모의 안녕을 등한시하지는 말아야 한다.

욕구가 채워진 아이는 부모에게 협력한다

가족의 욕구 저울을 평형 상태로 유지하려고 노력하자. 다시 말해, 최대한 모든 가족 구성원의 기본 욕구가 어느 정도는 똑같은 수준에서 충족되어야 한다. 이를 살펴보기 위해 아이의 욕구가 담긴 잔들을 일종의 유리잔 형태로 생각하며 채워 나가 보자.

유리잔 4개를 준비한 다음, 각 잔에 욕구 범주들을 기록해두자. 이 유리잔들은 다음 몇 주 동안 일종의 '연료계'처럼 기능할 것이다. 아이의 욕구들 가운데 하나가 충족되었다고 생각될 때마다 해당하는 유리잔에 작은 돌이나 구슬을 하나 집어넣자. 그러면 매일 저녁 어떤 잔들이 채워졌고, 어떤 욕구들이 오늘 하루 전혀 돌봄을 받지 못했고, 모든 유리잔이 거의 똑같이 채워지려면 '마지막 1분'까지 충족되어야 하는 건 무엇인지 알 수 있다. 이 욕구들이 균형 잡히면 아이의 '협력 계좌'도 꽉 채워진다.

일상생활 속에서 부모가 인지할 수 있는 아이의 욕구들, 그리고 좀 더 많은 주의를 기울여야 할 욕구들은 무엇인지 세심하게 살펴보자! 예를 들어, 아침에 벌어지는 '옷 입기 전쟁' 때 이렇게 말하

욕구가 담긴 잔

애착 관계

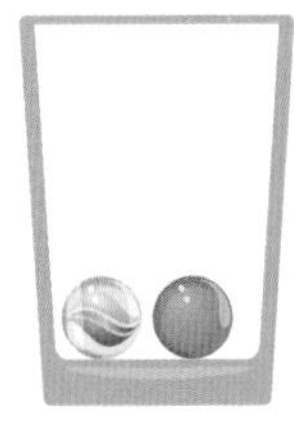
자존감의
향상과 보호

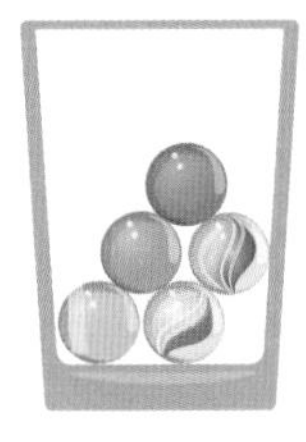
방향 설정과
통제

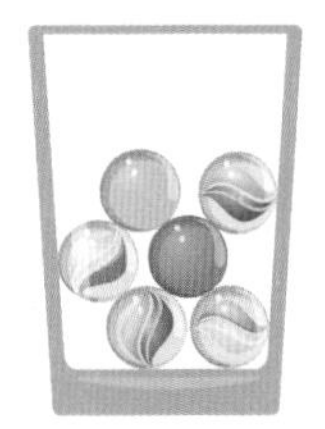
욕구 충족과
불쾌감 방지

는 경우가 많다.

"왜 또 투덜거려?"(평가절하)

대신 이렇게 말해보자.

"옷 입는 게 어려워 보이는구나. 바지를 입어보렴, 스웨터 지퍼는 함께 올려보자!"

그런 다음 '애착 관계' 유리잔에 구슬을 하나 집어넣자. 이런 식으로 아이의 욕구 잔들을 최대한 균형 잡히게 채워주면, 아이의 '협력 계좌'도 깜짝 놀라리만큼 채워진다는 사실을 금세 확인할 수 있을 것이다. 이때 아이는 이런 모습을 보인다.

- 아이의 감정 탱크도 꽉 채워져 아이가 평온해진다.
- 아이가 우선순위로 고려하지 않았던 일들(양치하기 등)을 하기 시작한다.
- 아이는 자기 욕구와 타인의 요구 사항을 저울질하며 신중하게 고려한다. 즉, 부탁이나 요구를 바로 거절하지는 않는다!
- 아이가 외적 욕구들에 잘 적응할 수 있다.

이처럼 욕구가 충족되어 아이가 부모에게 협력하는 것은 조화로운 유대 관계의 기본이 된다.

아이가 얼마나 자주 협력하는지 한번 생각해보자. 어른들은 일상생활 속에서 많은 걸 아주 당연하게 받아들인다. 기회가 될 때마다 부모의 내면에 있는 탐조등을 아이의 협력적인 행동방식에 비춰보자. 그리고 이를 구두적으로 표현해주자.

"엄마가 통화하는 동안 ○○이가 조용히 기다려준 걸 알고 있어. 엄마를 생각해줘서 고마워!"

그런데 협력을 방해하는 요인에는 뭐가 있을까? 취학 전 아이들이나 초등학생들은 온종일 굉장히 다양한 자극을 다루어야 한다. 그 기나긴 하루가 아이를 협력하지 못하게 방해할 수 있다. 잠자기 전 방을 정리하라는 부모의 부탁이 아이의 귀에 거의 들리지 않는 상황 등을 보면 알 수 있지 않은가. 그래도 다음 날 아침에는 아이의 감정 탱크가 다시금 꽉 채워져 아이는 여기저기 널브러진 장난감들로 놀 준비가 되어 있다. 또한 아이의 진정성이 무시될 때도(아이의 의지에 반하는 부모의 행동방식, 경계선 손상 및 침해, 힘에 의한 협박 등으로) 아이는 비협력적일 수 있다. 초콜릿 한 조각을 먹지 못해 아이가 좌절해 있는 상황에서 부모가 장난감 블록을 치우라고 말한다면 어떨까? 아이는 지금 초콜릿을 먹지 못하는 실망감에 정서적으로 마구 휘둘려 있는 상태이기에, 부모의 요구 사항에 제대로 반응하기 힘들다는 건 어렵지 않게 생각할 수 있다.

공감적인 의사소통, 힘들지만 해낼 수 있다

유치원에 아이를 데리러 왔다. 그런데 아이가 집에 안 가려고 한다. "집에 가기 싫어. 내버려둬!"라고 소리친다. 아이의 분노는 점점 더 커진다. 그 나이 때 아이들이 그렇듯 자기에게 부족한 게 무엇인지, 지금 당장 필요한 게 무엇인지 정확하게 표현하지 못하기 때문이다(하지만 어른들도 어렵기는 마찬가지일 수 있다!).

그렇기에 이 순간 부모는 이 아이가 가지고 있는 욕구가 무엇인지를 잘 살펴봐야 한다. 그러려면 아이와 어떻게든 의사소통해야 한다. 무엇을 말하고 어떻게 표현하는지는 부모의 대화 기술에 달려 있다. 이때 무엇보다 아이의 이야기에 귀 기울이는 게 중요하다. 지금 내가 듣고 보고 있는 것은 무엇인가? 나는 집중하고 있는가? 나는 무엇을 느끼는가? 우리 아이는 어떤 신호를 보내고 있는가?

이런 상황을 한 번쯤 겪어봤다면, 지금껏 아이가 했던 말의 이면에 담긴 생각과 감정을 인지할 수 있었는지, 그로 인해 대화가 잘 됐는지, 아니면 아이와 자신의 힘 대결에 가까웠는지를 곰곰이 생각해보자. 물론 아이의 분노가 폭발한 상황에서는 편안하게 대화를 주고받는 상황으로 잘 연결되지 않는다. 대부분 태풍이 휘몰아치고 결국엔 모두가 짜증이 나 있는 상태가 된다. 식은땀을 삘삘 흘려대는 부모, 얼굴이 벌겋게 달아오른 채 씩씩대다 울음을 터뜨리거나 여기저기 마구 때리는 아이들, 설상가상으로 이 상황의 주도권을 부모가 잡을 수 있는지 파악하고자 그 모습을 지켜보는 교사들까지. 완전 스트레스다. 이성적인 뇌 영역들은 지금 죄다 '고장 난 상태'다!

이 상황에서 아이가 "엄마, 오늘 너무 재미있었어. 조금 더 놀고 싶어. 근데 엄마랑 집에도 가고 싶어!"(상반된 감정들을 표현)라고 말해준다면 얼마나 좋을까? 아니면 "아빠, 당이 떨어진 것 같아. 뭘 좀 먹어야겠어!"(신체 지각), "할머니, 지금 뭐가 문제인지 나도 모르겠어. 뭔가가 느껴지긴 하는데, 어떻게 해야 할지 나도 모르겠어!"(감정 조절)라고 말해주면 서로 싸우지 않고 함께 이야기 나누는 게 가능할 텐데 말이다.

지금 발생한 일을 즉각 이해할 수 있다면 훨씬 더 침착하게, 훨씬 더 깊은 이해심으로 아이에게 반응해줄 수 있다. 그러면 차분한 말투로 이렇게 대답해줄 수도 있을 것이다.

"5분만 더 놀아도 되냐고 선생님에게 물어볼까?"

"아, 여기 배고픈 사람이 한 명 있구나. 다행히 집에 아주 맛있는 게 있어."

아이들은 자기 욕구를 잘 표현하지 못한다. 바로 그런 이유에서 갈등 상황이 여럿 발생한다. 어른들이 아이들의 관점을 파악해서 공감적인 의사소통의 슈퍼파워를 활성화하면, 엄청난 폭발력을 지닌 대화들을 잘 조절하면서 완화해 나갈 수 있다. 이는 어른들 몫이다. 이런 상호작용 방식을 위한 다양한 초석이 있다.

타이밍과 눈높이

저기 구석에서 고함치는 소리가 들려온다.

"이제 좀 와. 가야 해!"

아이는 지금 친구랑 한창 레고 놀이 중이다. 부모가 소리치는 말들의 끝자락만 귀에 들어올 뿐이다("~해!"). 아빠는 아이를 세 번이나 불렀기에 화가 난 상태다. 결국엔 거칠게 숨을 몰아쉬며

땀을 뻘뻘 흘린 채 아이에게 뛰어가서는 부모의 조급함 목록에 있는 문장들 가운데 하나를 내뱉는다.

"내 말 안 들려? 아니면 안 듣고 싶은 거야?"

이제는 타이밍 게임이다. 이 사안의 핵심은 이거다. 아이가 놀이에 심취해 있지 않거나 아빠가 스트레스 상황에 있지 않았더라면 대화는 더 잘 이뤄졌을까? 분명 그랬을 거다. '적합한' 타이밍에 좌지우지되는 상황들(배고픔, 피곤함, 아픔 등)은 만족스러운 대화의 성공 여부에 영향을 미치기 때문이다. 이럴 땐 당장 상관없는 요구들은 거의 이행되지 않는다. 그런데 (제한된 시간의) 대화창이 열리면 아이와 접촉할 수 있다. 이때 '눈높이'를 간과해서는 안 된다. 어른들은 신체적으로 아이들보다 훨씬 더 클뿐더러 힘도 더 센 것처럼 보여서 '위에서 아래로 향하는 말'은 위협이 될 수 있고, '내가 너보다 더 우월해'라는 메시지로 전달될 수 있다. 그러면 저항은 불 보듯 뻔하다.

언제 어디를 갈지, 무엇을 행할지 등은 부모가 결정한다. 어른들이 아이들과는 다르게 지식과 경험을 기반으로 결정할 수 있어 그게 더 낫다. 이 이야기를 하는 이유는 눈높이를 '아이 같지 않게 모든 걸 대화와 토론으로 해결하는 행위'로 잘못 인식하는 어른들이 많기 때문이다("이리 와봐. 우리 함께 얘기 좀 하자!"). 하지만 눈높이는 이보다 훨씬 더 많은 것을 뜻한다.

"나는 너와 소통할 준비가 됐어. 너와 이야기하고 싶어. 네가 가진 욕구들은 내게도 중요해."

이를 의사소통을 위한 중요한 초석 중 하나로 유념해두자.

Tip 동등한 의사소통

"이제 그만. 넌 정말 끝을 모르는구나. 이제 이리 와!"

'너와 눈높이를 맞출게'라는 건 어떤 의미일까? 보통 무릎을 꿇거나 최소한 허리를 숙여주는 행위, 때에 따라서는 어깨를 부드럽게 어루만져주는 행위를 권한다. 이런 행동들은 아이에게 "나는 너와 네 욕구를 인지하고 있어"라는 신호가 된다. 이런 명확한 몸짓언어는 '진짜 요구 사항'을 준비시킨다. 부모로서 내 적 태도를 분명하게 표현해보자.

"친구랑 노는 게 엄청 재미있다는 걸 알아. 그런데 우리는 지금 집에 가야 해! 여기서 기다릴게. 친구한테 인사하고 오렴. 집에 가는 길에 어떤 놀이(스무고개, 표지판 알아맞히기, 자동차 색깔 빙고 등)를 할지 함께 생각해보자!"

눈 맞춤

눈 맞춤은 '내 모든 정신은 너에게 쏠려 있단다. 나는 너와 연결되어 있어'라는 의미다. 첫눈에 반한 사랑이라는 말이 그냥 있는 게 아니다. 눈 맞춤은 아이에게 자신이 다다를 수 있느냐 없느냐를 결정한다. 이런 상황을 아는가? 연인과 이야기하고 있는데 그 사람은 완전히 다른 방향만 쳐다보고 있는 상황 말이다. 이게 무슨 의미인지 아마도 잘 알 것이다. 그렇다. 이런 상황은 '나는 너에게 중요하지 않구나'라는 기분이 들게 한다. 아이와의 대화도 마찬가지다. 아이를 쳐다보지 않거나 다른 일(스마트폰 쳐다보기 등)을 하면서 대화하면 부모가 전달하고자 하는 말들은 전달되어야 할 그곳, 바로 아이에게는 다다를 수 없다.

아이와 눈을 맞추도록 노력하자. 부모가 아이에게 관심이 있다는 걸 보여줄 뿐만 아니라 서로 간의 신뢰 또한 좋아진다.

경청하기

부모의 슈퍼파워를 활성화하는 데 가장 어려우면서도 제일 까다로운 초석 가운데 하나가 바로 경청하기와 이해하기다.

아이와 대화를 나눌 때 실상 어떤 일이 벌어지고 있는가? 소통심리학자인 프리데만 슐츠 폰 툰Friedemann Schulz von Thun은 부모들이 일상에서 적용할 수 있는 '4가지 귀 모델'을 고안했다.

아이가 말할 때(몸짓언어, 표정, 손짓과 발짓, 목소리 톤 포함) 아이는 부모에게 무언가를 전달하고픈 발신자다. 부모는 아이의 메시지를 이해하기 위해 아이가 보내는 신호들을 해석해야 하는 수신자가 된다. 이때 부모의 감정 상태가 어떤지에 따라 아이가 말하는 내용 중 귀에 들리는 말은 달라진다. 누가 말하고 누가 듣는지에 따라 각기 다른 역할이 부여된다.

'4가지 귀 모델'에 따르면, 똑같은 말이라 하더라도 대화 수신자에 따라 4가지 유형에 맞춰 각각 다르게 이해될 수 있다. 화자의 말에도 4가지의 서로 다른 메시지들이 숨어 있을 수 있다. 휴, 의사소통에서 오해가 생길 수 있는 건 당연하다. 그렇지 않은가?

Tip 우리 머릿속에 있는 4가지 귀

다음의 상황을 상상해보자. 엄마는 부엌에서 요리 중이다. 아이는 거실에서 TV를 보고 있다. 엄마가 거실로 들어와 아이에게 "식탁 준비가 아직 안 됐네"라고 말한다. 아이는 자신의 4가지 귀로 무엇을 이해할까?

사실 영역의 귀: '내게 말하고픈 게 뭐지?' 이때는 순수하게 사실 정보만 다룬다. → '아직 식탁 준비가 안 된 걸 엄마가 알았어.'

관계 영역의 귀: '우리는 서로 어떤 관계지? 너는 나를 어떻게 대하지? 너는 나를 어떻게 생각하지?' 이는 굉장히 예민한 귀로, 자신을 소중하게 혹은 비관적으로 느끼게 한다. → '엄마는 분명 내가 게으르다고 생각할 거야.'

자기 노출 영역의 귀: '너는 나에 관해 어떻게 이야기하고 싶지?' 모든 말에는 상대의 인격에 관한 무언가(바람, 기대, 감정, 욕구 등)가 내포되어 있다. → '엄마는 식탁이 준비돼 있길 바랐으니까 분명 내게 실망했을 거야.'

호소 영역의 귀: '너는 나에게 무엇을 원하지? 내가 반응해야 해?' 상대는 자기가 말한 내용이 듣는 사람에게 영향을 미쳤길 바라며 반응 또한 기다리고 있다. → "나는 지금 당장 식탁 준비를 끝내야 해!"

부모가 호소 영역에서 메시지를 보냈는데, 아이가 사실 영역의 귀로 메시지를 이해했다면 상황은 순식간에 살얼음판으로 변할 수 있다. 아이는 부모가 소리를 지르며 호소 영역의 귀를 작동시킬 때까지 소파에 앉아 기다릴 수도 있다.

부모와 자녀 간의 의사소통에서 무엇보다 주의해야 할 점은 무엇일까? 부정적인 의사소통이 계속해서 악순환으로 이어지지 않으려면 어떻게 해야 할까?

우선 부모 자신의 메시지가 담고 있는 의도를 꾸준히 확인하자. 그 이면에 숨겨져 있는 메시지는 무엇이며, 이를 수신자(아이, 배우자 등)는 어떻게 이해할 수 있는가? "아하!" 같은 아주 단순한 말조차 여러 가지 의미를 내포하고 있을 수 있다. 어떤 때는 바라던 대로 이해되지 않을 수도 있다. 바람이나 기대 같은 것은 명확하게 표현하는 게 좋다. 그래야 상대방이 정확하게 이해하고 적절하게 반응할 수 있다. 들은 내용을 수신자가 자신의 말로 바꿔 표현한 다음, 자기가 제대로 이해했는지 물어보는 것도 좋다. "무슨 말이야?"라고 그냥 되물어봐도 괜찮다.

아이와의 의사소통에 4가지 귀 모델을 적용해보면, '욕구의 귀'가 추가된다. 한번 상상해보자. 엄마가 아이를 데리러 왔는데 아이가 인사도 없이 발을 쿵쾅대며 이렇게 말한다.

"싫어, 엄마. 엄마는 똥이야!"

그럼 엄마는 "야, 지금 엄마한테 무슨 말버릇이야!"라고 말할 수도 있고 욕구의 귀로 아이의 말을 들어볼 수도 있다! 아이들이 자기 욕구를 항상 명확하게 표현할 수 있는 건 아니다. 이건 아이와의 의사소통에 큰 걸림돌이 된다. 이런 상황은 아이가 자기 부모에게 다른 전화번호로 전화를 거는 상황과 비교할 수 있다. 아이는 부모 앞에 있지만 전화벨은 울리지 않는다. 그러다 이런 메시지가 흘러나온다.

"친애하는 어린이 ○○군(양), 다음에 다시 전화를 걸어주시기 바랍니다. 지금은 부모님이 전화를 받으실 수 없습니다!"

"싫어, 엄마. 엄마는 똥이야!"라는 말을 욕구의 귀로 들어보면, 이렇게 해석해볼 수 있다.

- **욕구 충족**: "놀이가 재미있어."
- **방향 설정과 통제**: "나 스스로 결정해. 나중에 데리러 와!"

- **자존감 향상**: "이곳에서 나는 가치 있게 느껴져."
- **애착 관계**: "친구들이랑 있고 싶어!"

그런데 아이의 인사말이 이미 엄마를 너무 흥분하게 했기 때문에 엄마는 이런 다양한 형태의 '경청하기'를 실천할 수가 없다. 그렇게 안 하고 싶어도 우리 부모들은 대개 특정한 몇몇 귀로만 아이의 이야기를 듣는 경향이 있다. 아이가 보일 만한 반응들을 계속해서 생각해보자.

"야, 지금 엄마한테 무슨 말버릇이야!"

이 말은 상황을 악화시킬 뿐이다. 아이의 욕구를 인지하지도 이해하지도 못했기 때문이다. 상황은 이제부터 좀 더 쉽게 나빠질 수 있겠지만, 그렇다고 꼭 그런 것만은 아니다. 아이가 지금 어떤 기분인지, 그리고 실상 '금지된' 언어인 '똥'이라는 말 이면에 숨겨진 메시지가 무엇인지 잘 생각해보자. 아이들은 격한 감정을 표출하고자 '금지된' 말을 자주 사용한다.

아이의 말에 숨겨진 메시지를 이해하려면 민감해야 하고 공감능력도 필요하다. 그래야 아이는 자기가 이해받았다고 느끼며 자신의 '시한폭탄'을 꺼트린다. 자기가 내뱉은 말들 이면에 숨겨진 핵심 메시지가 무엇인지 아이 자신도 잘 모를 때가 많다. 이를 부모가 파악해서 표현해주면, 아이는 깜짝 놀라며 '아하!'의 순간을 갖게 되면서 진정한다. 다음번에 바로 그러기는 힘들겠지만, 그래도 아이는 점차 자기 자신을 이해하기 시작한다.

"내가 너무 일찍 와서 화가 난 모양이구나. 친구들이랑 그만 놀려니 아주 속상한 것 같네."

아이가 울기 시작하면 수동적인 경청 자세를 취하자('나는 너를 느끼고 있고, 너를 바라보고 있어'). 부모의 존재와 몸짓언어만으로도 부모가 아이의 이야기를 '듣고' 있다는 신호를 줄 수 있다.

능동적인 경청에서건 수동적인 경청에서건 어떤 판단도 내리지 말자.

"그렇게 나쁜 것도 아니잖아. 빨리 와. 이제 집에 가야 해."(경험에 대한 경시)

부모의 피드백에 평가(조언, 성급한 해결책 등)라는 게 들어 있지 않으면 아이는 편안함을 느끼면서 마음의 문을 좀 더 잘 열어 보일 수 있다.

이해하기

대체로 다른 부모들은 허용하지 않는 말들이 있다. 어떤 부모들은 아이들의 "메~롱!"을 용납하지 않아서 "혀 빨리 집어넣어!"

같은 반응을 보인다. 반면, 어떤 엄마 아빠는 아이의 짓궂은 행동에 이렇게 대답한다.

"나한테 화난 것 같네."

아이가 "엄마는 똥이야!", "아빠 미워!" 같은 말들을 내뱉으면 아이를 꾸짖으며 아이의 화를 최대한 돋울 수도 있고, 어떤 식으로든 아이를 이해해보려고 고민할 수도 있다. 밖에서 아이가 "아빠 미워!"라는 말을 하면, "아이가 버릇없이 말하네요"처럼 부모가 바라지도 않았던 제삼자의 평가를 들을 수도 있다. 그러면 온몸이 쪼그라드는 것만 같다. 이런 무력감, 난감한 기분 등을 느끼지 않으려고 부모는 주도권을 쥐며 아이를 비난한다.

"엄마(혹은 아빠)에게 그런 식으로 말하지 마!"

그러면서 의사소통은 하강 곡선을 그린다. 불편한 감정들이 마구 올라오는 순간에는 잠시 브레이크 버튼을 누르고 이 조그만 아이에게 도움이 될 말은 무엇인지 고민해야 한다. 대개 힘든 일일지라도 이는 대단히 중요하다. 아이가 말을 매우 잘해서 다 큰 것 같아도 아이는 아이일 뿐이다. 그리고 부모는 아이의 본보기다.

부모는 아이가 계속해서 '똥'이라는 말을 쓸까 봐 두렵다. 그런데 이때 아이의 본질적인 욕구를 말로 바꿔 표현해주면("누나에게 화가 많이 났구나!"), 아이는 자신이 '똥'이라는 말을 사용한 이유를 이해하고 자신의 감정과 욕구를 더 잘 표현할 방법을 조금씩 배워

간다("똥" 대신 "날 괴롭히지 마!").

분변 용어에는 아주 중요한 요소가 하나 더 포함되어 있다. 이런 용어는 '이 말을 내뱉으면서 엄마 아빠의 반응을 살펴보자'는 일종의 염탐 도구다. 이 맥락에서 살펴보면 이 말은 참 중요하다. 만약 아이가 '똥'이라는 말이 특별하며 적어도 부모를 깜짝 놀라게 하거나 경악까지 하게 할 수 있다는 사실을 알면, 아이는 되레 재미있어하며 이 강력한 단어를 계속해서 사용할 것이다.

그런데 아이를 변호하자면, 이런 말을 사용하는 것은 지극히 정상적인 발달 양상이다. 유치원생 아이들은 '방귀 콧구멍', '방귀 해적', '똥 벌레', '똥구멍' 등의 말을 적어도 한 번쯤은 뱉는다. 이보다 더 다양한 단어가 아마도 머릿속을 스쳐 지나갈 것이다. 물론 이런 말은 더는 듣고 싶지 않다고 말할 수는 있다. 그런 말을 무시하거나("나는 그 말에 반응하지 않아"), 적절하게 설명하거나("그런 말들은 화장실에나 어울리는 거야"), 아니면 금지할 수도 있다("그런 상처 주는 말은 하지 마"). 이렇게나 저렇게나 다 해볼 수 있다. 그런데 그런 말을 집에서 아무리 통제한들 아이의 주변에는 그 말에 반응하는 친구들이나 선생님들이 꼭 있다.

그러니 이렇게 질문해보자. 이해할 수는 없을까? 이런 단계도 언젠가는 다 지나간다. 그래, 우리 어른들도 '젠장'이라는 말이 그렇게 좋게 들리지 않아도 자기도 모르게 종종 내뱉지 않는가. 그런데 '똥 벌레'라는 말은 '다 큰 사람들'의 대화에는 거의 등장하지 않는다. 자, 이런 맥락에서 이렇게 질문해볼 수 있다. 아이를 존중하면서 아이와 함께한다는 건 무슨 뜻일까? 사회적 압력 때문에 '똥 엄마(혹은 아빠)'라는 말을 그냥 '흘려버리는' 일이, 아니면 아이가 한 말을 아이 수준에 맞춰 해석하는 일이 힘든가? 물론 미소를 짓거나 좋게 허락하는 것("엄마한테 메롱 해봐", "똥 아빠라고 말해봐")도 우리가 원하는 바는 아니다. 그렇게 하면 아이가 이를 자칫 긍정적인 상호작용이자 '아빠는 이 말을 좋게 생각해'라고 잘못 받아들일 수 있다. 사회적 교류 속에서 문제가 될 수 있다는 소리다. 그렇기에 이것도 해결책은 아니다.

제일 좋은 중간 대책은 부모가 이해한 바를 적절한 단어들로 다시 표현하는 것이다. 그래야 뭐가 문제인지를 아이가 정확하게 이해할 수 있다.

"화가 난 것 같네. 그래서 메롱 하는구나!"

"만약 내가 화가 난 상황이라면 발을 세 번 쾅쾅 굴러댈 거야!"

이렇게 말해주면 아이는 자신을 강력하게 압도한 감정들을 적절하게 다룰 수 있는 대책을 부모를 통해 알게 된다. 말로써 자기 감정에 접근하는 방법을 아이가 자주 접할수록, 또 그 밖의 다른 대안을 자주 듣고 관찰할수록 아이가 그 방법을 제 방식으로 받아들일 가능성은 점점 더 커진다.

신체 접촉

일상생활 속에서 쉽게 간과되지만, 긍정적인 상호작용을 위한 '부스터'는 바로 신체 접촉이다. 비구두적 의사소통의 최고 수단인 신체 접촉은 "나는 너와 이야기하고 싶어!"라는 바람을 부각한다. 어루만짐은 서로를 '연결'해준다. 이는 부모들이 바라던 목표이지 않은가. 신체 접촉(안아주기, 업어주기, 품 안에 꼭 감싸주기, 머리카락을 부드럽게 쓸어 넘겨주기, 뽀뽀해주기 등)은 부모와 자녀 사이에 긍정적인 영향을 미친다. 이건 당연한 거라고, 너무 쉬운 일이라고 생각하는가? 그런데 정작 사람들은 이를 곧잘 잊어버린다. 많은 걸 달성하기 위해 아주 조금만 행동해도 된다는 사실을 사람들은 잘 생각해보지 않는다.

시간과 온전한 관심

이게 얼마나 중요한지는 아주 바쁘게 돌아가는 우리 사회에서 굳이 설명하지 않아도 될 것이다. 아이들은 스트레스로 가득한 일상생활을 잘 안다. 아이들은 흔히 잠들기 직전에야 엄마 아빠와 이야기 나눌 시간이 자신에게 꼭 필요하다는 걸 드러낸다. 날은 이미 어두워졌고, 엄마는 아이 옆에 누워 있고, 이불 속은 따뜻하고 포근하며, 엄마의 슈퍼파워는 활성화되어 있다. 이때 엄마는 아이와 내면의 대화를 나눌 수 있다. 하지만 하루가 거의 끝날 무렵 부모는 대부분 힘이 다 빠진 상태이기에 아이가 제발 자주었으면 싶다.

경험에 비추어 볼 때 아이가 잠들기 직전의 이 예민한 시간이야말로 아이와의 진심 어린 대화의 장으로 들어갈 수 있는 문이다. 이렇게 온전히 집중할 수 있는 시간이 되면 아이는 하루 동안 있었던 일들을 차례차례 떠올려보며 마음에 담아둔 일을 부모에게 모두 털어놓고 기분 좋게 잠들 수 있다. '마음에서 우러나온 이야기'라는 말이 그냥 나온 게 아니다. 아이들은 온종일 엄청나게 많은 걸 경험한다. 하지만 우리 부모들은 그 가운데 그저 일부만 함께할 때가 많다. 부모가 아이를 최우선순위로 대하면서 아이에게 소중한 시간을 내어주게 되면, 강한 자극이건, 인상적인 감정이건, 긍정적인 상호작용이건 간에 모두 부모와 자녀 사이에 긍정적인 영향을 미치게 된다. 그리고 그 순간뿐만 아니라 전 생애에 걸쳐 이런 경험은 아이에게 각인되어 남게 된다.

가볍게 넘기는 유머

아이가 얼굴을 찡그리면 부모는 아이가 불편하다는 걸 안다. 부모가 어떤 행동을 보이건, 어떤 말을 내뱉건 그게 아이에게는 최후의 결정타가 될 수도 있다는 사실 역시 부모는 알고 있다. 그런 순간들에 맞닥뜨리면 스스로에게 이렇게 질문해보자.

'나는 지금 무엇을 바라지?'

아마도 부모는 그 상황에서 자신을 꺼내줄 누군가가, 어떻게든 긴장감을 없애주면서 분위기를 좋게 전환해줄 누군가가 필요할 것이다. 양육과 관련된 의사소통에서는 다들 너무 진지하게 생각한다.

'내가 지금 웃으면, 아이가 나를 얕잡아볼 거야!'

그런데 가볍게 넘기는 것, 특히 유머는 웃음을 유발할뿐더러 관계와 감정까지 조절하는 최고의 수단이다. 제일 큰 장점은 어떤 상황에서도 활용할 수 있다는 점이다. 또한 함께하는 삶이 아름답고 즐겁다는 걸 아이에게 가르쳐줄 수 있다.

가족과 함께하는 일상생활 속에서 조금 더 가볍게 상황을 모면할 수 있는 조언을 전하자면 다음과 같다.

- **다른 사람의 입장이 되어보기:** 배우자를 흉내 내보자. "봐봐,

나는 아빠야!" 양말과 같은 사물에 생명을 불어넣어도 좋다. "안녕, 나는 내 주인을 찾고 있어. ○○이는 도대체 어디에 있는 거지? 내가 달리려면 발이 있어야 하는데."

- **목소리 톤을 바꾸어 높게, 혹은 아주 낮게 말해보기:** "왕이시여, 예복을 입으실 준비가 되셨나요? 저기 마차가 기다리고 있습니다."
- **동물로 변신해보기:** 동물로의 변신은 특히 아이들을 즐겁게 한다. "공룡처럼 쿵쾅쿵쾅 해보자. 그러면 신발에 묻은 흙들이 떨어져 나갈 거야!" "차까지 오리처럼 뒤뚱뒤뚱 걸어서 가보자!"
- **만화 주인공이나 슈퍼 히어로가 되어보기:** "파자마 삼총사로 변신해서 ○○이 침대 밑에 있는 흉측한 괴물을 함께 무찌르자!"

뭔가를 시킬 때는 명확하게, 짧게, 긍정적으로!

부모의 요구 사항을 아이가 아무런 반발도 하지 않고 바로바로 따라준다면 참 좋을 것이다. 그렇지 않은가? 그런데 만약 아이가 그저 그렇게만 행동한다면 나중에 어른이 되어서도 다른 사람들이 하라는 대로 곧이곧대로 다 따르는 사람이 될 수 있다.

부모들은 아이가 높은 자존감을 가지고 제 삶을 씩씩하게 꾸려나가길, 자기만의 생각을 갖추고 감정과 욕구를 스스로 책임지며 살아가길 바란다. 그렇기에 아이를 협박하고, 혼내고, 비난하고, 강요하고, 벌주고, 어떤 식으로든 과소평가하는 건 아이에게 결단코 도움이 되질 못한다. 설령 부모가 그런 방식으로 커서 그렇게만 배웠을지라도 말이다. 케케묵은 양육 방식은 아이의 자존감을 떨어뜨리고, 아이가 자신을 능력 있는 사람으로 받아들이지 못하게 한다. 또한 아이가 자기가 맞닥뜨린 도전 과제를 스스로 해결하며 앞으로 나아가는 걸 방해한다.

부모의 말이 아이에게 먹히려면

이에 대한 해답을 찾기 위해 우선 대부분 가정에서 자주 일어나는 사례를 하나 들어보자. 아이가 밥을 먹으려면 식탁에 와서 자리에 앉아야 한다. 자, 이제 가슴에 손을 한번 얹어보자. 부엌에 있으면서 거실에 있는 아이에게 소리소리 질러대며 밥 먹으러 오라고 한 적이 있는가? 그리고 아이가 안 오면 짜증을 냈는가? 이때 아이는 놀이에 푹 빠져 있어서 자기를 부르는 소리를 제대로 못 들었을 수도 있고, 그렇게 급한 일로 여기지 않았을 수도 있다.

한번 스스로에게 솔직하게 대답해보자. 다른 사람이 부를 때 늘 즉각 대답하고 곧장 달려가는가? 이럴 때는 아이와 진짜로 접촉해보는 게 좋다. 아이가 놀이에 심취해 있다면 눈을 직접 맞춰본다거나 신체 접촉(어깨에 손 얹기 등)을 시도해보자. 그러면 아이가 지금 머물러 있는 곳에서 아이를 끄집어낼 수 있다.

이때 꼭 명심해야 할 사항이 있다. 요구 사항은 기본적으로 최대한 명확하고, 짧고, 긍정적으로 표현하자. 그러면 아이에게 더 잘 먹힐뿐더러 아이 뇌에서도 더 쉽게 작동된다. 부탁과 요구는 분명하게 다르다. 부탁은 거절될 수 있으며 거절해도 괜찮다. 이와 달리 요구는 더 길고 복잡할 수 있고, 더 짧고 명확할 수 있다.

"엄마 손을 잡아줄래?"(부탁)

"이제 ○○이가 엄마 손을 붙잡았으면 좋겠어. 이곳은 차가 너무 많이 다니거든. ○○이에게 무슨 일이라도 일어나면 안 되잖아."(복잡한 요구)

이런 말보다는 핵심만 콕 집어 정확하게 표현하는 게 낫다.

"위험한 거리에서는 엄마 손을 꼭 잡아!"(명확한 요구)

요구가 명확해야 하는 이유

아이와 대화할 때 부모는 그 순간 아이에게 전달하고픈 '내용'과 '방법'을 미리 인지하고 있어야 한다. 다시 말해, '내 메시지를 어떻게 포장해야 그걸 아이가 최대한 잘 열어보고 잘 해석할 수 있을까?'를 생각해야 한다. 분명한 의사소통과 명확한 이해라는 그 목적이 무엇인지 곰곰이 생각한다는 뜻이다. 아이에게 어떤 내용을 쉽게 설명하고 싶은가? 어떤 일이 일어나는지를 알려주고 싶은가? 무엇을 해야 한다고 설득하고 싶은가? 어려운 일들을 실행하도록 동기를 유발해주고 싶은가? 명확한 의사소통에는 다음의

4가지 기술이 도움이 될 것이다.

- **단순화하기**: 전문 용어를 설명할 때 꼭 필요한 내용만을 가장 이해하기 쉽게 다루는 기법으로 사실상 어른들에게 적용된다. 하지만 꾸준히 지식을 확장해 나가는 아이들과의 대화에도 유익하다. 최대한 간단하고 정확하게 이야기하면, 복잡한 내용도 이해하기 쉽게 전달할 수 있다.
- **정보 전달하기**: 도서관을 떠올려보자. 수많은 책 가운데 우리는 대개 눈에 확 들어오는 인상 깊은 제목의 책을 고른다. 아이에게 정보를 전달할 때도 마찬가지다. 부모가 달성하고픈 목적에는 인상 깊은 제목이 필요하며, 그것은 아이의 이목을 끌 수 있어야 한다. "우리는 이제 잠잘 거야!"라고 말한 다음, 부제를 붙여보자. "그러려면 잠옷을 입어야지!"
- **설득하기**: 문제점이나 이유를 언급한 다음, 해결책도 함께 제시해주자! "바지가 젖었어. 당장 갈아입자. 그러면 계속 놀 수 있어!"
- **동기 부여하기**: '우리'라는 표현은 서로를 연결해줄뿐더러 편안하게 해준다. "우리 함께 방을 정리하자!" "우리 함께 살펴보자!" 이때 '우리'라는 감정도 커진다.

요구가 짧아야 하는 이유

아이가 협력해주길 바란다면, 기나긴 연설이나 일화는 늘어놓지 말자. 아이의 나이를 고려해볼 때 주의력도 그렇게 길지 않음을 염두에 두자. 물론 무엇을 왜 해야 하는지 설명해줄 수는 있어야 한다. 그렇게 해야 한다. 하지만 계속 반복하거나 구구절절 이야기할 필요는 없다. 자칫 부모의 메시지가 '묽어질' 수도 있다. 그 말을 수천 번 들었다는 이유로 아이가 더는 귀 기울이지 않기 때문이다. 아이는 한 가지, 잘해봐야 2가지 정도의 요구 사항을 받아들일 수 있다. 이 사실은 아이가 어릴수록 더더욱 중요하다.

요구가 긍정적이어야 하는 이유

'긍정적으로 표현하기'란, 부정적 표현은 최대한 안 하는 게 좋다는 뜻이다. '안 돼', '아니'와 같은 표현은 금세 한 귀로 흘려듣기 쉽다. 또한 어린아이들은 그런 말을 들어도 적절하게 반응할 능력이 아직 없다.

한 연구에 따르면, 3~4세 아이들은 부정적인 요구 사항이 덧붙여졌을 때보다 긍정적으로 표현된 지시 사항을 딱 하나만 받았을 때 실수를 적게 했다. 관련 실험에서 아이들은 화면에 제시되는 자극들(빨간색과 초록색 바탕의 그림들)에 반응하며 해당하는 버튼을 눌러야 했다. "빨간색 눌러. 초록색은 누르지 마!" 같은 복잡한 지시보다 "빨간색 눌러!"라는 지시를 받았을 때 아이들은 훨씬 더 적게 실수했다. 좀 더 복잡하게 요구하면 아이들은 자기도 모르게 초록색 버튼도 함께 자주 눌렀다. '하지 마'라는 말이 아이들을 혼란스럽게 한 것이다. 부모가 어렵고 부정적인 지시를 너무 많이 하면, 아이의 뇌는 과부하에 걸린다.

아이의 머릿속에 쏙쏙 꽂히는 말

"빨간 블록들로 놀았잖아. 이제 정리해. 동생이 같이 놀았건 말건 상관없어. 그렇지 않으면 네 방은 돼지우리가 되고 말 거야. 정리하지 않으면 장난감들을 휴지통에 몽땅 다 버릴 거야!"

이 순간 부모가 아이에게 바라는 건 무엇인가? 부모의 '목적'은 무엇인가? 실행 가능한 목적인가? 여기서 부모가 바라는 것은 '아이가 장난감을 정리하는 것'이다.

이때 아이를 잘 관찰해보자. 아이가 놀이에 흠뻑 심취해 있다면, 좋은 타이밍이 아니다. 피곤함, 배고픔, 과도한 자극 역시 아이가 부모의 요구 사항을 따르는 데 방해가 될 것이다. 장난감들을 휴지통에 다 버리겠다는 부모의 통보에 아이는 자동으로 적대적인 태도를 보일 것이다.

"그럼 다 버려봐! 정말로 그러는지 내가 볼 거야!"

부모의 말은 도전이자 심지어 위협으로까지 들린다. 그런데 부모에 대한 신뢰를 내기해보고 싶은가? 아이의 장난감들을 정말로 다 버릴 것인가? 서투르게 선택한 말 한마디 한마디에 아이와의 의사소통은 점점 더 불명확해지고, 아이는 부모가 바라는 행동과는 정반대로 움직일 것이다!

부모의 태도를 '명확하고, 짧고, 긍정적으로' 유지하자. 미소를 지어 보임으로써 부모와의 대화가 즐겁다는 걸 아이에게 일깨워준 다음, 짧게 설명해주자.

"빨간 블록들이 '집으로' 돌아가고 싶대. 파란 장난감 상자에 넣어주자!"

더 적은 게 더 많은 의미가 있는 법이다!

"도로는 위험해. 도로로 다니면 안 돼!"

이렇게 말하는 대신 요구 사항을 긍정적으로 표현하자. 부정적인 표현은 아이를 혼란스럽게만 하니 사용하지 말자.

"멈춰. 그대로 있어!"

인상에 확 남는 제목인 "멈춰!"가 제일 먼저 온 다음, "그대로 있어!"라는 부제가 뒤따른다. 말 한마디로 부모의 목적(아이가 그대로 있었으면 하는 바람)을 명확하게 드러낸다.

"정글짐에서 떨어지면 안 돼!"

긍정적인 표현의 효과

이렇게 말하지 말고 다음과 같이 말해보자.

"꽉 붙잡아!"

이렇게 표현하면 긍정적인 내적 이미지들이 떠오르면서 아이는 부모의 요구 사항을 더 잘 받아들이고 더 잘 실천하게 된다.

경계 설정:
아이만의 정원을 위해

경계에 대한 생각은 사람마다 다르다. 어떤 사람들은 다른 사람들에게 자기의 우월함과 힘을 과시하기 위해 경계를 정한다("너는 내가 정한 규칙과 경계를 지켜야 해"). 어떤 사람들은 다른 사람들과의 신체적 거리를 유지하기 위해 경계를 정한다. 그러면서 개인적으로 안전한 거리를 유지하고 싶어 한다("너무 가까이 오지 마"). 가족 구성원 모두의 욕구를 고려하고자 가족 간의 경계에 관해 확실하게 이야기를 나누는 사람들도 있다("지금 난 휴식이 필요해. 쉬고 나서 너랑 놀아줄게!"). 아이에 대한 책임으로 부모가 내세우는 보호성 경계도 있다("길에서는 네 손을 잡을 거야"). 자기만의 특성들(문화, 사회, 유년기 등) 너머 공통되게 반영되는 경계도 있다는 사실 역시 염두에 두어야 한다("그러면 안 되는 거야").

이 '경계'라는 말을 어떻게 활용하는지에 따라 그 의미가 달라진다. 부모들의 경우, 경계를 꽃이 피는 정원의 울타리처럼 간주할 수 있다. 부모도, 아이도, 이 세상 모든 사람도 자기만의 정원을 가지고 있다. 아무도 들어가지 못하게 울타리를 쳐서 보호해 둔 곳에서는 건강한 꽃을 피울 수 있다.

아이와 함께 자기만의 경계에 관해 분명하게 이야기를 나누면, 서로서로 잘 연결된 채 각자의 경계를 유지할 수 있다. 비유적으로 표현하자면, 이런 부모들은 자신의 정원에 머무르면서 그 정원을 가꾸어 나간다. 자신의 욕구도 적절하게 표현한다("라디오 소리가 너무 커. 좀 줄여줘": 평온함에 대한 욕구). 시간이 지남에 따라 아이는 부모의 욕구를 알게 되는 동시에 자신의 욕구도 스스로 느끼고 표현하며 직접 충족시킨다. 이런 아이는 부모에게 정원이 있다는 사실을 알게 될 뿐만 아니라, 자기도 자신의 울타리를 친 정원을 가꿔도 된다는 사실을 깨닫게 된다.

Tip 나의 경계는 어디쯤일까?

다음은 다른 사람들이 지켜줬으면 하는 자기만의 안전거리, 누구도 망가뜨려선 안 될 자기만의 안전거리가 누구에게나 있다는 사실을 아이들이 놀이로 재미있게 배울 수 있는 방법이다.

준비물: 훌라후프, 길이가 서로 다른 끈 2개

실행 방식: 훌라후프에 끈 끝자락들을 이용하여 가방끈처럼 만든 다음 어깨에 메자. 그렇게 자기만의 신체적 경계를 표현할 수 있다. 잠시 집 안을 돌아다니면서 자기만의 안전거리를 유지해보는 게 어떤 건지 한번 살펴보자. 가끔 자기도 모르게 서로서로 가까워지는가? 이를 통해 아이들은 자기만의 개인 공간을 상상할 수 있다. 자기만의 경계에 관해 이야기를 나누는 데도 좋은 자극제가 될 것이다.

방향을 설정해주는 경계

아이가 자유롭게 커 나갈 수 있도록 부모는 경계를 설정하여 방향을 제시하게 된다. 아이의 '정원'을 얼마나 강하게 보호해주어야 하는지는 실상 아이마다 다르다. 경계 설정을 통한 자유로운 발달을 언급하면 처음엔 역설적으로 들릴지도 모른다. 그런데 아이의 기질과 뇌가 주변 환경에 반응하는 방식은 많은 영향을 미친다. 자극이 너무 많이 주어지는 상황에서 금세 과부하 상태에 빠지는 아이라면(과도한 민감성, 자폐증, 혹은 ADHD 등과 관련할 때), 울타리를 조금 더 좁게 만들어 아이에게 꼭 필요한 방향만 제시해주자. 그러면 아이의 발달에 더 많은 도움을 줄 수 있다.

양육에서 경계 설정은 무조건 나쁜 게 아니다. 아이를 안전하게 보호해줄 뿐만 아니라, 아이의 발달에 유익한 방향을 제시하는 울타리도 마련해줄 수 있다. 이 안에서 아이는 좀 더 편안하게 움직일 수 있다.

하지만 주의할 점이 있다. 다들 그렇게 하니까, 혹은 그저 자기만의 힘을 과시하기 위해 경계를 설정하는 건 불필요하게 아이를 억제할 뿐이다. 형제자매라도 서로 다른 경계선이 필요할 수 있다. 아이가 최대한 자유롭게 발달하도록 도와주려면 경계 설정이 어느 정도로 꼭 필요한지를 천천히 잘 살펴볼 필요가 있다.

좀 더 자세히 들여다보면 어떤 규칙이나 경계는 전혀 중요하지 않은데도 사회적 압박이나 부모 자신의 유년기 기억들로 인해 그저 그래야만 한다고 생각해서 지금껏 계속 유지해왔던 것도 있을 것이다. 용기를 내어 가족 구성원으로서 우리 가족의 규칙에 관해 되물어보자. 모두 함께 행복해지는 데 꼭 필요한 규칙과 경계들로는 무엇이 있는지 곰곰이 고민해보자. 아이들이 서로 조심히 행동하는 한 소파에서 뛰는 게 그렇게 나쁘지 않을 수도 있다. "아무도 그렇게 안 해"라는 생각에 지금껏 아이와 진흙탕에서 함께 점프하지 않은 것일 수도 있다.

경계 설정과 관련하여 도움이 되는 기본 규칙은 이거다.

"최대한 적게, 꼭 필요한 만큼만!"

기질과 양육 방식

아이의 기질은 아이를 가장 잘 도와줄 수 있는 행동방식을 부모가 결정하는 데 많은 영향을 미친다. 물론 아이의 기질은 부모의 행동에도 어느 정도 영향을 준다. 자유분방하고 거칠다고 여겨지는 아이의 부모는 (자제하는 게 힘들기에) 협박과 벌칙으로 양육하는 경향이 있다. 그런데 이런 소위 권위적인 양육 방식에는 많은 단점이 있다.

기본적으로 부모의 양육 방식은 아이의 감정 조절 능력, 자존감, 사회적 행동, 정신 건강 등 수많은 영역에 영향을 미친다. 예를 들어, 권위적인 양육 방식(신체적 혹은 구두적 벌칙, 비난, 굴욕 등)은 청소년기의 불안, 우울 및 자살 생각과 관련된다고 한다. 그러나 부모의 과보호 행동도 아이에게 불안 등을 초래할 수 있다.

아이에게 좋은 영향을 주는 말

아이는 자신에게 깊은 인상을 남기는 경험들을 매일 하고 있다. 그러면서 자기만의 믿음도 생겨난다. 이는 내면화된 관점과 확신으로 아이의 전 생애에 걸쳐 영향을 미칠 수 있다. 현재의 삶을 받아들이는 방식뿐만 아니라 앞으로 비슷한 상황에 직면했을 때 대처하는 방식도 종종 결정짓는다.

이런 말들은 아이에게 부정적인 영향을 미친다.

"이리 와봐. 야단법석 좀 떨지 말고. 넌 아직 초등학생이야!"

"더 노력했어야지. 색깔이 자꾸 밖으로 튀어 나가잖아!"

"좀 더 용기를 내보는 게 너한테도 좋은 거야!"

이런 말들을 반복해서 듣다 보면 아이는 '경험' 안경들을 쓰게 된다. 이 세상을 있는 그대로 바라보지 못하고, 이 같은 의사소통 방식으로 생겨난 부정적인 안경을 통해 세상을 바라보게 되는 것이다. 예를 들어보자.

- '나는 해내지 못해' 안경
- '나는 잘하는 게 없어' 안경
- '나는 두려워' 안경

이와 반대로 다음의 말들은 아이에게 긍정적인 영향을 미친다.

😊 "초등학생이지만 많은 걸 해냈잖아. 이것도 잘 해낼 거야."

😊 "네가 미술을 재미있어한다는 것도, 많이 노력한다는 것도 알아. 다음번엔 조금 천천히 색칠해보자. 그럼 밖으로 잘 튀어 나가지 않을 거야."

😊 "이건 네게 아직 어려운가 보구나. 나는 너를 믿어. 조만간 해낼 수 있을 거야."

아이를 인간적으로 강하게 키우고 싶다면 아이를 자세히 살펴보고 힘을 북돋워주면서 긍정적인 감정을 느낄 수 있게 도와주면 된다. 그럴수록(매일 하면 제일 좋고) 아이를 긍정의 순환로로 이끌게 되며, 아이는 긍정적인 혼잣말을 통해 그 순환로를 스스로 계속 유지한다. 그러면서 다음의 안경들로 세상을 바라볼 것이다.

- '나는 할 수 있어' 안경
- '나는 내게 능력이 있다는 걸 알아' 안경
- '나는 나를 믿어' 안경

긍정적인 혼잣말

"나는 소중해"와 같은 긍정적인 표현들(수긍, 시인)을 읽어주거나 아이에게 따라 말하게 하면, 이런 메시지들은 아이의 마음속에 점차 내면화된다. 이런 말들을 들으면 아이는 제 세상 속에서

믿음을 심어주자

모든 게 괜찮다는 생각을 점차 갖추게 된다. '엄마 아빠는 날 사랑해!'라는 긍정적인 사고방식은 '아무도 날 좋아하지 않아!'처럼 아이에게 방해만 되는 부정적인 생각들을 없애버리고 아이의 내면에 새롭게 자리할 수 있다. 이처럼 긍정적이고 명확하게 표현된 문장들을 반복해주면, 그 메시지는 아이의 무의식 속에 굳건히 자리잡아 자존감 상승 등 긍정적인 효과를 널리 발휘하게 된다. 아이들은 수용적이며 자기 내면의 정원에 심을 수 있는 각양각색의 생각 씨앗들에 기뻐한다.

👍 긍정 의식(예: 말풍선 속 문장들을 부모가 매일 밤 들려주고, 아이는 이 문장들을 따라 말하기)을 행하면, 쑥쑥 자라나는 나무에서 예쁜

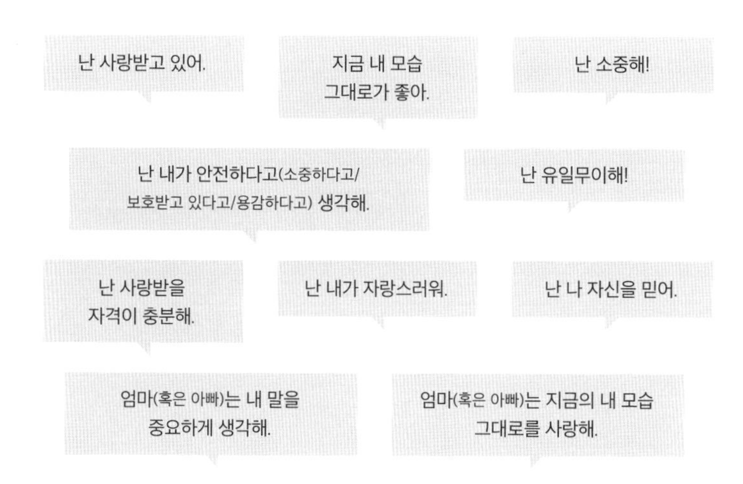

꽃잎이 피어나는 모습을 머지않아 볼 수 있을 것이다. 긍정 씨앗들이 뿌리를 내려 제대로 '꽃을 피우기' 위해서는 편안하고 포근한 분위기도 요구되지만 아주 긍정적인 감정과도 연결될 필요가 있다. 뿌리를 내리는 동안(문장들을 암송하기) 감각들을 최대한 일깨워 연결해주어야 한다(신체 접촉, 향기, 촛불 등으로).

그런데 일상생활 속에서는 부모가 아이를 무시하거나("네 의견은 중요하지 않아"), 다른 아이들과 비교하거나("다른 아이들이 너보다 더 나아"), 조건을 달며 상반된 메시지를 전달하면("네가 착한 아이라면 널 사랑해"), 그 경험들이 아이에게 각인되어 아무리 긍정 의식을 행해도 그 효과는 시들하거나 아예 아무런 의미가 없을 수 있다. 그러므로 아이에게 전할 메시지는 가족과의 일상생활 속에서 실제 행동을 통해 적극적으로 전달되는 게 중요하다.

Tip 긍정 리스트 만들기

긍정적으로 표현된 문장들을 아이와 함께 메모해보자. 하지만 "나는 완벽해!", "내가 최고야!", "나는 똑똑해!" 등 과장되거나 절대적인 표현은 안 된다. 아이가 지나치게 고양되길 바라는 건 아닐 것이다. 긍정적인 말들을 매일 밤이나 매일 아침 아이에게 들려주자. 아이가 큰 소리로 따라 말해도 좋다.

자아상을 제대로 심어주는 말

자기 모습에 관한 자신의 생각, 즉 자아상에 관한 연구들에 따르면 우리는 역동적이거나 정적인 자아상을 가질 수 있다. 어떤 능력이건 기본적인 학습과 연습을 통해 강력하게 향상할 수 있다고 여기거나(역동적인 자아상), 사람에겐 재능이라는 게 있으며 그것은 타고난 능력이라고 생각하는 것이다(정적인 자아상).

이런 능력들에는 IQ뿐만 아니라 수학이나 언어와 관련된 특정 능력도 모두 포함된다. 사람은 영역별로 다양한 자아상을 가질 수 있다. 음악이나 예술의 영역에서는 기본적으로 재능이 필요하며 아무리 연습해도 재능을 타고난 사람을 뛰어넘을 수는 없다고들 많이 생각한다. 이때의 자아상은 정적인 자아상이다. 반면, 외국어 같은 능력은 재능이 없어도 연습을 통해 충분히 습득할 수 있다고 생각한다. 이때의 자아상은 역동적인 자아상이다.

한 사람의 자아상은 실수를 범했을 때, 노력을 많이 해야 할 때, 학교 시험에서 좋지 않은 점수를 받았을 때 등 다양한 상황에서 영향을 미친다. 그러면 역동적인 자아상을 가진 삶과 정적인 자아상을 가진 삶을 비교해보자.

실수를 범한 상황

- 역동적인 자아상을 가진 사람에게 실수는 자기 자신을 향상할 보조 수단이다. 실수를 통해 자기 자신을 향상할 수 있기 때문이다. 실수를 범하지 않는 사람은 언제나 자기가 잘할 수 있는 영역에만 머무른다. 그런 사람은 여러 차례 실수를 범할 수도 있을 어려운 상황들에 직면하면 어떻게 해야 할지 잘 모른다.
- 정적인 자아상을 가진 사람은 실수를 범하지 않는 안전한 영역에 머무르고자 한다. 해낼 수 있고 없고는 정해져 있다고 믿으며, 해낼 수 없는 사람으로 자신의 '실체'가 폭로되는 건 당연히 바라지 않기 때문이다. 이들에게 실수는 위협이자 무능력의 표시다.

노력을 기울여야 하는 상황

- 역동적인 자아상을 가진 사람은 노력을 가치 있게 여긴다. 노력을 통해 자신의 능력을 키울 수 있음을 알고 있다.
- 정적인 자아상을 가진 사람은 노력을 불필요하게 여긴다. 어떤 사람은 특정 능력을 타고났기에 일을 쉽게 해내고, 어떤 사람은 아예 그런 능력이 없다고 생각하기 때문이다. 그래서 노력을 기울여야 하는 힘든 상황들은 피할 수밖에 없다.

안 좋은 시험 결과를 받아들여야 하는 상황

- 시험 결과가 나쁘면 역동적인 자아상을 가진 사람은 현재의 자기 능력을 파악했고 이제 무엇을 좀 더 노력해야 하는지 알게 되었다고 생각한다.
- 정적인 자아상을 가진 사람은 시험 결과가 자기 능력을 낱낱이 보여준다고 생각한다. 자신이 무언가를 실제로 해내지 못했다는 사실을 인정하기란 고통스럽기에 대개 핑계나 변명거리들을 찾는다("그건 나 때문이 아니라…").

자아상을 심어주는 데 있어 지나친 칭찬은 특히 도움이 안 된다.

☹ "넌 똑똑해!"

이 말은 아이에게 안 하는 게 좋다. 똑똑하다는 말을 자꾸 하면, 부정적인 정적 자아상을 키워주게 된다. 이런 말을 자주 들은 아이는 자신의 지능이 높다고 확신하고, 그러면서 자신이 그렇게 똑똑한 사람이 아니라는 게 언젠가는 들통날까 봐 걱정한다.

지금껏 주로 정적인 자아상을 갖고 있었어도, 부모가 역동적인 자아상을 키워준다면 분명 아이는 많은 도움을 받게 될 것이다.

☹ "와, 수학 시험에서 100점 맞았네. 잘했어!"

이렇게 '훌륭한' 결과에만 초점을 맞추지 말고, 아이의 노력에 주안점을 두고 말해주자.

"와, 네가 정말 많이 노력했다는 걸 엄마도 알아."

이런 말이 아이의 역동적인 자아상을 장려할 수 있다.

Tip **재능 vs. 연습, 어떻게 생각하는가?**

특정 능력들은 재능이 필요한 걸까, 아니면 학습과 연습을 통해 향상될 수 있는 걸까? 이 질문에 어떻게 답할지 생각해보자. 지능, 음악, 예술, 수학, 기술 등에 관한 생각은 어떤가? 이 분야들에서도 연습만 한다면 지금껏 생각한 것보다 훨씬 더 많은 걸 성취할 수 있을까? 한번 곰곰이 생각해보자.

개방형 질문을 통한 대화

아이가 어떤 관심사를 가지고 부모를 찾아올 때, 부모는 아마도 그것에 관해 더 많이 알고 싶을 것이다. 질문은 아이의 세상으로 향하는 문을 열어주는 문지기가 되어 심도 있는 대화로 부모를 이끌어줄 뿐만 아니라, 부모가 아이에게 관심이 있다는 걸 아이에게 명확하게 보여주기도 한다. 중요한 건 어른의 질문을 아이의 질문으로 바꾸고 가능한 한 개방형 질문으로 표현하는 것이다. 이때 부모의 목소리에도 주의해야 한다. 목소리는 아주 섬세한 도구로, 대화의 진행에 엄청난 영향을 미친다.

부모들은 적절하지 못한 순간에 폐쇄형 질문을 자주 던진다. "오늘 학교 재미있었어?"라고 물으면, 아이는 "예"나 "아니요"로밖에 대답하지 못한다. 다른 상황에서는 폐쇄형 질문이 적합할 수 있겠지만, 심도 있는 대화에는 개방형 질문이 더 효과적이다.

폐쇄형 질문은 대화의 문을 쾅 닫아버린다. "오늘 학교 어땠어?" 같은 질문도 아이의 자세한 대답은 유도해내지 못한다. 이런 질문은 부모가 관심 있어 하는 대답에만 초점을 맞춘 것이다. 아이는 대답을 이미 다 알고 있어서 재미를 못 느낄 수도 있다.

"생일 파티는 어땠어? 그 친구랑 또 만나서 놀고 싶어? 약속을 만들어볼까?"와 같이 연달아 질문을 던지는 것도 아이에게는 부담이다. 아이는 어느 순간 더는 귀 기울이지 않고, 적어도 '대답'은 해야 하니 대충대충 말해버린다. 물론 이와 같은 인터뷰 상황들이 나쁜 의도에서 만들어진 건 아니다. 부모는 아이의 상태가 안녕한지 알고 싶다. 그런데 대화를 깊이 있게 성공적으로 해 나가려면 시간이 필요하다. 아이와 부모 자신에게 시간을 주자.

부모가 슈퍼파워를 활성화했고 타이밍도 딱 맞아떨어진다면, 개방형 질문들을 시도해보자.

"오늘 학교 어땠어?"

이런 질문을 하는 대신 다음과 같이 말해보자.

"오늘 선생님이 말씀하신 내용 중 가장 재미있었던 건 뭐야?"

"오늘 어떤 일로 웃었었니?"

"뭐가 웃겼어(슬펐어/화가 났어)?"

"오늘 수업 때 네게 방해가 된 건 뭐였어?"

그런데 부모가 사용하는 의문형에도 주의를 기울여야 한다. '왜' 질문은 변론이나 비난의 분위기로 아이를 몰아세울 수 있다. '어떻게' 질문은 어린아이에게는 부담이 될 수 있는데, 이 나이의 아이는 여러 맥락을 동시적으로 잘 이해하지 못하고 구두로 적절하게 표현하는 것도 힘들어하기 때문이다.

다음은 아이의 선호도, 관심사, 상상 등을 경험해보기 위해 아이의 세상으로 들어가는 방법이다.

- 질문은 부모의 말로 되물어보는 게 좋다. "그게 중요하다는 거지? 내가 제대로 이해한 거 맞아?"
- 구체적이고 분명하게 질문하자. "○○이가 뭐라고 말했어(어떻게 했어)?"
- 질문을 통해 아이의 생각을 이해하도록 노력해보자. "이렇게 이야기하는 걸 보면 ~라는 생각이 드는데, 맞아?"
- 아이의 복잡한 감정과 생각을 정리해주자. "사실 너는 이것을 하고 싶기도 하지만 저것도 하고 싶어. 맞니?"
- 반문을 해보자. "사실 그렇다면 어떨 것 같아?"

4장

육아가 힘겨운 부모에게 필요한 것

엄마 혹은 아빠로서 우리는 아이의 욕구에 초점을 맞추며 양육한다. 하지만 우리 자신의 욕구도 간과되지 않게 주의해야 한다. 그렇지 않으면 정신없는 일상생활 속에서 스트레스 파도가 마구 휩쓸어댈 것이다. 이 장에서는 부모가 자신의 욕구에 주의를 기울이는 방법, 스트레스를 해소하고 극복하는 방법, 힘을 비축하는 방법, 부모가 유년기에 물려받은 부정적인 요인들에 대처하는 방법 등을 알아볼 것이다.

부모의 스트레스 감정 마주하기

광고나 잡지에서 아주 흔히 접하게 되는 가족의 모습은 행복한 부모와 굉장히 행복해하는 아이이다. 그들은 주로 편안한 소파에서 아주 친밀하게 서로 꼭 껴안고 있거나 서로를 신뢰하는 눈빛으로 식탁 앞에 오순도순 앉아 있다. 소셜 미디어에도 미소 짓는 아이들과 함께하는 안정된 아빠 엄마의 모습들이 넘쳐난다.

부부가 부모가 되겠다고 결심하면 이런 '이상적인 가족'의 일상이 그들의 생각에, 이후엔 그들의 행동에까지 엄청나게 영향을 미친다. 아이는 희망적인 상상 속에서 하나의 햇살과도 같다. '슈퍼 인플루언서 엄마'의 프로필에 나오는 아이들의 사진처럼 말이다. 하지만 이는 아이와 함께하는 삶일지라도 지금까지 부부로 살아

온 삶과 별반 다르지 않을 거라는 초현실적 바람들의 그릇된 길로 이끌 뿐이다. 작은 차이점 하나만 있을 뿐이다. 바로, 아이.

첫 몇 년 동안 아이는 자신의 욕구 해결을 위해 부모로부터 많은 시공간을 요구한다. 소셜 미디어의 사진들 속에서 늘 행복하고 만족스러운 표정으로 아이들을 바라보는 모습이 자신들의 현실과는 맞지 않는다는 사실을 깨닫기까지는 그리 오래 걸리지 않는다. 더 끔찍한 건 부모의 역할이 순식간에 힘들어질 수도 있다는 것이다. 정신없음, 스트레스, 수면 부족 등으로 삶이 바빠지게 된다. 이때는 다음의 질문들을 자신에게 던져보자.

- 부모의 욕구는 어떻게 되는 것인가?
- 부부 관계를 위한 시간은 얼마나 있는가?
- 부모의 일상에 관한 내 생각은 얼마나 현실적인가?
- 내 우선순위는 무엇인가?
- 엄마 아빠로서 완전히 낙오되지 않으려면 뭘 해야 하는가? 무엇을 할 수 있는가?

이와 같은 질문들은 '바꿔 생각하고 새롭게 생각해보도록' 부모를 계속해서 자극할 것이다. 또한 부모 자신이 생각한 것들과 현실은 달라서 좌절하는 부모에게 하나의 길이 될 수 있다.

무엇이 스트레스일까?

양육 스트레스. 이는 애착 대상(부모)이 끊임없이 느끼는 스트레스를 의미한다. 부모의 역할에 대한 높은 기대, 요구 사항, 아이와의 상호작용 등을 통해 유발되는 특별한 스트레스 형태로 공식 인정되고 있다. 양육 문제, 가족 문제, 관계 문제를 비롯해 직장생활과 집안일의 이중 부담, 성과에 대한 압박, 시간 부족, 경제적 문제, 신체적 혹은 정신적 질환 등 일명 스트레스 통을 채우는 요인은 참 많다. 종종 그 통은 흘러넘치기도 한다.

이때 부모의 모습은 어떤가? 꽤 편안한가? 아니면 스트레스 통에서 넘실대는 파도들이 머리 위로도 마구 철썩철썩하는가? 다음 질문들로 스트레스를 감지해보자.

- 예전처럼 그렇게 건강하다는 기분이 들지 않는가?
- 모든 걸 혼자서 다 감당해야 한다는 기분이 드는가?
- 아이가 있어서 나의 관심사들이 엄청나게 제한받는가?
- 어떤 상황에서는 굉장히 도전받는 기분인가?
- 종종 과잉반응이 나오는가?
- 요즘 기분이 더 나빠졌는가?
- 자신이 끊임없이 소모되고 있는 느낌이 드는가?

이 질문들에서 다수의 경우가 '그렇다'면, 가정의 요구 사항들이 현재 과도한 부담으로 다가오고 있음을 의미할 수 있다. 누구에게나 스트레스를 유발하는 요인은 있다. 그리고 누구나 스트레스를 느낀다. 스트레스 정도에 따라 우리 생활이 받는 영향도 달라진다. 짜증스럽게도 스트레스는 슈퍼맨의 약점인 크립토나이트 Kryptonite처럼 부모의 공감적인 슈퍼파워가 활성화되는 걸 방해한다. 그런데 도대체 왜 그런 걸까?

'나 없이는 돌아가는 게 하나도 없어!'

부모가 스트레스를 받고 있으면 아이는 직간접적으로 그것과 마주하게 된다. 지금 부모는 이렇게 생각할지도 모른다.

'내 스트레스에 죄책감을 느끼고 싶지는 않아. 내 잘못은 아니잖아!'

맞다. 진짜 불공평하다! 부모도 에너지가 고갈되길 바라지 않는다. 진이 다 빠져 있는 것도 싫고, 자극받고 있는 느낌도 싫다. 수면 부족, 직장, 사회적 압박, 다른 부모들과의 비교, 부모 스스로 갖는 기대 및 요구 사항들은 정복 불가능한 산처럼 보인다. 어쩌면 이것 말고는 다른 방법을 모를 수도 있다. 심지어 이미 일상이 되었을 수도 있다. 일상생활 속에서 부모의 머릿속을 내내 쫓아다니는 말들 가운데 하나는 분명 이것일 것이다.

'나 없이는 돌아가는 게 하나도 없어!'

맞다. 지금 참 많은 걸 책임지고 있다. 왜 이렇게 된 것일까?

앞 장에서 우리는 아이의 욕구들을 집중적으로 살펴보았다. 그런데 부모에게도 그런 욕구들이 당연히 있다. 바로 인간의 보편적인 기본 욕구들이다. 부모로서 주어진 과업을 잘 이행하려면 자존감의 향상과 통제라는 욕구는 최소한 충족되어야 한다. 바로 이 때문에 부모는 다른 사람들도 그 일을 해낼 수 있다는 사실을 쉽게 믿지도, 인정하지도 못한다. 그러면서 더 많은 스트레스를 받게 되고 그 스트레스에 점점 압도당한다.

통제의 욕구뿐만 아니라 다른 욕구들(애착, 방향 설정, 흥미 충족 등)에도 주의를 기울이자. 자녀와의 성공적인 의사소통을 위해 자신의 욕구들과 균형을 맞출 필요도 있다. '오늘은 너만을 위한 시간을 가져봐!'라고 스스로에게 속삭여주는 친절하고 건강한 내면의 목소리가 필요하다. 자기 돌봄self care은 스트레스로부터 부모를 보호해줄뿐더러, 스트레스와 마주했을 때 그것을 정복하는 데 필요한 고성능 도구들도 제공해준다!

스트레스는 대부분 눈에 보이지 않는다. 어쩌면 우리는 스트레스를 잘 감추며 '기능하는' 이들 중 한 명일지도 모른다. 잘 관찰해야만 스트레스에 직면한 부모들을 알아챌 수 있다. 겉으로 드러내지 않으면 특히 더하다. 그런데 눈에 보이지 않는 것들도 오래 계속되다 보면 그 사람과 주변 환경에 피해를 줄 수 있다!

아이는 가정환경 속에서 발달하기에 부모가 굳이 드러내 보이지 않아도 안녕하지 못한 부모의 상태를 느낄 수밖에 없다. 이는 관계도에 영향을 미친다. 부모의 스트레스 통이 넘쳐버리면 중요한 결정을 잘 내릴 수도 없고, 아이와 애정 넘치는 대화를 나누는 것도 거의 불가능하다. 더 견디기 힘든 건 아이가 부모로부터 보고 듣고 느낀 것을 그대로 따라 한다는 사실이다.

부모가 과부하 상태여서 "이제 입 다물어!", "너 바보야?" 같은 자극적인 말들을 내뱉게 된다면 아슬아슬하게 브레이크를 당기는 꼴이다! 아이는 스트레스를 극복하는 방법을 부모로부터 배운다. 스트레스를 인지하고 이에 대한 극복 전략을 연습할 만한 틀을 제공해주는 건 가족 체계가 유일무이하다. 스트레스가 오랫동안 이어지면 가족, 정신 건강, 더 나아가 삶의 질까지 저하된다.

부모의 스트레스 극복하기

부모가 아무런 비난도 하지 않고 자신과 마주하며, 일상생활 속 스트레스 지수를 줄이고, 같은 맥락에서 자신을 좀 더 잘 파악할 방법은 없을까? 부모 자신, 부모가 가진 욕구와 자원에 관해 좀 더 자세히 알아보고 싶다면 스스로와 '데이트'를 해보면 좋겠다.

스트레스 저울

스트레스를 유발하는 요인은 무엇인지, 그것을 스스로 어떻게 평가하는지 생각해보자. 스트레스 요인들은 요구 사항 접시에 올

부모의 스트레스 저울

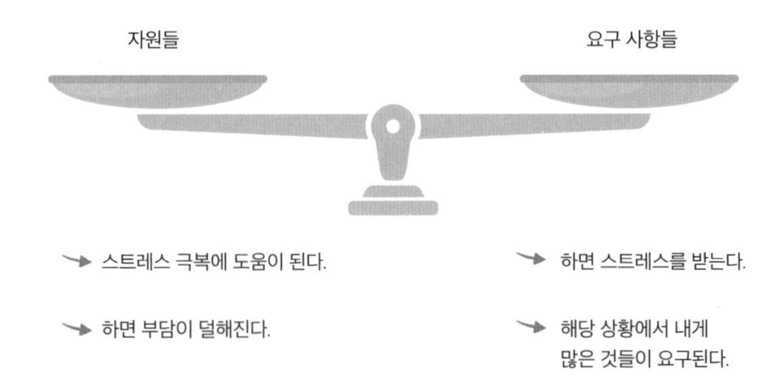

려놓고, 부모 자신의 자원들은 반대편 접시에 올려놓자.

다음의 카테고리에 맞춰 자신의 자원들에 관해 매일 메모해서 냉장고 문에 붙여두자.

- **'나는 중요해' 문장**: "나는 나 자신을 돌봐!", "내 욕구들은 중요해!" 등
- **힘을 얻게 되는 활동**: 긴장 완화 운동, 독서 등
- **요즘의 내 욕구**: 자존감 향상 등
- **요즘의 내 생각**: '오늘은 오로지 나만을 위해 운동할 거야!' 등

스트레스는 상대적이다. 사람마다 다르게 평가하고 받아들인

다. 이 사실을 알고 있는 게 도움이 될 것이다. 나에게는 스트레스이고 정서적 긴장감까지 유발하는 요인이 배우자에게는 별 게 아닐 수도 있다. 그렇기에 자신이 언제 어떻게 스트레스를 받는지, 반복되는 패턴은 없는지 주의를 기울여보는 게 좋다(예: 직장 생활이 월요일에 특히 더 힘들다는 생각이 든다면, 집안일도 유독 월요일에 더 많이 느껴진다). 그런 다음, 그것이 아이와의 애착 관계에는 어떤 영향을 미치는지 스스로에게 질문해보자. 집안일을 그냥 좀 내버려둔 채 아이의 말에 10분 정도 더 오랫동안 조용히 귀 기울여줄 수는 없는가? 오래된 습관들이나 지금껏 정해둔 우선순위들이 일상생활을 되레 힘들게 하지는 않는가?

부모들이 개인적인 스트레스를 극복할 방법이 2가지 있다. 하나는 스트레스를 극복하는 자신의 행동을 강화하는 방법이다. 또 다른 방법은 스트레스를 유발하는 상황을 직접 변화시켜 스트레스가 과도해지지 않도록 하는 것이다. 물론 스트레스와 과부하 상태를 유발하는 상황들은 늘 변화무쌍하다. 자신의 욕구를 충족시키고 일상생활 속에서 의도적으로 작은 휴식 시간을 가져보자(창문을 열고 신선한 공기를 마시며 커피나 차 마시기 등).

욕구와 스트레스 신호를 먼저 읽어내자

자신의 욕구를 세심하게 읽어내고 주의 깊게 다루는 전략을 습득하려면 다음의 질문들을 던져보자.

- 내가 인지하고 있는 욕구는 무엇인가?
- 충족시키기 쉬운 욕구는 무엇인가?
- 솔직하게 마주하는 욕구는 무엇인가?
- 나의 욕구에 관해 어떻게 의사소통하는가?
- 이에 관해 누구와 이야기하는가?
- 의도적으로 감추거나 억누르는 욕구도 있는가?
- 나의 욕구를 충족시키고 있는가?
- 나의 욕구를 세심하게 마주한다면 어떨 것 같은가?

가족들의 시간이 각기 어떻게 계획되어 있는지 분석해보면 스트레스 극복을 위한 훌륭한 전략을 찾아볼 수 있다. 가족 구성원들의 의무, 책임, 일정 등을 개괄적으로 살펴보자. 무엇이 중요한지, 불필요하게 '시간을 잡아먹는 것'은 무엇인지, 이에 대한 대책은 있는지 곰곰이 생각해보자. 주간 계획을 세우며 '힘의 출처'를 마련해보자. 이 계획들을 실천하기 위해 스스로 동기 부여를 해보자. 이 맥락에서 '느긋해지기slowing down'는 오늘날 진짜 자주 사용되는 용어다. 예를 들어, 부모 혹은 아이의 몸 상태가 좋지 않다면 아이의 운동 수업을 한번 취소할 수는 없을까? 또 이웃집 사람들과 교대로 아이들을 학교에 데려다줄 수는 없을까? 장담컨대 주간 계획을 실천하다 보면 지금껏 간과해왔던 것들이 눈에 보이게 될 것이다.

'소 잃고 외양간 고치기'보다 스트레스 신호를 일찌감치 알아채는 게 더 좋다. 잠재적인 스트레스 요인들을 적시에 인지하면 정신이 번쩍 들 뿐만 아니라 부모에게 '힘이 되는 자원들'도 잘 찾아낼 수 있다.

힘겨운 과제들과 맞닥뜨리면 사람들은 대부분 '나는 해내지 못할 거야!', '이것저것 다 해봤어. 아무것도 안 돼!' 등 부정적으로 생각한다. 이런 스트레스성 생각들은 스트레스의 악순환으로 우리를 계속 끌어들일 뿐, 문제 해결에는 아무런 도움이 안 된다. 그러므로 자신에게 유익한 자기 지지성 생각들('나는 해낼 거야!', '이 문제를 나중에 조용히 고민해보려면 우선은 거리를 둬봐야겠어!')을 시도해보자. 이런 '자기 대화'는 근본적으로 분위기를 바꿔줄 뿐만 아니라, 지금 마주한 힘겨운 상황에 무방비 상태로 내보내지지 않았다는 위안을 안겨줄 것이다.

내적 동반자의 목소리를 듣자

자기 돌봄은 나 자신을 친절하고 평온하게 마주하는 새로운 경험일 것이다. 그 이면에는 자신을 좋은 친구처럼 마주하며 지지해준다는 생각이 깔려 있다. 나의 내적 스포트라이트를 나의 내면에서 들려오는 사랑스러운 목소리에 잘 비춰보면, 지금껏 너무도 조용했고 작기만 했던 나의 공감적인 동반자를 만나게 된다.

나의 자존감을 높이려면 이 배려심 깊은 목소리를 매일 정확하게 활성화할 필요가 있다. 이 내적 동반자에게 나 자신은 소중한 존재다. 설령 나의 내적 목소리(독촉하는 자, 비평가, 모든 걸 파국으로 이끄는 자, 언제나 최악의 상황만 예상하는 자, 조화를 추구하는 자, 방해꾼 등)가 나에게 다른 걸 요구할지라도 나는 나의 욕구들을 충족시키고자 이 내적 동반자를 능동적으로 활성화할 수 있다.

가끔은 이 내적 동반자의 공감적인 목소리를 상상해봐도 좋다. 그 목소리는 이제 나의 행동과 생각에 엄청난 영향을 미칠 것이므로 나에게 작게 속삭이고 있다면 소리를 좀 더 높여보자. 그 목소리를 경청하는 형태나 대화하는 형태로 바꿀 수도 있다. 이 대화를 위해 시간을 갖자. 나의 내적 동반자가 들려주는 배려심 깊은 말들을 메모하자. 양치할 때마다 보도록 화장실 거울 등에 붙여놔도 좋다. 아이와의 도발적인 상황들에 직면했을 때, 내적 동반자는 어떤 말을 건넬지 곰곰이 생각해보자. 예를 들면 이렇다.

- '실수나 잘못은 지극히 인간적인 거야. 누구나 그럴 수 있어.'
- '너 자신과 네가 저지른 실수들에 대해 관대해져봐.'
- '넌 매일 무언가를 배우고 있어.'
- '부모로서 넌 노력하고 있어. 그걸로 충분해.'
- '좌절감을 느껴도 괜찮아.'
- '우리가 함께 잘 극복해낼 수 있을 거라고 나는 확신해.'

내적 동반자의 목소리가 들리지 않는다면, 왜 그런지 스스로에게 질문해보자. 이 목소리를 다시금 활성화하려면 의도적으로 다른 사람들을 깊은 배려심으로 바라보면 좋다. 종종 도움이 된다.

해결책은 곁에 있는 사람들로부터

문제, 즉 스트레스를 유발하는 상황을 스스로 어느 정도 변화시킬 수 있는가? 아니면 지금 스트레스로 생기는 감정에 휩싸여 있는가? 이는 금세 구분하고 파악할 수 있다.

예를 들어, 배우자에게 도움을 요청하는 것이다. 이때 그 사람은 나의 내면에서 벌어지고 있는 일을 이해할 수 있어야 한다. '내가 스트레스를 받고 있다는 걸 저 사람은 알고 있잖아. 왜 나를 도와주지 않는 거야?'라고 속으로 생각하는 것만으로는 충분하지 않다. 이는 '현 상황은 내게 너무 힘들어. 나는 당신과 당신의 도움이 필요해!'라는 의미로 해석하기에는 명확하지 않다. 이 말이 더는 나의 생각 속에서 배회하지 않고 입 밖으로 명료하게 내뱉어져 배우자가 또렷하게 듣게 되면, 내가 스트레스를 반으로 줄일 방법을 배우자가 알려줄 것이다. 이 상황을 어떻게 생각하는지, 스트레스를 완화할 방법에는 어떤 것이 있을지 한번 물어보자.

"우리가 함께 해결책을 찾아보는 일이 내게 정말로 중요해. 우리는 정말 좋은 팀이야."

그런데 사회적 지지는 배우자만 해줄 수 있는 건 아니다. 필요할 때는 주변의 다른 부모들, 이웃, 친구들, 다른 가족 구성원, 조부모, 베이비시터 등도 해줄 수 있다.

한부모 가족은 어떻게 스트레스를 극복할까?

지금껏 언급된 스트레스 감소 전략들을 실행해본다는 생각만으로도 홀로 아이를 키우는 엄마나 아빠에게는 부담일 수 있다.

그들은 이렇게 생각할 수 있다.

'내가 어떻게 느끼는지는 상관없어. 나는 참을 수 있어. 나는 내 아이를 위해 어떻게든 해내야 해!'

병원 진료 예약, 취미 생활, 학부모 모임 등 모든 게 모범적으로 계획되고 실행된다. 그런데 부모의 욕구는 누가 돌볼까? 아무도 돌보지 않는다. 그 욕구는 뒤로 밀려난다. 즉, '이를 꽉 물고' 젖 먹던 힘까지 다해 다음번 어린이집 파티를 위해 빵을 굽는다.

"내 아이를 위해서는 뭐든 다 할 수 있어."

그렇게 부모들은 중얼거린다. 다음 날 아침 아이의 얼굴에는 미소가 만연하고, 부모 자신의 삶 에너지도 100퍼센트 충전된다.

그런데 스트레스를 잘 견뎌내려면 이걸로 충분할까? 한부모 가족에게는 그렇지 않다. 이것도 사실 너무 어렵다. 스트레스를 떨쳐버리거나 부담을 줄이는 것, 혹은 자기 욕구를 충족시키는 게 이들에겐 '그냥' 되는 일이 아니다. 두 부모 가족이 당연하게 여기는 요구 사항이 싱글맘이나 싱글파파의 현실에는 맞지 않을 때가 많다. 설령 그런 바람이 있어도 실현하기 힘들 때가 적지 않다. 이럴 땐 그중 달리 바꿔보거나 조정할 수 있는 건 없는지, 가족을 위한 우선순위는 어떻게 되는지 곰곰이 생각해보자.

자신을 위한 휴식 시간을 의도적으로 가져보는 게 중요하다. 나의 에너지 창고를 채우기 위해서는 쉼이 꼭 필요하다. 그것도

'여분용 에너지 탱크의 불빛'이 빨간색으로 변해 깜빡거리기 전에 말이다. 휴식을 취할 때는 정말로 나의 긴장을 풀어주며 나의 기분을 고양할 일을 찾아봐야 한다. 이렇게 휴식할 때면 아이를 위한 무언가나 집안일을 '빨리' 끝내버려야겠다는 유혹에 빠질 때가 많다. 그러지 말자. 건강한 이기주의는 자신의 욕구가 희생되지 않게 해주고 자신을 돌보라고 자극한다. 제일 좋은 건 집을 벗어나 자연 속에서 쉼을 가지는 것이다. 그래야 해야 할 집안일로부터 유혹당하지 않는다.

한부모 가족들끼리 서로서로 지지해주는 것도 종종 도움이 된다. 심지어 집까지 나눠 쓰면서 생활비를 절감하고 서로의 부담을 덜어주는 부모들도 있다. 한부모 가족을 위한 지원책이 훨씬 더 많이 마련되어야 한다. 아이를 돌볼 다른 방법이 없어 부모에게 꼭 필요한 의학적 조치를 미루는 상황은 없어야 한다. 그러면 신체적, 정신적 건강 모두 나빠진다. 게다가 스트레스 및 부담이 오랫동안 계속되면 번아웃 상태에 빠진다. 긴장을 이완하고 정신적 문제들을 방지하기 위해 각자에게 맞는 적절한 지원 조치(아이와 동반 입원이 가능한 병원, 엄마와 아이가 함께하는 돌봄센터 등)를 제때 준비해둬야 할 것이다.

더 읽을거리

한부모 가족을 위한 조언

사회복지사이자 상담가이자 싱글맘인 스테파니 델만Stefanie Dellmann이 싱글맘, 싱글파파에게 추천하는 사항들을 정리했다.

1 웹 사이트를 통해 가사 도우미나 베이비시터 등을 찾아볼 수 있다. 직접 구인 광고를 낼 수도 있다.
2 스트레스를 지나치게 많이 받지 않으려면 인접한 날짜의 일정들을 잘 조직하여 계획을 세우면 좋다. 필요에 따라서는 자신의 요구 조건을 달리해보자. 어린이집에 반드시 직접 구운 빵을 보내야 할까? 아이가 취미 활동을 여러 개 해봐야 할까? 이번 주에 할 일이 많다면 몇몇 일정을 취소할 수 없을까?

3 네트워크를 형성하여 다른 한부모 가족들과 교류하자. 서로 이해하며 도와주다 보면 스트레스 지수가 감소할 수 있다.

4 나의 시간 및 경제 계획을 통해 가족의 일상을 잘 통제해보자. 한 달 수입과 지출 사항을 요약하면서 식료품이나 휴가 등을 위해 사용 가능한 자금은 어느 정도인지 예측해보자.

5 유치원, 학교 등에서 아이의 선생님들과 소통하자. 아이가 방과 후 돌봄 수업에 참여할 수 있는지, 혹은 맞춤반을 종일반으로 늘릴 수 있는지 함께 의논해보자. 돌봄 관련 시설에서 아이가 몇 시간 오랫동안 머무르다 보면 부모들은 죄책감을 자주 느낀다. 그런 죄책감을 어루만지며 나에게는 일, 처리해야 할 작업, 일정들이 있기에 그 시간이 꼭 필요하다고 자기 자신에게 친절하게 말해도 괜찮다. 하루가 끝날 무렵 많이는 아니나 아이와 편안하게 보내는 시간이 정신없이 보내는 몇 시간보다 훨씬 더 낫다.

6 일상생활 속에 루틴을 만들어보자. 밤에 편안하게 쉬거나 긴장을 어느 정도 낮출 수 있다(6장의 '잠자는 시간' 참고).

7 친척이나 이웃, 혹은 다른 부모들에게 도움을 요청하자. 어쩌면 가장 어려운 일일 수도 있다. 하지만 아이에게 타인의 도움을 통해 '문제'가 해결될 수도 있음을 가르쳐줄 수 있다. 그러면 아이도 부모에게 쉽게 도움을 요청할 것이다.

자기 돌봄:
나를 지지하기

부모들은 아이와 양치할 때 치아를 건강하게 돌보려면 지금이 제일 중요한 때라고 말해주고 싶다. 그래서 어떤 부모들은 그 점을 명확하게 가르쳐주려고 아이에게 '조그마한 설탕 괴물들' 이야기를 들려주곤 한다. 그렇다면 이 이야기를 우리 부모들의 스트레스 맥락 속으로 가져와보면 어떨까? 부모의 스트레스 지수를 낮추기 위해 일상생활 속 작은 괴물들에게 시선을 돌려보는 것이다. 그러면 순간순간 받는 압박들을 쉽게 떨쳐버릴 수 있다. 이 괴물들은 온종일 부모들을 따라다닌다. 바로 시간 괴물, 수면 괴물, 영양 괴물, 완벽주의 괴물이다.

온종일 따라다니는 괴물들

시간 괴물

부모의 소중한 시간을 잡아먹는 시간 괴물을 알고 있는가? 만약 이 괴물이 더는 존재하지 않는다면 어떨까? 그렇다면 뭐가 달라질까? 무엇을 위해 부모는 더 많은 시간이 필요할까?

부모의 모든 시간 괴물들 목록을 작성해보자. 즉, 부모의 소중한 시간(몇 분, 혹은 심지어 몇 시간)을 잡아먹는 습관이나 일을 적어보자. 목록을 모은 다음, 괴물들에게 빼앗긴 시간을 어떻게 하면 되찾을 수 있을지 한번 고민해보자.

수면 괴물

밤에는 잠을 못 자고 낮에는 쉬질 못한다면, 금세 과부하 상태에 놓일 것이다. 제때, 그것도 아이와 같은 시간에 잠자리에 들 수 있다면 도움이 되겠는가? 부모들은 자다가 중간에 깨건, 아이가 너무 일찍 일어나건 상관없이 저녁 시간에는 '나(혹은 우리)만의 시간'을 갖길 바란다. 그런데 가끔은 뭘 하는 대신 잠을 자는 것도 괜찮다. 잠을 좀 더 많이 잔 부모의 세상은 어떤 모습일까? 다음 날 아침 아이에게 어떤 인사를 하고 싶을까?

우리 부모들에게 도움이 되는 건 뭘까? "아기가 자면 당신도 자라"라는 옛말은 틀린 게 하나도 없다. 설령 말처럼 그렇게 쉽지 않더라도, 특히 다자녀 가정에서는 어림도 없는 소리일지언정 진짜 유익한 조언이다. 부부가 서로 교대하거나, 지인과 친구들의 도움을 받는 건 어떨까? 그런다고 살림살이가 어디로 도망가는 건 아니다. 가족들은 엄청나게 깨끗한 집보다는 충분한 휴식을 취한 부모를 더 원한다. 깊은 잠에 빠질 수 없는 상황일지라도 조금은 휴식을 취해보자. 그렇게 해도 몸은 상당히 회복된다.

수면 부족과 우리 몸은 상관관계가 있다. 수면은 임신 기간부터 이미 예비 엄마들에게 중요한 주제다. 출산이 임박할 무렵 산모 중 54퍼센트가 나빠진 수면의 질 문제를 호소하며, 출산 이후에는 3분의 2 이상(약 67퍼센트)이 수면 문제를 겪는다. 이는 산모의 나이가 많을수록 더 심한 경향이 있다. 유감스럽게도 부모들은 꽤 오랫동안 이런 수면 문제를 겪고 있다. 심지어 아이가 태어난 지 6년이 지나도록 부모들의 수면 시간은 감소해 있다.

Tip 수면 부족의 문제점

수면 부족은 주의력, 기억력, 충동 조절, 감정 조절 등에 부정적인 영향을 미친다. 더 나아가 사회적 관계와 면역 체계에도 부정적인 영향을 준다. 이 영향은 아이들에게서도 찾아볼 수 있다. 예를 들어, 잠을 충분히 잔 아이들은 그렇지 않은 아이들보다 감정을 좀 더 잘 조절할 수 있다. 우리 어른들도 너무 피곤하면 감정을 잘 조절하지 못하지 않는가. 게다가 수면 시간이 증가하면 아이의 몸에 긍정적인 효과들이 나타난다(예: 키가 크고, 덜 다친다).

영양 괴물

시간 및 수면 부족으로 부모들은 영양 섭취에 거의 신경 쓰지 않는다. '음미함' 없이 '빨리빨리' 먹는다. 식사를 준비하는 시간은 성가시기에 피자 같은 배달음식을 즐겨 주문한다. 가끔은 피자 주문이 스트레스를 줄이는 데 유익하고 편안한 방법이 되기도 하지만, 장기적인 해결책은 아니다. 주간 메뉴 계획을 세워보는 건 어떨까? 즉, 요리 방법과 더불어 장을 봐야 할 물건들 목록을 일요일마다 기록하는 것이다. 미리 만들어두기, 얼려두기, 건강한 음식을 주문할 포털 사이트 찾아보기 등도 해당한다. 그러면 시간도 절약되고 옛날 패턴들도 깨뜨릴 수 있다. 또한 오늘은 뭘 먹으면 좋을지 고민할 일도 없어진다. 아이와 함께 계획하는 게 제일 좋다. 매주 업데이트할 메뉴 계획판을 아이와 같이 만들어보자.

완벽주의 괴물

스트레스는 이른바 '완벽한' 부모가 되겠다는 결의, 혹은 이를 위한 우선순위에서 주로 비롯된다. 부모로서 갖춰야 할 모습(늘 적극적인 모습, 자기 욕구는 뒤로 미루는 모습, 직장에서 성공한 모습 등)에 대한 자신의 생각은 대개 타인의 기대치로 특정되거나 영향을 받을 때가 많다. 항상 제대로 해내길 바라는 이런 노력은 되레 부모로부터 많은 에너지를 빼앗아 갈 수 있다. 지금껏 품어왔던 부모로서의 결의들을 한번 되돌아보는 건 어떨까? 스트레스를 주는 부모 역할에 대해 편지를 써보자.

요구 사항이 많은 부모인 나에게…

요즘 네가 나를 굉장히 비판하고, 힘들게 하고, 비난까지 한다는 걸 나는 알고 있어. 추측건대 그건 내가 다른 근거들을 작성하기 때문일 거야.

나는 이제 부모 역할에 대해 네가 바라는 요구 사항들을 더는 따르지 않을 거야. 내가 바라는 부모 역할은 쉽게 구체적인 설명을 해주는 거야. 그런데 내 바람은 너의 지나친 요구 사항들과는 동떨어진 것들이지. 네가 원하는 요구 사항들은 나 자신과 내 주변 환경과 공감적으로 소통하는 걸 방해해.

다시 더 많은 힘을 갖추기 위해 나는 내가 바라는 부모의 모습은 어떤 건지, 앞으로 어떤 모습을 갖춰 나가야 할지 계속 생각해볼 거야.

요구 사항으로 가득한 너의 목소리를 처음에는 며칠 동안, 그

다음엔 몇 주 동안 작게 줄여둘 거야. 네 마음에는 들지 않겠지. 내가 너를 영원히 놓지 못할 수도 있어. 하지만 네 목소리 크기를 줄여둔다면, 그저 조금만 들리게끔 해둔다면 너는 나를 더는 방해하지 못할 거야.

나 자신을 지지해주는 연습

다음은 스트레스 반응으로 나타날 수 있는 감정, 신체적 흥분, 생각들을 통제하는 데 도움이 되는 요법들이다.

마음을 다스리는 마음챙김

명상이 도움이 된다는 말은 자주 들어봤어도, 지금껏 제대로 해본 적은 없을지 모른다. 그렇다면 이 기회에 마음챙김을 기반으로 한 스트레스 완화 방법을 시도해보라고 진심으로 권유하고 싶다. 물론 어느새 시간 괴물이 불쑥 나타나 지금 이럴 시간이 없다며 압박할 것이다. 그러면 이제는 나 자신을 잘 돌보고 싶다고, 명상에는 시간이 아닌 마음가짐, 즉 변화된 자세가 필요한 거라고 그 괴물에게 말해주자. 마음챙김을 통해 스트레스 및 불안 증상들, 그리고 멈추지 않는 이런저런 생각들을 차차 줄여 나갈 수 있다. 아침마다 온 정신을 모아 행하는 샤워 등 작은 활용법도 있다. 이때 그 순간에 집중하면서 이런저런 생각들에 좌우되지 말자. 피부에 닿는 따뜻한 물줄기 등을 느끼며 자신을 지각하는 법을 재훈련해보자. 그러면 삶 속의 수많은 작은 순간들을 그저 흘려보내지 않고 제대로 인지하는 법을 배울 수 있다.

아이와 나누는 아름다운 대화들도 다른 시각에서 다르게 지각할 수 있다. 아이의 분노 폭발도 놀이 속 행복한 고함처럼 들릴 수 있다. 이 훈련을 통해 지금 이 순간에 머무를 수 있게 되고, 긍정적인 생각 및 감정뿐만 아니라 부정적인 것도 인지할 수 있게 되면서 그 감정을 변화시키는 법을 배워 나가게 된다. 일상생활 속 스트레스에서 벗어나고, 주변을 바라보는 관점을 바꾸고, 아이를 향한 '머리와 가슴'을 지니고, 아이가 꽃을 피우는 모습을 바라보고, 그런 아이의 '꽃피움'을 나의 평온함으로 도와줄 수 있다는 것, 그것은 엄청난 수확이다.

에너지 충전소

이 활동은 실상 시간이 거의 없을 때도 온종일 계속해서 힘을 비축할 에너지 충전소를 찾는 데 도움이 될 것이다.

먼저 나에게 힘과 에너지를 주는 것을 곰곰이 생각해보자. 각각의 활동에 얼마나 많은 시간이 필요한지도 함께 메모해두자.

어떤 활동에 2분, 5분, 10분, 혹은 30분 정도의 시간이 필요한지 관련 목록을 작성해보자. 물론 일상생활 속에서 예측 가능한 시간적 여유에 따라 1시간이나 그 이상의 시간이 필요한 활동들도 기록할 수 있다. 아이와 함께 할 수 있는 활동에는 별표를 해두자. 다른 활동들은 오로지 나만을 위한 고요한 순간에 실행한다. 이제 시간대별로 최대로 가능한 활동들을 고민해본 다음, 나의 일상생활 속 에너지 충전소로 각각 계획해보자. 아침에 일어나 5분, 저녁 식사 전 2분, 아이가 잠든 뒤 10분 등으로 말이다.

이렇게 실행해볼 수 있다. 창문을 열어놓고 2분간 깊게 호흡하거나 요가 자세를 취할 수 있다. 좋아하는 음악을 틀고 5분간 춤을 추거나 노래를 부를 수 있다. 10분간 책을 읽거나 뒤죽박죽 얽혀 있는 생각들을 메모할 수 있다. 시간적 여유가 있다면 산책하거나(아니면 한 정거장 정도는 걸어가거나 자동차 대신 자전거를 이용한다), 쉼을 위한 여행, 명상, 운동, 취미 생활 등을 해봐도 좋다.

일상생활 속에서 신선한 바람을 쐬고, 컴포트존을 벗어나보고, 완전한 변화를 취하고자 여러 다양한 행위를 시도해보자. '벗어나기' 위해 반드시 긴 휴가를 떠나야 하는 건 아니다. 짧은 소풍, 옛 친구와의 만남, 시가지 관광, 박물관 방문 등도 충분히 보상 기능이 있을 수 있다.

부모가 물려받은
오래된 상처들

이제부터 언급할 주제들 가운데 몇몇은 우리의 무의식 속에서 무언가를 끄집어낼 수 있다. 우선 이 사실을 유념하길 바란다. 유년기의 기억이나 해결되지 못한 갈등에서 비롯된 감정들은 엄청나게 강력할 수 있다. 이 내용을 혼자서는 도저히 감당할 수 없을 것 같다면 전문가의 도움을 받아보길 바란다.

다툼이나 갈등 상황에서 이런 생각이 떠오른 적이 있는가?

- '나는 왜 매번 이런 상황에 휘말리는 거지?'
- '나는 여기서 벗어날 수 없어.'
- '어째서 나는 이렇게 생각하는(느끼는/말하는/행동하는) 거지?'

- ‘힘든 상황에 내가 과민반응하는 건가?’
- ‘이번에는 진짜 다르게 반응하고 싶었어!’

어떤 사람들은 운명에 그 책임을 돌릴 수 있다. 하지만 지금껏 그들의 무의식 속에 감춰져 있었던 것들이 의식될 때까지, 딱 그 시점까지만 그럴 것이다.

현재 자신에게 있는 각인들(뒤에서 ‘본보기’, ‘안경’, ‘도식’ 등의 동의어로도 언급)을 아이의 출생을 통해 비로소 느끼게 되는 부모들이 많다. 양육에 관한 신념들(내면화된 관점과 확신)은 무의식 속에 깊이 자리해 있다가 현재의 내가 생각하고 느끼고 행동할 때마다 영향을 미친다. 예전에 부모와 보낸 어린 시절의 기억들이 현재 나의 의사소통을 결정할 수 있다. 유년기 시절, 나의 애착 대상이 나의 기본적인 정서적 욕구를 적절하게 충족시켜주거나 지지해주었다면 의사소통과 관련된 각인들은 ‘긍정적’일 것이다. 나의 내적 탐조등은 긍정적인 것에 더 초점을 맞출 것이고, 아이와의 의사소통은 위태로운 상황에서도 잘 맞춰 돌아갈 것이다.

부모, 교사, 친척 등 다른 애착 대상들과 가졌던 긍정적인 의사소통의 각인들은 아이와 관련된 힘겨운 갈등 상황에서도 저항력을 갖춘 기반, 일종의 ‘보호 패드’가 되어준다. 자신이 행하고 있는 부모 역할이 불만족스럽게 여겨져도 이런 각인들이 나타날 때가 있다. 각인들의 영향력은 통제되지 않는 분노 폭발이나 무뎌진 부모 감정을 통해서도 파악할 수 있다. 과잉반응하는 이유나 아이의 감정을 잘 받아줄 수 없는 이유를 스스로에게 질문해보자. 그러면 자신의 각인들을 좀 더 깊게 들여다볼 수 있을 것이다.

신념이란 무엇인가

우리 신념의 배경에는 부모 등 가장 가까운 애착 대상과 겪었던 힘겨운 일들이 자리해 있을 것이다. 이는 부모의 부모, 그러니까 조부모에 의해 다시금 부정적으로 각인됐을 수 있다. 이를 우리는 여러 세대에 걸친 대물림transgenerational inheritance이라 명명한다. 신념은 한 세대에서 다음 세대로 계속해서 이어질 수 있다. 조부모나 부모의 의사소통 방식을 떠올리면 나의 의사소통 패턴이 다수 보일 것이다. 누구나 한 부모의 아이이기에 특정한 행동방식, 사고방식, 신념을 '유산'으로 물려받았을 것이다. 대화 방식 또한 한 예로, 그 이면에는 특정한 인생관까지 담겨 있을 때도 많다.

부모, 조부모, 주변의 다른 사람들이 대화하는 방식을 아이들은 특히 출생 후 처음 몇 년 동안 어떤 '필터링'이나 '의구심' 없이 있는 그대로 받아들인다. 애착 대상이나 자신에게 영향을 미치는 마음속에 이런 생각들이 굳어져 있진 않은가?

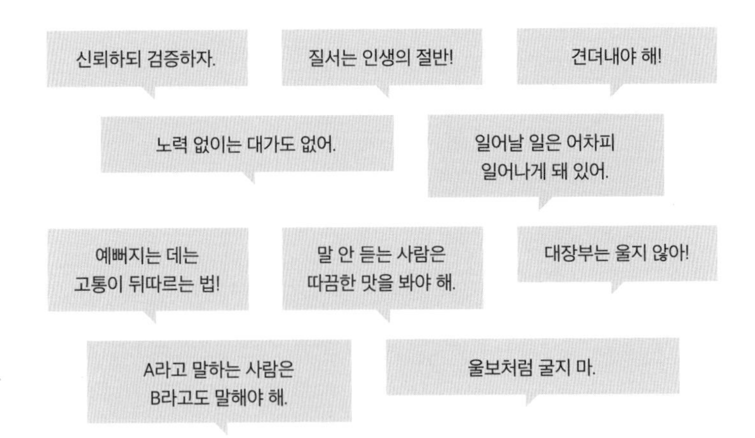

사람들이 다정하게 의사소통하고 그 모습을 아이가 관찰하게 되면, 이는 내면의 긍정적인 목소리와 신념으로 자리하게 된다. 즉, '나는 소중해' 같은 긍정적인 도식을 형성한다. 자기 자신과 세상에 관한 이론들이 일상생활 속 의사소통과 상호작용 방식을 통해 생겨나는 것이다. 이렇게 만들어진 안경을 쓰고 아이는 이 세상을 바라보게 된다.

자신이 소중하다고 인식되는 상황을 자주 접할수록 아이는 '나는 소중해' 안경을 더 자주 쓰게 되며, 이에 상응하는 긍정적인 경험도 계속 쌓아가게 된다. 자신이 소중하다는 반복 경험을 통해 이 신념은 아이의 뇌에 '새겨지게' 되고, 이와 유사한 상황이 발생하면 무의식적으로 자동 재생된다. 특정 경험들로 인해 우리는 '신념' 안경들("나는 안 소중해!" 등등)을 쓰게 되고, 그러면 이 신념들에 힘을 실어주는 것들이 되레 더 자주 눈에 들어오게 된다.

그런데 '나는 내가 소중하다고 생각해' 안경을 쓰면 이 감정과 생각이 옳음을 보여주는 상황들이 '마법처럼' 다가온다. 그러면서 아이를 자극하고 강하게 해주는 내적 대화들이 이루어진다. 거듭 반복되는 의사소통과 상호작용 경험에서 실용적이거나 오히려 제약적인 '경험' 안경들이 만들어지는 것이다. 예를 들어, 예전에 부모가 아주 엄격한 방식으로 소통했고 어떤 반항도 허락하지 않았다면, 현재의 나는 나 자신을 종속적인 위치에 두고 욕구들을 늘 억제해왔을 것이다. '내 욕구들은 중요하지 않아' 안경을 쓰고 자신을 소홀히 해왔을 수도 있다.

이런 신념은 부모나 다른 애착 대상들과 잘 지내기 위해 이런 유형의 '안경'이나 '필터'가 꼭 필요했던 그 시점에 생겨난다. 자신을 맞춰 나가야 하는 거다. 그런 신념이 지금 일상 속에서 나를 억제하거나 내 자아에 엄청난 영향을 미친다면, 이렇게 내면화된 신념을 바꾸고 싶지는 않은지 한번 고민해보자. 여러 세대에 걸친 대물림 역시 끊어질 수도 있고, 멈출 수도 있고, 심지어 달라질 수도 있기 때문이다.

그런데 부정적인 신념이라고 해서 모두 바뀔 필요가 있는 건 아

세대에 걸쳐 대물림되는 신념들

니다. 한 예로, '내 욕구들은 중요하지 않아'라는 생각에서 한발 더 나아가보면 내 욕구는 늘 뒷전으로 밀어둬야만 했던 경험, 바로 이 신념으로 인해 부모는 아이의 욕구에 더 세심하게 반응하고 사려 깊은 의사소통의 중요성을 늘 마음에 새겨두게 된다.

나와 아이에게 질문해보기

앞의 그림에 나와 있듯이 신념은 세대에 걸쳐 대물림될 수 있다. 이때 긍정적인 것뿐만 아니라 부정적인 것도 '물려주게' 된다면, 이로 인해 힘들다면, 그리고 더욱이 아이와의 관계에도 영향을 미칠 수 있다면, 이는 자기 성찰이 필요하다는 신호로 봐도 좋다. 자기 성찰은 자기 자신, 자녀와의 관계, 더 나아가 부부 관계를 위해 새로운 의사소통 경험을 다양하게 해볼 기회가 될 것이다.

시간을 내어 다음의 질문들로 아이와 대화해보자(아이가 약 5세일 때부터). 이때 아이의 대답들을 곰곰이 생각해보자.

- "내가 너한테 어떤 말을 자주 하니?"
- "오늘 내가 네 말을 경청했니?"
- "나는 너한테 상냥하게 말하니?"
- "나는 누구와 상냥하게 이야기하니?"
- "어떤 말이 좋니?"

아이가 아직 어리거나 언어적으로 표현하기 어려워하면, 아이의 관점에서 어떤 대답들이 나올지 스스로 생각해보자.

이번에는 최소 5분은 시간을 내어 다음의 질문들에 답해보자. 질문 몇 개만 골라도 좋다. 때론 눈을 감는 게 더 나을 때도 있다. 그러면 '여행'이 시작될 것이다. 어떤 이미지와 감정이 올라오는가? 어떤 상황이 떠오르는가?

- 나의 유년기에서 여전히 기억나는 긍정적인 말들은 무엇인가? 기억 속에 부정적인 말들도 있는가?
- 어떤 말들에 감사하는가?
- 유익한 신념에는 무엇이 있는가?
- 일상생활 속에서 나를 자극하는 안경과 필터는 무엇인가?
- 친절하거나 공감적인 내면의 목소리를 알고 있는가? 만약 그렇다면 그 목소리는 언제 주로 들리는가?
- 유년 시절에 사람들은 나의 말을 들어줬는가?
- 말을 시작하면 끝맺음까지 가능했는가?
- 부모의 말에 반대하며 의견을 주장할 기회가 있었는가?
- 나의 부모는 내 말에 귀 기울여줬는가?
- 나의 바람들은 진지하게 여겨졌는가?
- 가족들 간에 말참견도 가능했는가?
- 나의 말이 나 자신에게 해가 됐다고 느낀 적이 있는가? 그렇다면 이유는 무엇인가?
- 그 감정들에 관해 이야기해본 적이 있는가?
- 어떤 내적 신념들을 가지고 있는가?
- 지금껏 삶에서 나를 해친 말들이 있는가?
- 나 자신과 어떻게 이야기를 나누는가? 나에 관해 나는 어떻게 이야기하는가?

지지적인 신념이건, 방해만 되는 신념이건 그 표현의 초석은 유년기에서 비롯된다. 자기 성찰을 통해, 혹은 유년기에 대한 회상을 통해 이제는 내가 학습했거나 익숙해진 언어 패턴이 분명해졌을 것이다. 그런데 이 작업이 그렇게 쉬운 건 아니다. 자기 생애에 관한 비판적인 분석은 자기 부모가 보였던 행동방식과 표현에 의문을 가지는 것을 전제로 행해진다.

그런데 지금 우리에게 중요한 건 누구에게 책임이 있냐고 손가락질하며 그 책임자를 찾아내는 게 아니다. 부모와 자녀의 관계에 대한 인식 정도에 이른바 '필터'처럼 영향을 미치는 각인들을 파악하여 현재 나의 행동을 바꾸는 것이다. 의사소통은 생각과 감정, 소위 내면적 대화(자신과 이야기하는 방식)뿐만 아니라 단어 선택, 표현, 억양, 손짓과 발짓, 표정 등 외현적 대화(다른 사람들과 대화하는 방식)도 만들어낸다.

현재 시점에서 아이와 이야기를 나누던 중, 아이가 무의식적으로 부모가 가진 '내면의 서랍들(도식들)'을 열어 '예전의' 감정과 기억, 감각을 작동시키면, 부모는 '오래된' 유년기 영화 속에 갇힌 느낌이 든다. 그런 활성화 단계 때 부모는 무력해지거나 화가 난 아이처럼 자신의 아이에게 반응한다고 이야기한다("아이에게 나도 모르게 그냥 소리를 질러버렸어요!"). 이 무의식적으로 자동 발사되는 '레트로 유년기 영화'를 멈추고 아이에게 적절한 반응을 보이려면

'오래된 상처들'을 인지하고 현재의 의사소통을 위한 새로운 방식을 찾아내면서, 가능한 한 그것을 '치료'까지 해야 한다.

'물려받은 것'을 명확하게 알자

내가 '물려받은 것'을 명확하게 아는 게 왜 그토록 중요한지, 어떤 '내면의 서랍들'이 있는지 살펴보자. 그런데 서랍들이 너무도 많기에 다 설명하기란 힘들다. 그래서 사례와 함께 3가지 영역으로 제한해서 이야기하고자 한다.

'내면의 감정' 서랍

한 아이가 넘어져 운다. 아이의 아빠는 아이에게 달려가 위로하는 대신 아이를 혼낸다. 아이는 불안해졌고 울음을 뚝 멈췄다. 아빠의 이런 반응은 어디에서 온 걸까? 이 아빠는 어렸을 때 위로를 받지 못했다. 그 시절 "다 큰 사내는 고통이라는 걸 모르는 거야!", "남자는 울지 않아!" 등 감정을 경시하거나 하찮게 여기는 태도가 당시 아빠의 적절한 감정 조절을 방해했다. 이런 신념들을 아빠의 부모가 아빠에게 심어주었고, 이 아빠는 의도적으로든 무의식적으로든 그런 신념들을 활용할 수 있는지와는 상관없이 현재 자기 아들과의 관계에 해를 입히고 있다. 아빠의 어린 시절 경험들은 부모로서의 생각, 감정, 행동에 영향을 미치고 있다.

발단: 아빠의 부모는 '냉정한' 편이며 감정을 경시한다.
부모의 메시지: "사내아이는 아파하지 않아!"

어렸던 아빠는 부모의 요구 사항을 제대로 이해하려고 애쓴다.

- **참기**: '내겐 선택의 여지가 없어. 내 감정을 다스려야 해.'
- **금지하기**: '그런 감정이 발생할 상황들을 막아야 하고, 그런 감정이 올라오지 못하게 해야 해.'
- **보상하기**: '다른 사람이 감정을 내보이면 비웃어줄 거야.'

아빠는 어렸을 때부터 '감정은 나를 약하게 해' 안경을 써왔다. 그는 부정적인 감정뿐만 아니라 긍정적인 감정도 억누르며 감정을 거부하는 법을 습득해왔다. 그렇게 그는 성장했고, 적어도 자신의 아이가 태어났을 때는 그 안경을 인식하게 됐을 것이다. 이제 아들이 감정을 드러내 보일 때마다, 아니면 다른 아이들이 자기감정을 걸러내지 않고 모두 표현할 때마다 아빠는 '감정은 생각을 약하게 해'라는 방아쇠를 당길 것이다. 정서적 소통이 손상됐기에 아빠는 아들에게 적절하게 반응해주지 못한다. '나는 정서적으로 속박되어 있어'라는 도식과 '감정을 내보이면 안 돼!'라는 신념이 작동하기 때문이다. 이런 식으로 패턴은 계속 이어진다.

'내면의 생각' 서랍

또 다른 부모를 보자. 이 부모는 아이가 물건들을 빠르게 정리하거나 밥을 빨리 먹을 때, 즉 자기들이 기대했던 행동을 보일 때만 아이를 칭찬해준다. 그 순간에 아이는 이렇게 생각하게 된다.

'내가 소중해지려면 부모님을 기쁘게 해드려야 해!'

발단: 부모는 '기대했던' 행동에 대해서만 아이를 칭찬해준다.

부모의 메시지: "늘 우리가 말한 대로 행동해서 참 멋져!"

아이는 부모의 요구 사항을 제대로 이해하려고 애쓴다.

- **참기**: '엄마 아빠가 기대한다고 생각되는 행동들을 나는 항상 할 거야.' '칭찬받을 때만 내 행동이 가치 있는 거야.'
- **금지하기**: '내가 맞춰가야 해. 눈에 띄지 않게 노력해야 해.'
- **보상하기**: '다른 사람들의 관심과 인정을 받기 위해 노력하자.'(예: 반에서 제일 웃긴 아이 되기)

아이는 이제 '모두에게 기쁨을 주어야 해' 안경을 썼다. 성인기에 접어들면 이런 생각이 피해를 줄 수도 있다. 아무런 인정을 받지 못하면 허무함과 불안감을 느낄 수도 있기 때문이다. 이제 이 사람의 자긍심은 타인의 반응에 달려 있다. 자기 아이와의 관계에서도 '인정'에 대한 욕구와 그 일부인 '다른 사람들의 마음에 들어야 해'라는 관점이 활성화한다. 아이가 "아빠는 바보야"라고 말하면, 대개 과잉반응하며 그 말을 거부로 간주할 것이다.

'내면의 행동' 서랍

장녀인 여자아이가 있다. 이 아이는 어린 동생들을 잘 보살펴야 했다. 엄마 아빠 모두 직장을 다녔고 육아에 종종 지쳐 있었다. 부모는 다른 사람들의 행복을 보살피는 일이 얼마나 중요한지를 이 여자아이에게 거듭 설명했다.

발단: 부모는 '과부하에 걸린 상태'다.

부모의 메시지: "일이 우선, 보상은 그다음."(하지만 보상받을 시간은 언제나 없다.)

아이는 부모의 요구 사항을 제대로 이해하려고 애쓴다.

- **참기**: '내 욕구를 돌볼 여유는 없어. 다른 사람들의 욕구를 신경 써야 해.' '다른 사람들을 도울 직업을 찾아야 해.'
- **금지하기**: '밀접한 관계는 거부해야 해.'
- **보상하기**: '다른 사람들을 위해 내가 그토록 많은 시간을 투자한 걸 그들이 충분히 알아주지 않으면 난 실망할 거야.'

이 아이는 '나를 희생해' 안경을 썼을 것이다. 엄마가 되어 아이와 함께할 적에도 흔히 '자기희생' 도식을 작동시켰다. '나는 이기적이면 안 돼'라는 신념이 크게 메아리친다. 또 아이의 모든 바람을 충족시켜주고 자신의 욕구는 거의 인식하지 않는다. 그럴 시간조차 없다. 모든 걸 혼자 감당해내려고 애쓰기에 순식간에 불안해지고, 순식간에 기진맥진한 상태가 된다.

현재 아이를 대할 때 이런저런 의심쩍은 반응이나 '과잉반응'을 보인다면 분명 어떤 도식 하나가 활성화됐을 것이다. 그것을 부모들은 볼 수 없다. 화를 낸 방식 등 반응만 알 수 있을 뿐이다. 이때 부모들은 자신이 가진 '내면의 서랍들'이 언제 열리고, 어떤 감정들이 올라오며, 어떤 내적 대화와 생각들이 펼쳐지고, 어떤 행동 도식들이 나타나고, 더 나아가 아이와 함께하는 데 그 모든 것이 어떤 영향을 미칠 수 있는지 알고 있어야 한다.

'내면의 서랍들(유년기의 각인들)'은 아이가 큰 소리로 부모와 이야기를 나누는 격정적인 대화 상황에서 자주 열린다. 이때 부모는 '예전의 경험'으로부터 압도당했기에 과잉반응하며 아이에게 고함을 질러댈 수 있다. 아이는 (어쩌면 자기 견해를 밝히고 싶어서) '그저' 큰 소리로 말했을 뿐이고, 부모는 아이와 그저 잘 함께하고 싶을 뿐인데 결국엔 공감적으로 아이를 대해주지 못한다.

이처럼 부모의 생물학적 경험들이 현재 자녀와의 관계에 영향을 미치고 있다. '내면의 서랍들'에는 생각만 있는 게 아니다. 감정, 행동, 신체 지각도 '도화선'에 의해 작동된다. 유년기 시절 중요했던 도식들이 지금 배우자나 아이와의 의사소통에 부정적인 영향을 미친다고 생각한다면, 1) 이 맥락을 인지하고, 2) 새로운 극복 전략을 찾아내고, 3) 필요 시 심리치료를 받는 것이 좋다. 이런 자각을 통해 지금껏 일그러지고 엇갈려왔던 자녀와의 의사소통 방식이 바뀔 수 있다. 이는 배우자와의 관계에도 도움이 된다.

새로운 극복 전략을 찾는 노력

지금 아이와 고군분투 중이다. 그런데 아이에게 과잉반응을 보였다고 생각한다. 이제부터는 완전히 다르게 반응하겠다고 굳게 마음먹었건만 다시 실패로 돌아간다. 상황은 내면에서 무언가를 탁 일깨워주었지만, 이번에도 감정을 처리해내지 못한다. 다음 사항들을 통해 자신의 생각과 감정을 분석해보자.

- '지금 나는 정확하게 어떤 기분이지? 일이 벌어져서 내 기분은 ~해.'
- '아마도 이 상황은 ~와 같은 내 어린 시절의 경험들에서 비롯된 내 신념을 작동시켰나 봐.'
- '어렸을 때도 그런 방식으로 반응했던 게 기억나.'
- '현실을 점검해보자. 비록 나는 방해되는 사고를 하지만, 현실에서는 지지적인 사고가 공감적인 의사소통을 하도록 도와줄 듯해.'
- '지금껏 나는 예전의 의사소통 방식으로 반응해왔지만, 지금부터는 내 아이와 다른 방식으로 의사소통하고 싶어.'

어린 시절에 갖지 못했거나 스스로 갈망하던 것을 질문하게 되면 마음이 아플 수도 있다. 이런 자기 성찰에는 시간을 제한해두고 그 여파도 점검해보자. 정서적 안정감을 위해 신뢰하는 사람과 함께 이야기를 나눠보고, 필요하다면 전문가의 도움을 받아보자.

내면의 독백과 대화

'담쟁이덩굴' 같은 신념들이 우리 내면의 정원을 덮고 있다는 사실을 깨달았다면, 이제부터 이 정원을 어떻게 가꿔 나가야 할까?

여러 상황에서 스스로에 대해 어떻게 말하는지 한번 생각해보자. '몸매'를 예로 들어보자. 거울 앞에 서서 "살이 또 쪘어. 진짜 이제는 초콜릿을 먹지 말아야겠어"라고 말하는 사람인가, 아니면 "좀 더 많이 움직이면서 건강한 식생활을 즐기는 게 좋겠어"라고 말하는 사람인가? 둘 다 목표는 몸매 형성과 건강한 식습관이다. 그러나 전자에는 좌절이, 후자에는 동기 부여가 숨어 있다.

자, 우리 내면의 정원에 있는 다채로운 꽃 씨앗들을 들여다보자.

'나는 죄다 못 해내겠어!'

동기 부여 씨앗: '일상생활을 잘 헤쳐 나가는 게 때론 진짜 너무 힘들어. 하지만 나는 내가 잘 해낼 거라고 확신해!'

'실수하면 안 돼!'

인정 씨앗: '실수해도 괜찮아. 그렇게 배워가는 거지!'

'이런 날들은 너무 싫어!'

수용 씨앗: '참 힘든 하루였어. 하지만 거의 다 해냈잖아.'

'실패했어!'

신뢰 씨앗: '내가 아직은 잘하지 못하는구나!'

'아직은'이라는 표현은 거의 다 말라죽어가는 꽃에 떨어지는 물 한 방울과도 같다. 이 표현은 생각에 긍정적인 영향을 미치며, 믿음과 희망과 같은 감정들을 불러일으킨다. 부스터 잠재력을 갖춘 작은 말 한마디! 그렇다. 힘겨운 상황에서는 이 말이 우리에게 꼭 필요하다. 다음의 질문들도 한번 생각해보자.

- 굳이 어떤 달콤한 거짓말을 하지 않아도 내면의 독백을 활기

차게 할 방법은 무엇인가? 모든 게 다 좋다는 의미에서가 아니라, 내면의 정원을 계속해서 잘 가꿔 나갈 방법을 이야기하는 것이다.

- 내면의 독백을 달리해본다면 무엇이 달라지는가?
- 이로 인해 이득 볼 사람은 누구인가?
- 힘겨운 일들을 좀 더 잘 수용하겠는가?
- 실수를 좀 더 잘 용납할 수 있겠는가?

대화가 격앙될 때

자기 자신과 자신이 내뱉는 말들을 잘 들여다보면, 독백과 대화의 효과를 파악할 수 있다. 이미 명확해졌듯이 내면의 독백은 가족들 간의 의사소통에 영향을 미친다. 일을 많이 해서 피곤하고 지쳤을 때처럼 격앙 모드가 활성화되면서 말들을 마구 내뱉게 되는 날이 있다.

"너는 진짜 고집쟁이야. 네가 그렇게 할 거라는 걸 나는 진즉에 알았지."

'겁쟁이', '고집쟁이', '찡찡이', '짜증쟁이' 등은 갈등을 불러일으키는 단어들이다. 자신의 '격앙 모드'를 알고 있는가? 자신의 '권력' 등을 내세우고자 이 모드를 활성화하는가?("결정은 내가 해. 이제 그만!") "숙제 다 안 하면 쫓아낼 거야!"와 같은 말도 내뱉을 때가 있는가? 부모도 아이와의 말싸움에 불을 붙일 때가 있다. 다들 알고 있다시피 얼마나 의식적으로, 그리고 공감적인 태도로 말하는지에 따라 상황은 확연히 달라진다. 명확한 태도는 격앙된 갈등 상황에서 구명 튜브가 될 수 있다.

격앙 소용돌이를 멈추는 방법

새로운 행동방식 및 대화법을 익히려면 이른바 '예비훈련'으로 그 전에 한번 시도하며 연습해봐야 한다. 배우들이 새로운 대본을 받았을 때 연습하는 것과 똑같다. 새로운 행동방식은 '반복 연습'을 통해 다양한 감각 기관을 거쳐 뇌에 저장된다. 연습할 때 움직이고, 말하고, 자신이 한 말을 다시 들어보고, 느껴본다면, 위급 상황에서도 그 방법을 잘 끄집어내서 생각한 대로 진짜 그렇게 행동할 수 있다. 그러면서 뇌가 제 구조를 달리하게 되어, 뇌에 점점 더 쉽게 통행 가능한 새로운 행동방식의 '고속도로'가 놓일 수 있는 것이다. 그러면 고민되거나 의식적으로 침착하게 행동할 시간이 없을 때도 그렇게 행동할 가능성이 커진다.

새로운 행동방식이나 새로운 말들은 우선 화가 나지 않거나 스트레스를 받지 않는 상황에서 혼자 연습해보는 게 제일 좋다. 그런 다음, 다소 스트레스를 받는 상황에서 시도해볼 수 있다. 그러면서 감정이 좀 더 격앙되거나 좀 더 힘든 순간에도 지금과는 다른 방식으로 점차 반응할 수 있게 된다.

아이가 제 본분을 다하지 않을 때, 부모의 공감적인 의사소통 방식과 더불어 부모가 써먹을 수 있는 스트레스 조절법을 알려줄 내면의 안내자 목소리를 키워보자.

'부정적인 악순환에 빠져들지는 않을 겁니다. 이 상황에서 아이가 할 수 있는 게 없어요. 잠깐 나가서 찬 것을 좀 마셔보세요. 그런 다음 다시 들어오세요.'

'잠깐만요. 지난번에 고민했잖아요. 더는 이런 방식으로 반응하고 싶지 않잖아요!'

'바로 이 상황을 위해 지금껏 다양한 말을 연습했잖아요.'

아이의 끼어드는 행동이나 선을 넘는 행위에는 '멈춤' 신호를 분명하게 제시할 수 있다. 아이들 대부분은 동화책에서, 혹은 유치원이나 학교에서 배워서 잘 알고 있다. 갈등이 고조되기 전, 아이에게 이렇게 말해주자.

"잠깐만, 이렇게는 대화할 수 없어. 나는 잠깐 쉼이 필요해!"

잠시 휴식을 취하며 심호흡해보자. 그런 다음, 다시 대화를 이어가면 된다. 아이가 너무 어리지 않다면 다음 날까지 서로의 상반된 의견을 그대로 놔두는 것도 괜찮다.

휴식을 취하며 상상의 나래를 펼쳐도 좋다. 이 격렬한 말다툼을 끝내고 부모와 자녀 간의 아름다운 순간을 다시금 만끽할 수 있다면 얼마나 좋을지 한번 상상해보자. 이 방법은 매일같이 똑같은 갈등이 반복되고 자신의 기분이 그때마다 확확 바뀌어대는 걸 스스로가 알고 있을 때 특히 유용하다. 행복한 순간들을 떠올리기 위해 상상력을 활용해보자(예: 'TV 보는 시간에 관한 싸움을 끝내면 베란다에서 조용히 아이스크림을 먹을 수 있어!'). 이는 기분을 전환해줄 수 있고, 이로써 아이와의 말다툼에서 서로에게 유익한 해결책을 찾는 데도 도움이 될 것이다.

부모 역할은 아이가 이 세상에 나오면서 처음 주어진 것이다. 즉, 그렇게 오래는 안 됐다는 소리다. 부모는 자녀와의 의사소통 경험을 아이와 처음 해봤다. 의사소통을 연습할 시간도, 준비 단계도, 치러야 할 시험도 없었다. 실천에 의한 학습이었던 거다. 이 책을 읽으면서 압박 같은 걸 느꼈다면 자신에게 관대해지길 바란다. 대가가 하늘에서 뚝 떨어지는 것도 아니고, 목표가 '완벽함'은 아니지 않은가. 아이와 함께 이야기하며 함께 성장하자

5장

말에는 아주 특별한 힘이 있다

의사소통은 긍정적이건 부정적이건 아이의 생각, 감정, 행동에 깊게 영향을 미치며 각인될 수 있다. 그러므로 설령 단어 하나에 불과하여 별로 중요하지 않아 보이더라도 언어가 얼마나 중요한지, 어떤 영향을 미치는지 알고 있을 필요가 있다. 이 엄청난 언어적 힘으로 인해 부모에게 부여되는 책임도 인지하고 있어야 한다. 이 장에서는 단어 하나부터 문장 전체까지 언어가 아이에게 미치는 영향을 설명하고자 한다.

“

말 속에 담긴 사랑

”

유치원 적응 기간에 처음으로 엄마가 아이를 혼자 놔두고 먼저 유치원을 벗어나면, 혹은 아이가 초등학교에 입학하게 되면 아이는 지금껏 알지 못했던 새로운 상황과 맞닥뜨리게 된다. 부모라는 '안전한 항구'도 사라진다. 어쩌면 집으로 돌아오는 길에 감정이라는 높은 파도에 휩쓸려 배가 전복될 수도 있다. 그러므로 아이에게는 자기가 나아갈 방향을 제시해줄 내비게이션 시스템과 제때 제대로 정박하게 도와줄 단단한 닻이 필요하다.

아이를 존중해주는 다정한 말이 이런 닻과 내비게이션이 되어줄 수 있다. 예를 들어, 아이는 어떻게 하면 되는지 모르는 상황에 처했을 때 부모가 건넨 신중하고 상냥한 말들을 기억하며 진정하게 된다. 자기 자신에 대한 확신이 덜 들 때도 부모 내비게이션 소리("너는 용감한 아이야. 마음만 먹으면 잘 해낼 수 있어!")가 들리면서 자신 있게 행동할 수 있다.

아이가 예전에 자주 들으면서 내면화했던 '유독한' 신념들 역시 이 작은 배를 기울어지게 할 수 있다. 부정적인 내면의 목소리('너는 겁쟁이야!')는 이 조그마한 항해사 앞을 가로막고는 아이가 돛을 펴고 신선한 바람을 맞으며 제대로 된 방향으로 나아가는 걸 방해한다. 다소 조작적으로 들리겠지만, 이런 내면의 부모 내비게이션 소리는 프로그래밍해둘 수 있다. 물론 긍정적인 측면에서 말이다. 잘 추려낸 단어들과 말을 이 내면의 내비게이션에 매일매일 담아두면 특정 상황에서 자동 재생되고, 그것에 상응하는 감정과 행동도 뒤따르게 된다.

내면의 부정적인 목소리가 이렇게 말할 수 있다.

☹ '이 거지 같은 상황이 또 일어났어. 나는 실패할 거야!'

☹ '나는 잘하지 못해. 해내지 못할 거야!'

하지만 내면의 긍정적인 목소리가 말해줄 수도 있다.

☺ '지금의 내 모습 그대로, 나는 잘하고 있어. 힘든 일들도 잘 극복해낼 거야!'

☺ '최선을 다할래. 나 자신에게 부끄럽지 않고 당당할 수 있어!'

부모의 긍정적, 부정적 표현은 아이의 행동에 쉽게 영향을 미친다. 부모가 아이에게 "나는 너한테 실망했어!", "너는 왜 그러니?", "매번 내 화를 돋우는구나!" 같은 말을 자주 하면, 이런 표현들은 아이가 다른 상황에 놓일 때도 똑같이 영향을 미칠 수 있다.

- **상황**: 유치원 선생님이 "책상을 한 번 더 닦으렴. 아직 덜 깨끗하네!"라고 말한다.
- **아이의 생각**: '이러나저러나 내가 제대로 할 줄 아는 건 하나도 없어!'
- **아이의 감정**: 무기력, 스트레스, 좌절감
- **아이의 행동**: 걸레를 바닥에 던지고 운다.

부모가 아이에게 "네가 자랑스러워. 아주 잘 해냈어!", "진짜 어려웠는데도 끝까지 잘 해냈구나!", "실수해도 괜찮아!" 같은 말을 자주 해주면, 똑같은 상황일지라도 아이의 반응은 다르다.

- **상황**: 유치원 선생님이 "책상을 한 번 더 닦으렴. 아직 덜 깨끗하네!"라고 말한다.
- **아이의 생각**: '실수해도 괜찮아. 한 번 더 노력해보자!'
- **아이의 감정**: 동기 부여, 침착함
- **아이의 행동**: 한 번 더 책상을 닦는다!

내면의 목소리에 영향을 주는 건 그냥 우연한 실수 같은 게 아니다. 상처가 되는 좋지 않은 말들이 자주 반복될 때, 그 빈도에 따라 내면의 목소리는 달라진다. 거듭 반복되는 전형적인 의사소통 패턴('A가 발생하면 아빠는 B라고 말해!', '엄마는 늘 ~라고 말해')을 기반으로 아이는 향후 상호작용에 대한 기대치를 형성한다.

이런 상호작용 패턴은 흔적을 남긴다. 부모가 반응하는 방식, 아이와 대화하는 방식, 몸짓언어를 사용하는 방식, 다양하고 아름답고 효과적이고 긍정적인 단어를 사용하는지 아니면 상처가 되고 부정적이고 불쾌하고 칙칙한 단어를 선택하는지 등등 말이다. 이 모든 게 아이에게 끊임없이 내면화되는 경험들이다. 수년에 걸쳐 하나의 그림으로 완성되는 퍼즐 조각들인 셈이다. 특히 아이와 가장 가까운 애착 대상들이 세심하게 주의를 기울이며 말을 해야 한다. 이제부터 아이의 퍼즐 그림에 다채롭게, 길게 봤을 때는 효과적으로 영향을 미칠 말들을 살펴보자.

부모가 건네는 사랑의 언어

양육 안에 사랑이 핵심으로 자리 잡은 지는 사실 얼마 안 됐다. 예전에는 지나친 사랑이 아이들을 비뚤고 버릇없게 만든다고들 생각했다. 그런데 한번 질문해보자. 그런 생각을 하는 부모와 함께할 때 사랑에 대한 아이의 욕구는 누가 채워줄까? 아이 스스로 사랑할 수 있을까? 아니다! 아이는 부모와 부모의 사랑에 의존하는 존재다. 그러면 사랑에 대한 아이의 욕구에 응답하는 것이 부모에게 주어진 책임이 맞는가? 맞다!

사랑에 대한 욕구가 세심하게 충족되면 '불손함'으로 이어지는 게 아니라 아이의 발달과정에서 하나의 보호 요인으로 작용한다. 사랑 계좌가 꽉 차 있는 아이는 보호받고 있다고 생각하며, 이에 따라 아이의 협력 계좌도 점점 꽉 찬다. 아이는 곤혹스러운 요구 사항들도 이행할 수 있다. 추가 보너스다! 사랑은 대체 불가할뿐더러 모든 부모와 자녀 사이의 초석이 된다.

그런데 사랑을 표현하는 방식은 다양하다. 아이에게 부모의 애정을 전달하는 방식을 사랑의 언어라고 명명해보자. 여러 가지 사랑의 언어가 있기에 무엇보다 아이와의 애착 관계에 중요한 상황에서는 부모가 사용하는 사랑의 언어가 무엇인지, 아이가 잘 받아들이는 사랑의 언어는 무엇인지 알아야 한다. 이를 파악하는 일은 생후 6년 동안 특히나 더 어렵다. 그렇기에 모든 사랑의 언어를 알고 그것을 교대로 활용해봐야 어느 사랑의 언어가 아이의 사랑 계좌를 채우는지 확실하게 알 수 있다. 그런데 주야장천 "사랑해!"라고 말하지 않아도 자신의 사랑을 아이에게 정말로 명확하게 표현할 방법은 많은 부모가 잘 모르고 있다. 어떻게 부모의 사랑을 직접 표현하지 않고도 아이에게 전할 수 있을까?

서로 연결된 느낌

아이들에게 사랑은 서로 함께 보드게임을 한판 하는 것, 퍼즐을 함께 맞추는 것, 스티커북에 스티커를 함께 붙이는 것 등이다. 온전하게 아이에게만 집중하며 아이와 함께하는 시간은 때론 "나는 너를 사랑해"라고 말하는 것보다 훨씬 더 많은 걸 의미할 수 있다.

'나는 지금 오로지 너만을 위해 여기 있어'라는 행복한 기분, 이런 경험은 부모들이 써먹어야 할 귀중할 악기다. 조언 하나를 하자면, 아이에게만 오로지 집중해서 보낼 짧은 시간대를 매일매일 계획해두자. 단, 이 친밀한 시간에는 아이와 부모 모두가 즐거워야 한다. 억지로 하면 제대로 될 게 하나도 없다. 하원길에 스무고개 놀이를 즐기거나 차에서 함께 노래를 부르면 사랑의 유리잔이 채워질 수 있다. 늘 엄청난 걸 해줘야 하는 게 아니다.

어린아이들의 경우, 재우는 시간이야말로 어떤 방해도 없이 오로지 둘이서만 포근하고 편안하게 보낼 수 있는 시간이다. 오로지 아이에게 부모의 소중한 관심을 기울일 수 있다. 책을 읽어주고 아이를 꼭 안아주는 행위는 아이의 영혼에 날개를 달아준다.

관심이 아이에게 집중되지 못하면 아이의 행동에 반영되어 나타난다. 아이는 투덜거림, 불평불만, 꽉 달라붙음 등 부적절한 방식과 다른 방향으로 둘만의 시간을 요구한다. 부모가 화만 낼 때도 마찬가지다. 아이는 애착과 사랑에 대한 자기 욕구를 어떻게든 얻어낸다. 중요한 건 어떤 방식으로 얻느냐다. 오로지 자신에게 집중됐던 방식을 기억하면서 다음에도 똑같이 행동한다. 아이가 불평불만, 투덜거림 등을 통해 부모의 관심을 받았다면, 부모는 이 불편한 상황을 반복해서 재차 경험하게 될 것이다.

그러므로 아이의 사랑 계좌가 늘 충분하게 가득 차 있도록 긍정적인 의식들(마사지 볼로 저녁마다 마사지를 해주는 잠자리 의식, 기상 율동과 같은 아침 의식 등)을 행해보자. 부모가 의도적으로 함께 시간을 보내고 주의를 기울여 대화하며 아이와 연결되는 모든 순간은 아이의 기억 속에 행복한 경험으로 저장된다.

유머와 웃음이라는 회복제

우리는 우리를 미소 짓게 하는 사람과의 만남을 기꺼이 환영한다. 그런 만남의 순간은 흔적들을 남긴다. 모두 잘 아는 사실일 것이다. 유머와 웃음은 '관계 회복제'다. 부모와 자녀의 관계에서도 가끔은 이 회복제가 필요하다. 유머는 아이뿐만 아니라 부모의 행복에도 유익한 사랑의 언어다. 분위기를 좋게 하고 스트레스 수치를 줄여준다는 웃음 세미나가 그냥 생겨난 게 아니다. 스트레스로 가득한 부모의 일상에도 바로 유머가 필요하다.

상호 간의 웃음, 가끔 주어지는 '한 줌의' 쓸데없는 짓거리로 아이의 사랑의 잔을 채워줄 수 있다. 어린아이들은 어른들보다 훨씬 더 자주 웃는다. 아이들을 행복하게 하는 건 아주 쉽다. 아이들로부터 우리는 많은 걸 배울 수 있다. 아이들이 언제 웃는지 한번 살펴보자. 아이들의 유머를 다시 연습해보자.

올바른 칭찬으로 단단해지는 관계

인정을 통해서도 아이는 부모의 사랑을 확인할 수 있다. 인정은 사랑의 잔뿐만 아니라 자존감의 잔도 가득 채운다. 어린아이들도 부모의 표정과 억양을 통해 "네가 미소지어주니 너무 좋구나!"라는 말이 긍정적임을 안다. 구체적인 경험들은 언어적 표현들과 함께 뇌에 각인된다. 일상에서 부모들은 이런 인정을 감탄, 격려, 칭찬 등을 통해 표현한다. 처음에는 모든 게 비슷비슷하니다 좋게 들린다. 그런데 장기적으로 보면 어떤 표현이 더 좋을까? 사랑 계좌를 채워주려면 어떻게 표현해야 할까?

칭찬에 관해 다 함께 생각해보자. 이런 상황을 부모들도 분명 잘 알고 있을 것이다. 아이가 그림을 들고 와서는 "엄마, 봐봐!"라고 말한다. 부모는 "잘 그렸네!"라고 대답한다. 아이에게 동기를 부여하고 그 행동을 계속 지지해주고자 한 말이다. 하지만 이 말을 내뱉는 순간, 부모는 아이의 행동(그림 실력)을 평가하게 된다.

그런데 스스로에게 한번 물어보자. 그림이 정말로 멋졌는가? 진심이었는가? 정말로 기뻤는가? 아이가 "엄마, 난 그냥 끄적거렸어"라고 대답한다면 어떨까? 이런 진퇴양난 상황을 피하려면, 칭찬으로 즉각 반응하지 않고 "네 그림에 관해 이야기해볼래?", "너는 네 그림이 어떻다고 생각해?", "네 즐거움을 함께 나눠 줘서 정말 고마워!" 같은 말로 그림에 관해 대화를 시작해보면 된다. 이런 접근법은 아이와의 진정 어린 대화를 위한 '재료'가 될 수 있으며 굳이 칭찬하지 않아도 아이와의 관계를 강화할 수 있다.

의식적이었건 무의식적이었건 부모의 평가는 아이의 행동에 영향을 미친다. 엄격하게 따지면, 칭찬은 통제이자 조작이다. 칭찬은 흔히 성과 및 행동과 연결된다.

"네 방을 정리했다니 정말 멋지구나."

행동을 자주 칭찬하게 되면, 아이는 그저 인정받기 위해 특정 활동을 해 보일 수도 있다('아빠가 나를 사랑하게 하려면 내 방을 치워야 해!'). 그러면 아이는 칭찬, 그러니까 애착 대상의 평가에 좌지우지된다. 게다가 이런 칭찬의 형태는 아이가 칭찬 없이는 특정 행동들을 스스로는 절대 행하지 않으며 타인의 인정('좋았어')을 계속해서 기다리게 할 수 있다. 인정이나 칭찬 없이는 기분이 좋지 않거나 자신이 부족하다고 생각하는 행동방식들이 생겨날 수도 있다. 또 이런 불안감은 성인기까지 지속될 수 있다.

이 밖에도 언제 아이를 칭찬할지 고민해야 한다. 일상에서는 흔히 '기대받는' 행동들(착하고 순종적이고 조용하고 친절한 태도)이 칭찬받는다. 아이의 행동이 바랐던 행동인지 아닌지는 누가 평가하고 결정할까? 부모는 그 기준을 어떻게 결정할까? 아이는 전혀 바라지 않았던 바로 그 행동을 강화하겠다고 (아이보다 우위에 있는) 부모의 직권을 이용해도 될까? 자신에게 할당된 음식은 늘 깨끗이 다 먹어야 한다고 강요하면서, 그럴 때만 아이를 칭찬해준다면 아이는 제 포만감에 따라 그만 먹게 될까, 아니면 칭찬받기 위해 배불러도 계속 먹게 될까? 그렇다. 아마도 후자일 것이다.

그렇게 되면 발달과정 동안 아이는 자신에게서 점차 멀어지는 한편 주변의 기대에 자신을 맞춰가게 된다. 이런 칭찬의 개념에는 한 가지가 빠져 있다. 아이는 부모로부터 어떤 평가를 받을지에 관한 어떤 두려움도 없이 자기 자신과 자신의 관심사를 파악할 수 있어야 한다는 사실이다! 아이에게 제 강점에 관해 물으면, 아이는 대부분 부모로부터 칭찬받았던 것을 강점으로 손꼽는다. 더욱이 과도한 칭찬은 역효과를 불러올 수 있다. 칭찬을 지나치게 많이 받은 아이는 되레 자신을 덜 신뢰한다. 그렇기에 자신에게 주어진 과제들 중 가장 쉬운 것만 선택하려 든다.

그렇다고 칭찬이 엄청나게 복잡하고 어려운 건 아니다. 아이를 언제 어떻게 칭찬하고, 부모의 칭찬이 어떤 효과를 가져오는지 스스로에게 한번 질문해보자. 부모의 칭찬이 적당하도록, 진심이도록, 그리고 아이의 성격("너는 착해!")보다는 노력("완전히 집중해서 그렸구나")에 초점을 맞추도록 유의하자.

"자전거 타는 법을 익히다니 참 멋지구나. 이제 우리가 함께 하는 자전거 여행을 계획해도 되겠어."

"도로에서 멈추라는 엄마 말에 바로 반응하다니 멋진걸! 이제 함께 안전하게 길을 건널 수 있겠어."

존중 어린 피드백

우리는 능력주의 사회에 살고 있고, 이곳에서는 아이의 행동도 유치원에서건 학교에서건 아주 상세하게 관찰되고 평가된다. 아이의 능력에 따라 초등학교 입학 여부나 다닐 학교 유형이 결정된다. 그런데 아이가 제 능력을 자유로이 잘 발달시키려면 특정 방향으로만 강화할 게 아니라 아이가 보인 능력들과 상관없이 아이가 그저 한 개인으로서 존중받아야 한다. 지금 부모들은 이렇게 말할지 모른다.

"그게 멋지고 좋긴 하죠. 그런데 가정과 직장 생활을 병행해서 잘 해 나가려면 아이를 존중해줄 시간이 매번 그렇게 충분하진 않아요."

그런데 실상 무언가를 많이 바꾸거나 많은 시간을 투자해야 한다는 소리는 아니다. 좀 진정이 되는가? 중요한 건 부모의 내적 태도다. 부모가 느낀 즐거움을 진심으로 표현해주고, 아이의 모든 특성을 포함해 아이를 지금 모습 그대로 받아들일 준비가 되었는가? 자신에 대해 어떤 판단도 내려지지 않을 것을 아이가 알게 되면 아이는 제 모습을 위장할 필요도 없고 자신의 안전한 공간 속에서 자기 능력들을 연습할 수 있다. 그리고 자신의 한계뿐만 아니라 강점도 깨닫게 되고 자신감도 키울 수 있다.

이런 맥락에서 한번 곰곰이 생각해보자. 이야기할 때 아이를 존중하는가, 평가하는가? 아이 앞에서 다른 사람들에 관해 어떻게 말하는가? 지금껏 미처 눈여겨보지 못했지만 실상 아이에게 강점이 될 만한 특성들이 있는가?

“잘했어!”, “넌 착한 아이야!”, “멋져 보여!”라고만 말하진 말자.

“멋지다. 지퍼 잠그는 법을 터득했구나!”

이런 말로 보고 있는 바를 설명해주자.

- **노력 강조하기:** “네가 얼마나 많이 노력했는지 알아. 너는 만족하니?”
- **감정 언급하기:** “정말 용감했어!”
- **사랑 표현하기:** “네가 있어서 나는 너무 기뻐. 너는 내게 너무도 소중해.”
- **결정 도와주기:** “나는 너를 믿어. 지금 뭘 하고 싶은지를 고민해봐. 네가 어떤 결정을 내릴지 궁금하구나.”
- **눈높이로 대화하기:** “네 아이디어도 한번 같이 시도해보자.”
- **끈기 칭찬하기:** “최고야. 오랫동안 노력하더니 이제 혼자서 자전거를 탈 수 있게 됐구나. 네가 자랑스러워!”

다음과 같은 구체적인 상황에서 이렇게 말해줄 수도 있다.

- **의견이 다를 때:** “네 뜻은 알겠지만 안 돼.”
- **숙제할 때:** “이렇게 오랫동안 참고 견디다니 대단하네. 진짜 힘든 숙제였어!”

- **놀이터에서**: “네가 즐겁게 노는 모습을 보니까 좋네!”
- **옷 입을 때**: “네 덕분에 이 옷이 살아나는구나!” “이 옷을 입으니 ○○이가 빛이 나네.”

애정을 담은 친절

부모로부터 언제 사랑을 받냐고 아이들에게 물어보면, 아이들은 예를 들어 이렇게 대답한다.

“제가 피곤해서 아빠가 목마를 태워줄 때요.”

“까진 무릎에 엄마가 밴드를 붙여줄 때요.”

도움과 지지 행동도 그 정도가 적당하면 사랑의 언어가 될 수 있다. 아이가 부모에게 도움을 요청하고 부모가 이에 반응하면, 아이는 자기가 사랑받고 있다고 느낀다. 아이가 스스로 옷 입는 나이가 되었고 실상 혼자서도 잘 입을 수 있지만, 부모가 가끔 아이가 옷 입는 걸 도와주면 아이는 기뻐한다. 오해를 만들지 않기 위해 덧붙이자면, 이런 사랑의 형태가 부모들 보고 ‘소원을 들어주는 사람’이나 ‘예스맨’이 되라는 소리는 결단코 아니다. 어린아이의 부탁도 면밀하고 신중하게 검토한 뒤 가끔 미뤄둬도 괜찮다.

친밀한 접촉

부모의 관심과 신체 접촉은 아이에게 가장 강력하게 알려진 애정 표현이다. 태어날 때부터 발동되는 것으로 아이의 발달에 엄청난 영향을 미친다. 부모가 아이를 꼭 껴안는 등 행복한 접촉을 해주면 이른바 '애정 호르몬'인 옥시토신이 나온다. 이는 부모와 아이의 관계가 끈끈해지도록 도와준다.

그런데 아이들이 모든 신체 접촉을 편안하게 받아들이는 건 아니다. 지인들과 친척들이 가끔 한계선을 넘을 때가 있다. 그들은 자신의 사랑의 언어로 아이들과 의사소통하고자 한다. 이런 강제적인 애정은 중단되어야 한다. 제 몸이 만져지는 걸 아이들이 원하지 않고 이에 대한 신호를 주변으로 보낸다면, 이는 아이들의 권리이기에 '반드시' 인정되어야 한다!

그런데 아이들의 어떤 애착 표현은 '어른들'도 잘 이해하지 못한다. 예를 들어, 어린아이가 부모의 품속으로 파고들면서 다른 어른과의 신체 접촉을 피하며 그저 쳐다보기만 하면 어떤 사람들은 불편하게 생각한다. 이런 아이는 자신의 개인적인 사랑의 언어 때문에 오해받는 경우가 종종 있다. 이때 어른들이 뒤로 물러서며 애착 관계를 형성하려는 아이의 시도를 거부하면, 아이의 허용받지 못한 행동방식들은 더욱 심해질 뿐이다.

어떤 어른들에게는 신체 접촉이 굉장한 도전이다. 자신의 유년기 시절에 사랑의 언어인 신체 접촉을 제대로 해본 적이 없어서일 수 있다. 어떤 부모는 아이와의 친밀한 신체 접촉도 너무 어렵다. 하지만 심하게 거부하면, 부모도 모르게 "날 내버려둬. 옆에 있기 싫어!"라는 거부 메시지를 아이에게 보내게 된다. 좀 더 집착하는 행동을 아이가 보이게 되는 악순환이 생길 수 있다.

부모는 이런데 아이는 사랑의 언어인 신체 접촉을 선호한다면, 이 사랑의 언어를 천천히 배우면 된다. 처음 시작할 때 좋은 방법으로는 마사지 볼을 이용한 저녁 마사지, 손으로 등에 글씨나 그림 등을 그려보기, 베개 싸움 등이 있다.

조건 없는 사랑

"장난감들을 다 치웠네. 사랑해!"

실상 긍정적으로 표현된 말이지만, 정확하게 잘 생각해보면 이때 사랑은 전제조건의 수갑에 채워져 있다. 아이가 부모의 기대를 충족시키지 못하면, 부모는 아이를 덜 사랑할까? 아예 사랑하지 않을까? 이런 표현들을 자주 듣게 되면, 아이는 자기가 특정 행동을 보이거나 일을 잘 해내야만 좋은 아이이고 사랑을 받는다고

사랑 통장을 채워줄 말들

- 난 너를 믿어.
- 너와 함께하는 시간이 즐거워.
- 넌 내게 중요해.
- 네가 내 곁에 있어서 행복해.
- 너랑 있으면 자꾸 웃게 돼. 너는 정말 재미있어!
- 네 이야기는 항상 즐거워.
- 네가 있어서 정말 기뻐.
- 너랑 함께하면 정말 재미있어.
- 네 결정을 존중해.
- 너와 같이 시간을 보내면 참 좋아.
- 새 책을 너와 함께 읽어서 좋아.
- 네 모습 그대로 너는 옳은 거야.
- 실수해도 괜찮아. 나에게 솔직하게 말해줘서 고마워!
- 자부심을 느끼렴. 그건 정말 힘들었어!

배운다. 자존감도 엄청나게 하락한다. 사랑은 아무런 조건 없이 그냥 주어져야 한다. 그래야 아이는 자신이 안전하게 무조건 사랑받고 인정받는다고 느낀다. 이렇게 확고하게 형성된 애착 관계는 무너지지 않는다. 늘 느낄 수 있고 자신감을 안겨준다. 누군가에게 사랑을 말로 이야기하는 게 힘들다면 행동으로 보여줘도 된다. 잠깐의 부드러운 눈 맞춤, 포옹, 가슴으로 꽉 끌어안기 등은 많은 말을 대신할 수 있다.

말 속에 담긴 감정

감정을 인지하고 명명하기

부모들은 아이가 힘겹거나 그들이 보기에 '부정적인' 감정들을 경험하지 않길 바라면서 깊은 분노나 누가 봐도 확실한 슬픔은 최대한 빨리 사라지길 바란다. 어떤 부모들의 '보호 본능'은 아이의 '부정적인' 감정들을 함께해줄 정도의 크기가 안 될 때도 있다. 그들에게는 아이의 격한 감정들을 인지하고 수용하는 일이 참 어렵기만 하다. 또 어떤 부모들은 자신이 아이를 과잉보호하며 겁쟁이로 만들까 두렵다. 아이의 감정에 부모들은 완전히 상이하게 반응할 수 있다. 몇몇 다양한 반응 형태를 알아보고, 그 반응들이 아이에게 앞으로 어떤 영향을 미칠 수 있는지 함께 살펴보자.

아이가 넘어져서 울고 있다! 보통 이런 상황에서는 다음과 같이 반응하곤 한다.

- **경시하기:** "아휴, 별일 아니야."
- **부정하기:** "도대체 뭐가 문제인지 모르겠구나. 울지 마!"
- **감정 거부하기:** "그렇게 아프지 않잖아."
- **방향 전환하기:** "후~ 이것 봐. 내가 다 날려버렸어."
- **연설 늘어놓기:** "삶이란 그렇게 호락호락하지 않아. 넘어졌잖아? 그럼 자세를 바로 고친 뒤 다시 계속 가면 되는 거야."
- **감정을 수용하지 않기:** "왜 울어?"

하지만 이렇게 반응하는 방법도 있다.

- **감정을 함께 나눠 주기:** "너무 빨리 달려서 넘어졌구나. 겁도 먹었네. 괜찮아. 내가 여기 같이 있잖아."
- **가능한 방법을 알려주기:** "함께 밴드를 가지러 가볼까?"

이런 반응은 앞의 목록에 제시됐던 것들보다 훨씬 더 복잡하게 들릴 수 있다. 어쩌면 연습을 좀 해야 할 수도 있다. 그러나 그 효과는 훨씬 더 긍정적이고 훨씬 더 오래 지속된다. 방금 언급된 예시의 경우, 그 감정을 떨쳐버리라는 소리가 아니다. '좀 더 안전한 항구'가 되어 아이에게 가르쳐주라는 것이다. 그러면 아이는 부모가 알려준 정보와 자기감정을 연결해보고, 그 감정에 '이름'을 붙이며 감정을 조절하기 시작한다. 아이가 감정 조절을 위한 스크립트('화나면 나는 ~을 해볼 수 있어!')를 갖춰 나가려면 격한 감정도 충분히 경험해봐야 한다. 장기적으로 볼 때, 아이는 이 '진정한' 위로를 통해, 혹은 부모와 함께 감정을 조절한 경험을 통해 감정을 다루는 법을 배우며 추후 애착 대상이 곁에 없어도 그 방법을 활용할 수 있다.

가족의 일상생활에서 감정에 관해 이야기할 기회들이 종종 생긴다. 그림책을 읽을 때 동화 속 사람들이 어떤 기분일지 아이와 함께 생각해보자. 예를 들어, 눈의 여왕인 엘사가 동생 안나에게 눈 번개를 쏘아댈 때 어떤 기분일까? 그때 엘사는 안나에게 뭐라 말할 수 있을까?

감정에 관해 이야기하려면 감정적이었던 상황들을 아이에게 질문해볼 수 있다. 그러면 아이가 제 감정을 인지하고 명명할 수 있는지도 알 수 있다. 예를 들어, "그 친구가 놀이에 안 끼워줬을 때 네 기분은 어땠어?"라고 물어볼 수 있다. 마음이 좋지 않았거나 불편한 경험에 관해 아이가 이야기하면 부모도 마음이 아프다. 그렇다 한들 "그럼 이제부터 다른 친구랑 놀아!" 같은 경솔한 조언들은 유보해두자. 아이가 차분히 이야기를 끝내도록 기다려주자. 아이가 인지하고 있는 내용에 부모가 어떤 영향을 미쳐서는 안 된다. 그러므로 아이가 이야기한 것들에 어떤 판단도 내리지 말자. 필요하다면 "화가 날 땐 뭐가 있었으면 좋겠어?"라고 물어본 다음, 부모의 생각을 덧붙여도 좋다. 어떤 감정이건 다 괜찮은 것이다.

아이가 이토록 불편한 감정들을 참아내야 하는 이유는 뭘까? 좌절, 실망, 슬픔 등을 경험하고 극복해봐야 좌절에 대한 인내력도 길러진다. 결론을 말하자면, 아이가 자기 효능감을 느끼는 데 도움이 된다. 시간이 영글면 아이는 부모가 친절하게 함께해준 덕분에 스스로 진정하게 된다.

문제의 크기는 얼마쯤 될까?

허락되지 않는 감정은 없다. 모두 표현되어도 괜찮다. 아이가 작은 문제들을 겪고 있을 때도(아이가 보기엔 심각하지만) 우리 어른들은 진지하게 받아들여야 한다. 그런데 불편한 감정들에 너무 지나치게 집중하다 보면, 점점 더 많이, 점점 더 오래 계속되는 불편한 감정들이 유발될 수 있다. 이때 부모는 아이가 자기 문제를 잘 분류하도록 도와줄 수 있다. 자기 스스로 내린 분석은 부모가 궁극적으로 어떻게 느끼느냐에 엄청난 영향을 미친다. 현실적인 분석을 통해 감정이 조금 덜 강력하게 경험될 수 있다.

언어 능력에 따라 다르긴 하지만, 2세 반에서 3세 무렵부터는 무엇이 '큰' 문제이고 무엇이 '작은' 문제인지 아이와 이야기를 나눠볼 수 있다.

- **'큰' 문제:** 몸이나 마음을 위협하며, 혼자서는 해결할 수 없고 전문가(소방관, 의사 등)의 도움이 있어야 한다. 해결될 때까지 오랜 시간이 걸리며 완전히 해결되지 못할 때도 있다(자연재해, 화재, 사고 등).
- **'중간' 문제:** 아이 혼자서는 해결하지 못한다. 부모 등 다른 사람의 도움이 필요하며, 문제 해결에도 시간이 다소 걸린다.
- **'작은' 문제:** 심각하지 않은 일로 아이 스스로 비교적 빨리 해결할 수 있다.

이 3가지 문제는 그림들을 예시로 들며 설명해줄 수 있다. 특히 어린아이들에게 좋다. 아이가 어떤 문제에 직면했을 때 감정적으로 반응한다면, 그 문제의 크기를 아이와 함께 살펴보자. 너무 홍

분했거나 분노로 폭발한 상황 등 아이가 얼마나 강력하게 반응하는지에 따라 아이가 진정할 때까지 기다려줄 필요도 있다.

'문제 분석' 때 이렇게 한번 생각해보면 좋다. 아이가 굉장히 좋아하는 빨간 컵이 식기세척기 안에 들어가 있다. 문제를 해결하려면 며칠씩 걸리는가? 의사나 소방관 등 다른 사람들의 도움이 필요한가? 아니다. 즉, 큰 문제가 아니다. 문제 해결에 시간이 다소 걸리니 지금 당장은 어떤 해결책도 찾을 수 없는가? 즉, 중간 문제인가? 아니다. 고로 이는 작은 문제이며 지금 바로 해결책을 찾아볼 수 있다. 다른 컵 꺼내기, 유리잔으로 마시기 등 말이다. 아이가 어떤 해결책을 제시할지 누가 알겠는가.

문제들을 범주화하여 아이의 문제를 하찮게 여기자는 게 아니다. 문제 분석을 통해 아이는 그 문제를 스스로 해결할 수 있는지,

감정 및 공감 계좌를 채워줄 말들

화가 났을 때 발을 구르는 건
좋은 생각이야.

네가 얼마나 슬펐는지 알겠어.
이야기해줘서 고마워.

네가 그렇게 실망했다면 기분이
진짜로 안 좋았겠구나!

어떤 감정이건 다 괜찮아!

네 감정이 어떤지 나에게 알려줘야
나도 그 감정을 이해할 수 있어.

너의 화난 감정을 함께
이야기할 수 있어서 기뻐!

아니면 다른 사람들의 도움을 받으면 훨씬 더 쉽게 해결할 수 있는지 등을 더 잘 판단할 수 있다. 이를 통해 자기 효능감은 상승하고, 또 다른 다양한 문제에 부딪혀도 빠르고 좋은 해결책들을 찾을 수 있다는 경험을 쌓게 된다. 해결책을 찾도록 격려받은 아이는 점점 더 손쉽게 문제를 해결해 나간다.

아주 중요한 점이 있다. 아이의 좌절을 인정하는 것도 이 과정의 일부라는 점이다("다른 컵을 사용해야 해서 화난 거 나도 알아"). 아이에게 제일 먼저 올라오는 감정은 잘못된 게 아니다! 그래도 우리 부모들은 아이가 분노 모드에서 벗어나 해결책 찾기 모드로 잘 전환할 수 있도록 아이를 안내해줄 필요가 있다.

조심해야 할 짧은 표현

짧은 말들도 아이에게, 아이의 발달에, 그리고 부모를 향한 아이의 행동에 오랜 영향을 미칠 수 있다. 아름답지 않은 말들은 고통스럽기만 한 게 아니다. 무의식적으로 사람들 사이에 심리적 거리감도 만들어낸다!

'절대'와 '항상'

"너는 내 말을 절대 안 듣지!", "너는 항상 꾸물거려" 같은 말은 정말인가? 이런 말들은 고정불변의 절대적인 사실처럼 들린다!

'절대'와 '항상'이라는 말은 거의 자동으로 튀어나온다. 이 말들을 사용하는 이유를 곰곰이 생각해보자. 부모들은 대개 "이 녀석이 제 말을 안 들은 횟수는 헤아릴 수가 없어요"라고 반박한다. 이를 보면 우리의 뇌가 긍정적인 행동보다 부정적인 행동을 훨씬 더 강하게 받아들이고 영향도 더 많이 받는다는 사실을 알 수 있다.

부모의 '뇌 비서'는 멋지지 않았던 아이의 행동들을 모두 메모해둔다. 그리고 그런 상황들에 다시 맞닥뜨리게 되면 부모의 '절대'와 '항상'이 들어간 문장들이 정당하다는 걸 증명하고자 두툼한 문서철을 내보인다. 그런데 문제는 이거다. 무엇이건 '항상' 옳게 행동하는 사람은 누구인가? '뇌 비서'에게 긍정적인 경험들에 주의를 기울여달라고 부탁해보자. 그렇게 '뇌 비서'의 업무를 변경해보자. 그러면 점차 존중 어린 대화로 바꿔 나갈 수 있다.

"너는 내가 하는 말은 절대 듣질 않는구나!"

아이를 깎아내리거나 아이의 동기를 짓밟는 표현은 내뱉지 말자. 그 대신 부모의 바람을 '나 메시지'로 바꾼 다음, 최대한 긍정적으로 표현해보자.

"나는 네가 내 말을 들으면 좋겠어."

"나는 어제 네가 혼자서 신발을 신어보려고 얼마나 많이 노력했는지 다 봤어. 오늘도 잘 해낼 수 있을까?"

‘하지만’

이 단어를 얼마나 자주 사용하고 있는가? 한번 곰곰이 생각해보자.

“놀고 싶은 마음은 이해해. 하지만 안 돼.”

“나는 너를 정말로 사랑해. 하지만 내 참을성은 슬슬 바닥나고 있어.”

‘하지만’ 문장들은 ‘하지만’에 앞서 나온 말들은 모두 지워버린다. 처음에 언급된 메시지들을 제한하거나 그것과 아예 상반된 메시지를 전달하기도 한다. 어린아이에게는 너무 복잡하다. 꽃 선물을 받았다가 다시 빼앗기면 기분이 어떨까? ‘하지만’은 바로 그런 기분을 느끼게 하는 말이다. 누구라도 화나지 않겠는가.

“나는 너를 사랑해. 하지만 이제 충분해.”

이런 식의 말은 감정을 더 상하게 할 뿐이다. 이제부터는 ‘하지만’을 빼고 표현해보자.

“놀고 싶은 마음은 이해해. 이제 갈 시간이야.”

“네 행동이 내 한계를 건드리고 있어. 이제 그만해.”

“네가 화난 거 알겠어. 집에 가서 이야기하자.”

'~해야 해'

"나는 일해야 해. 얘들아, 이제 그만 가자!"

'~해야 해'라는 표현으로 이 문장이 얼마나 실망스럽게 들리는가. "나는 출발할 거야. 이제 차에 올라타자"라고 말하는 건 어떨까? 제삼자에 의한 결정은 흔히 압박과 저항의 이유가 된다. 이는 자신의 언어 사용 때뿐만 아니라 아이에게 무언가를 가르치고 싶을 때도 마찬가지다.

☹ "지금 뭐라도 먹어야 해."

이런 말보다는 다음 말이 어떨까?

☺ "좀 먹어보면 좋겠어."

'~해야 해' 괴물은 그냥 아예 안 써도 괜찮을 때도 많다. "지금 정리해야 해"와 "지금 정리하자"는 엄청난 차이가 느껴진다. 그렇지 않은가?

'안 돼'

토론에 자주 붙여지는 항목 중 하나가 바로 '안 돼'라는 말이다. 언제 이 말을 써야 할까? 별 이유 없이 안 된다고 말해도 될까?

아이가 안 된다고 말하면

공감적인 부모 언어에서는 아이의 '안 돼'를 인정한다. 이때 아이는 자신의 한계선을 명확하게 제시한 것이기 때문이다. 아이의 안 된다는 말을 정중하게 받아들이는 환경에서 아이는 더한 안정감을 느끼게 된다. 아이에게 물어보자.

"뭐가 안 된다는 말인지 정확히 이해하고 싶어. 무슨 뜻이야?"

부모가 안 된다고 말하면

이때는 아이가 '바라지 않았던' 행동을 보일 때 부모가 말하는 '안 돼'이다. 부모들은 이 말을 하루에도 몇 번이고 내뱉는다. 그런데 이 '안 돼'라는 말과 함께 아이의 생각 속에서 정작 금지되고 있는 건 무엇인지 잘 모른다. 아이가 소파에서 방방 뛰면 부모는 '안 돼'라고 말한다. 바로 그 순간, 아이는 이렇게 생각하고 있다.

'목말라. 뭘 좀 마셔야겠어.'

부모의 '안 돼'는 지금 아이의 눈과 귀에서 어떻게 적용되고 있을까? 점프일까, 아니면 갈증일까? 그렇기에 "바닥에서 놀렴"이라는 명확한 표현이 불명확한 "안 돼"라는 말보다 훨씬 더 낫다.

놀이터 미끄럼틀에서 다른 아이를 미는 아이에게 "안 돼"라고 소리쳐도 별 효과가 없다. 조금 주춤거릴 수는 있겠지만, 안 된다는 말 뒤에 어떤 유효한 말이 없기 때문에 아이는 그냥 계속 밀 것이다. 그러므로 안 된다는 말은 스스로 잘 파악하면서 적당히 사용해야 한다. 때에 따라서는 정당화할 필요도 있다. 아이가 어릴수록 문장 전체를 말해주는 게 좋다. 그게 언어적으로도 더 낫다. 예를 들어, 아이가 고양이 꼬리를 당긴다면 "안 돼"라고 외치는 것보다 이렇게 말해주는 게 더 실용적이다.

"잠깐만. 고양이를 보고 싶은 거지? 그러면 우리 함께 쓰다듬어주자."

어느 정도의 나이가 되면 아이들 대부분이 규칙들을 알고 있다. 그러면 이유를 달지 않은 채 "안 돼"라고 말해도 효과적일 수 있다. 하지만 '안 돼'라는 말은 달랑 혼자 쓰여서는 거의 쓸모가 없다. 예를 들어, "계속 놀 수 있나요?"라는 질문에 그냥 "안 돼"라고 대답하면, 이 말은 아이를 굉장히 실망시킨다. 아이는 부모와 함께 보내는 시간이 즐겁고, 놀이를 못 해서가 아니라 부모와 떨어져서 싫은 것이다. 이때 이렇게 말해주면 훨씬 더 공감적이다.

"나랑 보내는 시간이 즐겁다는 거 알아. 나도 몇 시간이고 너랑 놀고 싶어. 원한다면 지금 가위바위보 게임을 한 번 더 하자. 그런 다음, 나는 요리하러 갈게."

안 된다는 말이 전혀 불필요할 때도 많다.

"잠깐! 친구가 내려갈 때까지 기다려. 그런 다음 네 차례야."

"손은 네 옆에."(아이가 때릴 때)

"헬멧 쓰자. 네가 다치지 않게 보호해줄 거야."

"네 컵은 식탁 위에 두렴."

"나중에 계속해서 함께 레고 하우스를 만들 생각을 하니 참 좋다. 지금은 유감스럽게도 그럴 수 없어."

별명과 애칭

부모의 단어 선택으로 인해 부모가 달성하고자 한 목적이 완전히 다른 방향으로 흘러갈 때가 종종 있다.

"네가 겁쟁이가 아니라면 지금 동물들에게 먹이를 줄 수 있을 텐데!"

이렇게 아이를 도발하면, 아이가 용기를 낼 거라고 생각한다. 그런데 실망스럽게도 그렇지 않다. 이 말로 아이는 더 주눅들 뿐이다. 게다가 아이의 생각에도 부정적으로 각인되면서 자유로운 발달을 저해한다. 맞다. 이런 말들은 스트레스로 가득한 일상생활 속에서 그냥 내뱉어질 때도 있다. 만약 그렇게 말을 내뱉게 됐다면, 실상 말하고 싶었던 바를 곰곰이 생각해본 다음 다시 새롭게 표현해보자.

"그렇게 말해서 미안해! 이 동물들을 무서워하는 거 나도 이해해. 나도 어렸을 때 그랬어. 네가 원한다면 내가 먹이를 줄게. 너는 지켜봐도 괜찮아!"

우리의 뇌가 굉장히 유연하고 뛰어난 적응력을 가지고 있다고 해도, 비판이 설령 '아름답게 포장'되었다고 해도 어떤 때는 평생에 걸쳐 우리 삶에 영향을 미칠 수 있다. "우리 꿀돼지가 더 먹고 싶어 하네!"와 같이 언뜻 듣기에는 귀엽게 표현된 듯한 말이 아이의 머릿속에 박히면, 이 아이는 건강하게 먹지 않거나 부적절한 식사 태도를 보이며 자신의 감정이나 욕구를 조절한다. 부모의 말은 스티커와 같다. 떼어내도 끈끈하게 달라붙었던 스티커 자국은 여전히 남아 있고, 그 자국은 아이에게 계속 영향을 미친다. 이런 상황들에 부딪힌다면, 사실 전하고픈 메시지는 무엇인지부터 곰곰이 생각해보자!

☹ "우리 꿀돼지가 더 먹고 싶어 하네!"

☺ "음식이 네 입맛에 잘 맞는구나! 보드게임 한판 하면서 잠깐 쉬자. 그 후에도 여전히 먹고 싶다면 그때는 더 먹어도 괜찮아!"

“

아이와의 관계를 망치는 말

”

아이의 욕구 잔들을 채워주는 일은 부모의 책임이다. 평소 정신없이 돌아가는 가정에서는 이 일이 너무 힘겹게 다가올 수도 있겠지만, 그래도 어쨌든 부모가 해야 할 일이다. 아이가 '부모로부터 정서적으로 긍정적인 마음이 채워지는' 경험을 하게 되면, 문제가 다분한 상황에서도 아이는 부모에게 협력할 수 있다. 그런데 협력할 준비가 되어 있다가도 아이는 부정적인 말들을 듣게 되면 협력의 자세를 멈춘다. 그러므로 이제부터는 부모와 자녀 사이에 문제를 일으킬 수 있는 말들에 대해 자세하게 알아보자.

명령하는 말

“블록들을 지금 당장 정리해!”라는 말은 말투와 억양에 따라 명령처럼 들릴 수 있다. 목소리를 높이며 복종을 강요하는 부모들은 달리 어떻게 해야 할지 잘 모른다. 아니면 이들은 부모가 요구하는 바를 아이가 따르는 건, 그것도 즉각 행동으로 옮기는 건 꿈같은 소리라고 생각한다.

그런데 아이가 ‘나는 내 부모님에게 늘 복종하며 내 욕구들에 관해서는 말하지 않아’라고 생각하면 자존감이 건강하게 발달할 수가 없다. 특히 비굴한 복종은 아이가 체벌에 대한 두려움으로 부모의 말을 따르게 한다. 꿈이 아니라 악몽에 가깝다.

이런 식으로 자주 대화하는 부모라면, 그 순간 아이가 무엇을 얼마나 배울 수 있을지 잘 생각해보자. 부모의 명령을 따르기 위해 아이는 창의력, 자발성, 아이디어 등을 발휘하는가? 아니다. 분명 그렇지 않다. 이런 의사소통 방식은 아이와의 관계에 오랫동안 영향을 미치는가? 그렇다. 그것도 긍정적이지 않은 방향으로 말이다. 자, 또다시 분명해졌다. 아이가 자기가 해야 할 일을 언젠가는 스스로 해낼 수 있게 하려면 부모의 바람을 명확하고 세심하게 표현해주는 게 더 낫다. 그게 훨씬 더 실용적이다.

위협을 숨긴 말

모래를 던지면 안 된다고 수차례 이야기했는데도 아이는 또 모래를 던진다. 부모의 입에서 금세 이런 말이 튀어나온다.

"당장 그만둬. 안 그러면 삽을 영원히 빼앗아버릴 거야!"

앞으로 무슨 일이 벌어질지 아이가 알아야 하니 부모는 이 말을 '논리적인 결과'로 표현했을 것이다. 그런데 이런 위협 전략은 '부모 말을 언제부터 들어야 하는가' 하는 아이의 측량대를 되레 더 높게 세울 뿐이다. 심지어 내기까지 하게 한다('내 삽을 진짜로 빼앗아가나 한번 두고 볼 거야!'). 아동기 때 받는 위협은 비현실적일뿐더러 나이에 전혀 걸맞지 않다. 스스로에게 한번 물어보자. 장난감을 '항상' 빼앗아두기, '1년간' 태블릿 사용 금지, 이런 건 정말 세상 물정 모르는 소리 아닌가?

최악인 점은 이런 표현 방식이 장기적으로 아이와 멀어지게 한다는 것이다. 분위기는 고조되고, 부모는 스트레스를 받고, 아이는 두려워한다. 위협 전략은 부모가 원래 전하고자 했던 메시지인 "삽은 땅을 파라고 있는 거야. 네 주변에 모래를 마구 뿌려대기 위한 것이 아니야"를 아이가 제대로 이해하는 데 좋은 기반이 되어주지는 않는 듯하다.

한 번 더 언급하는데, 두려움은 도움이 안 되는 조언자다. (부모에게는 중요하게 보이는) 부모의 바람들이 두려움에 의해 이루어지더라도 마지막엔 씁맛도 남긴다. 이로써 모든 게 점차 악화할 수 있다. 부모는 위협하고, 아이는 부모의 요구 사항을 따르지 않고, 그러면 부모는 실망하고 감정이 격해진 상황에 더 좌절하게 되어 결국엔 아이를 마구 나무라며 손에서 삽을 빼앗게 될 수 있다.

이에 반해 놀이 기술은 갈등 해결에 도움이 된다. 물론 다른 아이들이 모래에 맞아서는 안 된다는 건 최우선으로 확실히 해둬야 할 사항이다. 아이는 다른 아이들이 없는 방향으로 모래를 던질 선택권을 가질 수 있다. 함께 놀아도 될지 우선 물어보자. 그런 다음, 양동이 등 특정 위치에 모래를 던져 맞추는 놀이를 해보자.

협박의 말

"너희들, 서로 사이좋게 안 지내고 계속 싸우면 나중에 책 안 읽어줄 거야!"

부모들이 가장 자주 내뱉는 협박의 말들 중 하나다. 그런데 이 말을 한번 자세히 살펴보자. 제대로 이해하기 위해 어른들 말로 바꿔서 말이다. 배우자가 이렇게 말하는 것과 마찬가지다.

"식탁을 치우면 나중에 꼭 안아줄게!"

협박으로 상대방에게 영향을 미치며 다른 선택의 기회는 주지 않는다. 특정 행동을 촉구하고자(아이에겐 상냥하라고, 배우자에겐 식탁을 정리하라고) 그들에게 소중하고 중요한 것을 끼워 넣는 것이다(아이에겐 책 읽어주기, 배우자에겐 포옹).

이런 행동방식들을 우리는 어디에서 또 알 수 있을까? 명백하지만 아주 극단적인 예시가 하나 있다. 바로 강도나 성범죄 피해를 당했을 때다.

"우리 비밀을 다른 사람에게 말하면 당신 부모에게 아주 안 좋은 일이 생길 거야!"

아이가 협박이라는 걸 인지하고 이에 제대로 된 반응을 보일 수 있으려면, 부모가 우선 아이의 한계들을 인지하고 자신이 자주 내뱉는 레퍼토리에서 협박 문장을 빼야 한다. 예를 들어, 어떤 교사가 아이더러 밥을 다 먹기 전에는 자리에서 일어날 수 없다고 협박하면 아이는 이게 강제적인 상황임을 깨달을 수 있어야 한다. 이는 아이가 부모로부터 경험한 적이 없거나 익숙하지 않을 때라야 가능하다.

😟 "너희들, 서로 사이좋게 안 지내고 계속 싸우면 나중에 책 안 읽어줄 거야!"

이처럼 '~하면 ~할 거야'라는 말을 자주 사용하고 있다면, 다음과 같이 표현하려고 노력해보자.

- **기대감 주기**: "나중에 함께 책 읽을 생각을 하니 참 기쁘구나. 그때까지 서로 어떻게 하면 사이좋게 놀 수 있을지 함께 고민해보렴!"
- **해결책에 집중하기**: "서로 사이좋게 놀려면 어떻게 해야 할까? 어떤 아이디어가 있니?"

죄책감과 수치심을 주는 말

'잘못했다'는 기분, 심지어 '늘 잘못한다'는 기분은 어느 아이의 영혼에나 모두 상처가 된다. 그런데 이런 잘못 여부는 어디에서 가려지는가? 그렇다. 가해자와 피해자를 가리는 맥락이나 법정에서다. 그런 말들로 아이에게 가해자라는 도장이 명확하게 찍힌다. 도덕적으로 덜 발달한 상태이기 때문에 아이에게 그런 도장이 찍힌다. 규칙과 규범을 아직 다 이해하지 못하는데도 이를 위반했다는 이유로 그런 도장이 찍히는 것이다.

"내 말을 들었다면, 그런 일은 벌어지지 않았을 거야."

"너 때문에…."

"네가 소리 질러서 머리 아프잖아!"

이 말들의 문제점은 바로 이거다. '설명'과 '이해'가 빠졌다는 것. 비난은 이루어지지만, 그 상황에서 어떻게 했어야 했는지, 그 일이 왜 일어났는지, 뭐가 잘못됐고 뭐가 옳았는지 등은 언급되지 않았다. 아이가 품게 되는 메시지는 오로지 '내가 하는 건 다 잘못됐어!', '나는 다른 사람을 화나게만 해'이다. 죄책감을 유발하는 것은 아이를 '가해자 역할'로 밀어 넣을 수 있다.

이 역할 속에서 건강한 자아 발달은 거의 불가능하다. 이때 부모가 맡은 역할은 피해자다("너 때문에 엉망이 된 내 상태를 봐!"). 이런 말들은 아이에게 엄청난 죄책감을 안겨준다. 아이는 제 부모를 조건 없이 사랑하며 그들의 행복에 좌지우지된다. 부모의 기분이 좋지 않으면, 아이는 부모의 요구 사항들을 채우고자 자신의 욕구들은 뒷전으로 미뤄둔다.

보통은 유익한 감정인 죄책감을 제대로 이해하려면 아이는 '더욱 복합적으로' 생각하는 능력이 필요하다. 그때까지 부모는 다음과 같은 말들을 해주며 아이의 도덕적 발달을 공감적인 태도로 함께해줘야 한다.

😊 "저 아이를 밀어서 네 기분이 불편했구나! 지금은 어때? 뭘 하고 싶니? 화해할 방법을 나도 하나 알고 있는데…."

부당한 비난이 나도 모르게 입 밖으로 튀어나왔다면, 그 실수에 관해 사과해도 괜찮다.

"그런 말을 해서 미안해. 네가 내 머리를 아프게 하다니, 말도 안 되는 소리야!"

그런 상황에서 아이가 추가로 부끄러움을 느껴서는 안 된다.

"부끄러운 줄 알아. 그런 짓은 안 하는 거야!"

이런 말은 아이를 완전히 혼란스럽게 한다. 그러면 아이는 그저 부끄러울 뿐만 아니라 자신과 부모에게 화가 난다. 분노, 화, 슬픔 같은 감정들이 제대로 표출되지 못하면 이 감정들은 '얼어붙어' 있을 수 있다. 부끄러움을 양육 방식으로 사용하면, 이로 인해 (쓰라린) 병리적인 수치심이 생겨날 수도 있다. 이는 긍정적인 자의식과 자존감의 발달을 저해한다. 부끄러움은 욕구와 경계에 대한 지각으로 기능한다는 사실을 알고 있어야 한다. 수치심이 자연스럽게 발달하도록 그 경계는 존중되어야 한다.

"부끄러워할 필요 없어!"

아이가 엄청나게 부끄러워해도 이런 말은 내뱉지 말아야 한다. 아이와 이야기 나눌 준비가 되었다는 것, 아이의 부끄러운 감정을 인정한다는 것을 행동을 통해 보여주자.

"네가 불편해한다는 걸 알겠어. 무슨 일인지 나에게 이야기 해줄래?"

요약하자면, 수치심과 죄책감을 느낄 줄 아는 것은 발달과정 중 하나다. 상황과 나이에 맞는 반응, 그리고 가족 간의 공감 어린 대화를 통해 아이는 두 감정을 건강하게 다룰 줄 알게 된다. 그런데 아이가 부모에게 복종해야만 한다고 내심 생각하며 수치심과 죄책감을 일종의 양육 방식으로 사용한다면, 아이는 그 행동뿐만 아니라 자신의 '자아' 전체도 문제로 받아들인다('나는 골칫거리야!'). 이처럼 깊이 뿌리박힌 자기 회의는 장기적으로 봤을 때 심리적 문제를 유발할 수도 있다.

무시하는 말

아이는 칭얼대고, 툴툴대고, 부모의 주변을 서성이며 주목받길 바란다. 부모가 가장 먼저 생각하는 건 바로 이거다.

'저 행동에 아무런 관심도 보이지 않을 거야. 그러면 멈추겠지!'

맞다. 아이는 자기가 보낸 신호들이 받아들여지지 않는다고 생각하면서 다른 방식으로 그 신호들을 보내려고 애쓴다.

부모를 위한 조언서들을 보면 아이의 부적절한 행동방식을 '없애기' 위해 원치 않는 행동을 무시하라고 권유하고 있다. 그런데 지금까지 나의 이야기를 들은 부모라면 그럴 때 아이의 욕구가 무엇인지 알 것이다. 또한 투덜대기나 칭얼대기가 애착과 접촉을 갈구하는 아이의 신호일 수 있다는 사실도 알 것이다.

스트레스로 가득한 일상생활 속에서는 긍정적인 에너지를 채워주는 애착 순간들이 엄청나게 소홀히 여겨질 수 있고, 그러면 '투덜대는 순간들'이 닥칠 수도 있다. 소홀히 했던 순간들을 조금이라도 메우고자 "네가 기분이 안 좋다는 걸 알겠어. 우리 둘이 함께 보낼 시간을 좀 가져봐야겠구나!"라고 말할 수도 있다. 그러면서 소위 이목을 끄는 행동, '투덜대기' 이면에 숨겨진 욕구들을 충족시켜줄 수 있다. 무반응은 아이가 애착에 대한 자신의 바람을 좀 더 요란스러운 행동방식(꼬집기, 때리기, 침 뱉기 등)으로 드러내게 하거나, 아예 그 욕구를 억누르게 한다.

"그만둬. 너의 징징대는 소리를 진짜 더는 못 들어주겠어!"

이는 아이를 불안하게 하는 말이다. 아이는 이런 반응을 거부로 해석할 수도 있고, 자신이 전혀 이해받지 못하고 있다고 느낄 수도 있다.

무시하기나 징벌적 침묵으로 '정서적인 통제'를 하거나 압박하는 행위도 존재한다. 침묵이나 지각되지 못하는 것을 아이는 관대하게 받아들이지 못한다. 계속 반복되다 보면 굉장히 끔찍한 결과가 초래되기도 한다. 비구두적 의사소통인 '얼음장 같은 침묵'은 아이에게 굉장히 고통스럽다. 제 부모로부터 배제되면, 아이는 무기력해지고 무능하고 초라한 기분을 느끼게 된다. 이는 '따돌림당하는' 경험과 거의 맞먹는다. '침묵의 장벽 세우기'라는 말이 그냥 생겨난 게 아니다. 연구들에 따르면, 부모의 통제 및 조작 행위와 낮은 자존감 및 사회적 의사소통 능력의 결여는 서로 상관관계가 있다. 이런 부모들은 거부 행동을 자주 보이고, 문제에 부딪혔을 때도 해결하지 않고 그냥 내버려두는 경향이 있다.

아이와의 논쟁이 신경을 너무도 거슬리게 해서 휴식이 꼭 필요하다면, 침묵하지 말고 조용히 말해보자.

"나는 지금 너무 예민해져 있어. 5분 동안 혼자 있고 싶어."

이처럼 확고하게 반응하는 태도는 지극히 괜찮다.

비난하는 말

"넌 진짜 굼벵이야. 그래서는 초등학교에 들어갈 수 없을걸!"

"더 잘 알고 있어야지. 지금 몇 살인데!"

이런 말들은 '우선 생각한 다음 말하기' 상자에 넣어 커다란 자물쇠로 감춰놔야 할 것들이다. 그런데도 부모들은 거듭 이 내용물을 건드린다. 부모가 이런 말을 내뱉으면 아이는 상처는 받아도 자신이 뭘 잘못했는지는 전혀 이해하지 못한다. 이런 말은 아이의 행동만 꾸짖는 게 아니라, "너는 초등학생이 아니야!"라는 말로 아이를 한 인간으로서 비난하는 것이 된다.

아이는 더는 상처받지 않고자 자신의 보호 장비들을 꺼내 든다. '굼벵이 녀석'이라는 말에 자기 자신을 방어할 것이며 결코 조용히 넘어가지 않을 것이다! 부모의 이런 말들은 대부분 충동적으로 나온다. 이런 말들이 부모의 혀 위에서 살살 녹으며 쓴맛을 다 보이기도 전에 부모는 그 말들을 아이에게 내뱉는다. 그러면서 아이에게 그 쓴맛을 남겨준다.

그러므로 이때는 충동에 저항하기, 이를 꽉 깨물기, 그런 말들은 내 혀 위에서 모두 녹여버리기, 맛이 좋을 때만 입 밖으로 내보내기를 실천하자! 우선 곰곰이 생각하여 신중하게 검토한 다음 말하자. 가끔은 진짜 힘들기도 하겠지만 말이다.

유·아동기 아이를 비판할 때는 '행동 피드백' 형태로, 오로지 관찰 가능한 것만 '나 메시지'로 전달하자. 이것만 가능하다.

😊 "내가 보기엔 옷을 빨리 입는 게 아직은 네게 어려운 듯하구나. 며칠간은 타이머를 설정해두고 연습해보자!"(옷을 입는 일이 오래 걸리지만, 초등학교 입학일이 얼마 안 남았을 때)

이때 강점도 함께 이야기해주는 게 좋다.

😊 "내가 보기엔 옷을 빨리 입는 게 아직은 네게 어려운 듯하구나. 그런데 옷을 벌써 다 준비해뒀네!"

아이가 이미 수많은 단계를 멋지게 해내고 있다는 사실을 부모는 자주 망각한다. 이는 꼭 언급되어야 할 것들이다.

비교하는 말

어른이건 아이건 비교당하는 것을 좋아하는 사람은 없다. 일상에서 아이와 부모가 어떻게 비교를 경험하는지 들여다보자.

아이의 경우

형제자매나 동년배 친구들은 흔히 서로서로 비교당한다. 그러면 언니(혹은 누나)가 더 빨리 먹었다거나, 오빠(혹은 형)는 그 나이 때에 이미 옷을 혼자 다 입을 줄 알았다는 말을 쉽사리 듣게 된다. 이런 표현들은 정말로 형제자매 관계에 부정적인 영향을 미친다.

"언니가 나보다 더 나아!"

이런 말은 미움, 분노, 좌절과 같은 강력한 감정들에 함께 휩쓸린다. 그러면 아이는 더는 협력하지 않는다. 본래 부모가 전하고자 한 메시지는 무엇인가? 그건 "나는 네가 먹었으면 좋겠어"라는 메시지일 뿐이다.

동기 부여를 위해 비교하는 건 목적 지향적이지도 않고 아이의 자신감도 마구 흔들어댄다. 가족이 하나의 팀으로 기능하길 바라는 부모는 비교 행위를 해선 안 된다. 가족 구성원은 저마다의 능력을 갖추고 있으며, 무엇보다 저마다의 개성을 갖추고 있다. 그게 좋은 거다. 그러므로 아이에게 상처 주지 않으면서 부모가 전하고 싶은 메시지를 정확하게 표현하는 것이 가장 타당하다.

부모의 경우

놀이터에서나 유치원 혹은 학교 행사 때 다른 부모들이나 친구들과 비교하는 행위도 좋지 않다. 모래놀이터에서 자신의 아들이나 딸의 자칭 비범한 능력들(대부분 굉장히 과장된)을 자랑하며 끊임없이 경쟁하면, 엄마 아빠들은 압박을 느낄 수도 있고 자기 아이에 대한 초점을 잃어버릴 수도 있다.

다음은 놀이터에서 이뤄지는 전형적인 대화다(다소 과장되게 표현됐을 수도 있지만, 그렇다 해도 진짜 아주 조금만 그렇다).

아빠 1: "우리 아이가 벌써 걸어 다녀요. 알고 있었어요?"
아빠 2: "네? 그럼 아직도 혼자서는 그네를 탈 줄 몰라요?"
아빠 3: "아이들이 그런 걸 할 줄 안다니 멋지네요. 그런데 우리 애는 벌써 산수 문제를 풀 줄 알아요!"

자기 아이가 늘 더 낫다고 자랑하는 부모들이 있다. 그들의 말을 듣고 불안감이 올라오면, 마음속 내적 비평가가 금세 활성화된다. 그러면 아이가 이것 혹은 저것을 왜 못 하는지, 부모로서 뭔가 잘못한 건 아닌지 의문을 품게 된다. 내면에서 비평가나 감독관이 활성화되면, 아이가 '다른' 아이들만큼 똑같이 발달해 있어야 하는 이유가 무엇인지 스스로에게 되물어보자. 잊지 말자. 아이는 저마다의 속도로 발달한다!

체벌과 소리 지르기

"그만! 아이스크림은 더는 안 돼! 계속 소리 질러대면 엉덩이를 맞을 줄 알아!"

추측건대 이런 말을 내뱉고 나면 집 안은 다시금 조용해진다. 잠깐은 편하지만, 장기적으로는 어떤 의미일까? 더는 아이스크림을 먹어서는 안 되는 이유를 아이가 이해했을까? 무서워서 아이스크림에서 손을 뗀 건 아닌가? 아이스크림을 두 번 먹으면 안 된다는 걸 알게 됐을 때 아이는 어떤 기분일까? 아이에게 체벌을 주면 부모 자신의 기분은 어떤가?

체벌에 관한 연구들은 다음과 같은 내용을 우리에게 전한다.

- 체벌로는 아이들의 행동이 장기적으로는 바뀌지 않는다.
- 자주 체벌하는 부모의 아이들은 두려움으로 인해 집에서는 순응하며 '더 잘' 행동하지만, 부모의 시야에서 벗어나면 집

에서 정해놨던 규칙들을 더 이상 잘 지키지 않는다.

- 체벌을 통해 특정 행동을 금지하거나 시행하도록 요구받은 아이들은 자신의 바람을 다른 사람들(친구 등)에게 강요하는 행위가 괜찮은 거라고 학습하게 된다.
- 체벌 경험이 있는 아이들은 같은 나이의 다른 아이들보다 폭력적이거나 불안한 행동들을 더 자주 보인다.

어떤 아이들은 시간이 지날수록 체벌 강도를 더 세게 해야 부모의 요구 사항을 따른다. '체벌 수위'는 점점 높아지고, 체벌은 그 힘을 잃게 된다. 부모들은 대부분 TV 시청 금지, 태블릿 사용 금지, 외출 금지 등의 방법들을 사용하다가 결국엔 더는 무슨 방법을 써먹으면 좋을지 모르게 된다. 바로 이게 문제다!

체벌이 양육 방식으로 활용되면, 부모는 아이의 기분을 이해하지 못한다. 체벌을 받은 아이는 수치심을 느끼거나, 두렵거나, 화가 나거나, 무기력해지기도 한다. 눈에 보이지 않는다고 해서 이 조그마한 가슴이 부서지지 않는 건 아니다. 아무런 소리 없이 그렇게 조용히 산산조각이 나버린다. 아이는 부모의 독재적인 양육 방식에 상처받는다. 아이의 발달에 미치는 부정적인 영향들은 명백하다. 아이와의 연결이 끊겨버리고, 마음마저 다치게 하는 아주 강력한 감정들까지 올라와버리면, 아이와 연결되고픈 부모의 바람은 또다시 저 멀리 멀어져간다. 아이는 체벌 세상에서 자라날 수 없다. 뚜껑이 꽉 덮인 병 속에서 자라나는 꽃과도 같다. 햇빛을 받고는 있지만, 닫힌 뚜껑까지만 자란다.

애정 어린 방식으로 아이에게 경계를 만들어주자! 아이와 아이스크림 논쟁을 벌이게 될 때가 몇 번 있을 것이다. 매일 혹은 매주 몇 번 아이스크림을 먹을 수 있는지 규칙을 세워보는 건 어떨까? 이때 어떤 체벌도, 어떤 비난도 하지 않는 게 좋다. 도로에서 교통 법규가 모든 걸 정리해주듯 가족끼리 함께 세운 집 안 규칙이 아이에게 부담을 덜어줄 수 있다. 게다가 이는 가족 구성원 모두에게도 꼭 필요한 것이다.

"그냥 너무 지쳐 있었어요. 더는 어떻게 해야 할지 모르겠더라고요. 그러다가 그런 말들이 그냥 입 밖으로 튀어나왔어요. 아이에게 또 소리를 질러버렸다고요!"

스트레스는 부모의 내면에 있는 알람 장치를 작동시킨다. 그런데 너무 시끄러워서 자신이 무슨 말을 어떻게 하고 있는지 더는 들을 수 없다. 아이를 키우고 있다면 이런 실수들은 매번 일어난다. 그것도 매일! 어떤 때는 좀 더 하고 어떤 때는 좀 덜 한다. 조건 없는 수용과 보살핌, 눈높이에 맞춘 경청, 지도, 슈퍼파워의 활성화에도 불구하고 '예전 방식'에 빠져들거나 아이와 함께하는 게 힘들어지는 상황과 거듭 맞닥뜨리게 된다. 이런 '실수'를 감당할 수 있으려면, 내면에서 다음과 같이 속삭여주는 (어쩌면 너무도 작은 크기의) 내적 목소리에 귀를 기울여야 한다.

- '실수는 아주 인간적인 거야!'
- '친구들의 실수를 친절하게 수용해주듯 너 자신과 너의 실수도 그렇게 친절하게 수용해줘.'
- '아직 배우는 중이잖아.'
- '실망해도 괜찮아.'

그러면 고함을 지른 행동이나 체벌에 관해 아이에게 사과할 수 있는 대화의 장이 생겨날 것이다("그렇게 말해서 미안해").

체벌하지 않고 고함도 지르지 않는 것이 여전히 어렵다면, 며칠 동안 자신의 행동을 관찰해보자. 언제 어떻게 체벌하는지에 관한 '자기분석'의 시간이다. 다음의 질문들을 던져보는 것도 좋다.

- 나는 언제 아이를 체벌하는가?
- 그때 나는 어떻게 표현하는가?(혼내기, 소리 지르기 등)
- 아이를 체벌하는 게 왜 꼭 필요하다고 생각하는가?
- 그때 내 기분은 어떤가?(압박, 스트레스 등)

마지막으로 이런 점을 생각해보자. 대안으로는 뭐가 있을까? 그 방법을 다음번에 어떻게 기억할 수 있을까?

자기 충족 예언

"오빠보고 들라고 해. 너는 사고뭉치잖아!"

아이는 접시를 뺏어 들었지만, 너무 흥분한 나머지 결국엔 접시를 바닥에 떨어뜨리고 말았다. 곧장 이런 말이 뒤따라온다.

"내가 말하지 않았니!"

아이는 이런 말을 스펀지처럼 빨아들인 다음 저장해둔다.

"너는 너무 거칠어. 네 아빠랑 똑같아!"

아이가 이런 말을 듣게 되면, 자기 아빠도 그랬는데 자신이 더는 그렇지 않게 행동하는 게 가능한 일인지 스스로 의문을 품게 된다. 설령 그런 말들로 예정된 모습(사고뭉치 또는 개구쟁이)과 다르게 아이가 자라나더라도 이처럼 의미를 부여하고 동일시하는 말은 아이가 가진 자기 개념과 자기 기대치에 착 달라붙는다. 실수투성이인 아이는 문제를 해결할 때마다 자신을 덜 신뢰하며, 이는 아이의 '자유로운 성장'을 제약한다. 그러므로 아이의 전 생애에 걸쳐 나쁜 영향을 미칠 말은 어쨌거나 사용하지 말아야 한다.

무의미해지는 말들

'미안해'

놀이터에서 아이들이 다투면 그 모습을 지켜보던 부모들은 "지금 당장 사과해!"라며 개입하기 일쑤다. 그러면서 아이가 정말로 사과하는지 두 눈을 크게 뜨고 지켜본다. 잘 모르는 아이 혹은 사람에게 행한 '무례함'은 다시 '만회'되어야 하기 때문이다! 그런데 '내키지도 않는' 사과로 아이들이 얻게 되는 건 무엇일까? '내 아이는 예의가 바르지', '사과했어'라는 사회적 압박과 억압은 진정성 없는 행동을 유발한다. 이때 아이는 혼란스럽고, 불안하고, 스트레스를 받고, '지금 당장 사과해'라는 요구는 전혀 중요하게 다가

오지 않는다. 오히려 현재 올라오는 자기감정을 다루는 데 정신 없다. 그런데도 아이는 사회적 합의인 '예의 바름' 규칙을 지금 당장 지켜내야 한다.

이 말이 맞닥뜨린 크나큰 문제는 말에 담긴 진정한 의미가 점차 '희석'되고 있다는 사실이다. 내가 가야 할 길을 누군가가 막아서고 있을 때, 혹은 큰 소리로 재채기했을 때 우리는 "실례합니다" 혹은 "미안합니다"라고 말한다. 작은 실수를 할 때마다 하루에도 몇 번씩 이렇게 말한다. 이 말들을 의례적으로 사용하게 되면서 그 의미는 점차 소실된다. 심지어 '무의미'해질 수도 있다. 그러면 후회나 유감의 감정은 올라오지 않는다. 특히 아이들은 그 상황에 개입할 기회조차 얻지 못한다. 타인의 입장이 되어보는 것, 제 관점을 달리해보면서 자기 행동을 되새겨보는 것, 자신의 감정을 조절하고 상대방의 감정을 느껴보는 것 등을 전제로 복합적인 사고 과정이 이루어진다. 그런데 어린아이들에게는 이런 능력이 아직 다 발달하지 않았다.

아이에게 사과하라고 소리 지르며 강요하면 기껏해야 예의 규범 정도는 가르칠 수 있겠지만, 공감적인 문제 해결 방법이나 타인을 대하는 친절한 태도는 알려주지 못한다. 아이가 "미안해"라고 말하면서 후회도 하고 있다는 건 어떻게 알 수 있을까? 아이가 아무런 독촉도 받지 않고 그 상황에 반응할 수 있다면, 예를 들어 아이스팩 같은 걸 상대 아이에게 전해주거나 그 상황에 맞게끔 행동을 달리한다면 어떨까? 이런 신중한 반응이 더 진실하고, '미안해'라는 말보다 더 가치가 있는 법이다. 나이를 먹을수록 미안하다는 말은 그냥 저절로 나온다. 아이에게 말을 강요할 것인가, 아니면 공감과 신중함을 생활화하도록 가르칠 것인가?

'고마워'

'고마워'라는 말도 마찬가지다. 이 역시 '천만에', '괜찮아'처럼 우리의 문화나 일상생활 속에서 떨어뜨려 생각할 수 없는 말이다. 하지만 일상생활 속에서 이 말에 담긴 가치는 부모가 어떻게 가르쳐주는지에 따라 달라진다. 그러므로 이 용어가 어떻게 사용되는지 한번 고민해봐야 한다.

엄마: "그래, 그럼 지금 뭐라고 말해야 하지?"

아이는 말없이 바닥을 바라본다.

엄마: "고맙다고 말하렴!"

아이: (조용하게) "고마워!"

엄마: "더 크게!"

아이: (겨우 들릴 만한 크기로) "고마워!"

맞다. 조금 과장됐을 수도 있다. 하지만 '고마워'라는 말은 이렇게 사회적 압박 속에서 습득된다. 엄격하게 말해서, 이 경우엔 고맙다는 말이 거짓말이라고 볼 수도 있다. 아이가 마지못해 고맙다고 말해야 하지만, 실상 어떤 감정도 느끼지 못하며 그저 두려움이나 무력감에 의해 그렇게 행동한다면, 이는 거짓말과 별반 다르지 않은 것이다. 고마워한다는 건, 무언가를 개인적으로 아주 중요하게 경험하고 있음을 의미한다. 고마움의 개념을 아이가 직접 체감할 수 있게, 진정성 있게 이해시키고 싶은가, 아니면 아이가 이 말을 상투적으로 사용하게 내버려둘 것인가?

"시소에 올려줘서 고마워요, 아빠!"라는 아이의 메시지는 가끔 아이의 미소 짓는 눈빛만 봐도 충분히 이해할 수 있지 않은가? 부모는 아이의 본보기다. 아이는 부모가 말하는 모든 것, 부모가 말하지 않는 모든 것을 관찰하고 모방하며 내면화한다. 아이들이 '천만에요', '괜찮아요', '고마워요'라는 말을 배우지 못할까 우려하는 것은 쓸데없는 걱정이다. 고마움의 개념을 활용할 시기가 되면, 아이는 고맙다고 말할 뿐만 아니라 그것에 상응하는 긍정적인 감정까지 함께 이해하게 될 것이다.

일상생활 속에서 부모가 고마움을 느낄 때도 그 고마움을 표현하자.

"간식을 나눠 줘서 고마워!"

"네 행복한 모습을 볼 수 있어서 정말 감사해!"

다른 사람들이 아이로부터 고맙다는 말을 듣고 싶어 한다면 이렇게 대신 대답하며 감정을 명명해주자.

"젤리를 나눠 주셔서 고맙습니다. (아이를 바라보며) ○○이가 참 좋아하는군요!"

이제 이 아이는 기쁠 때나 선물 등을 받을 때 부모가 고맙다는 말을 한다는 사실을 알게 된다. 아이는 부끄럽지도 않고, 자기 주도성을 제약받지도 않으며, 무의미한 말을 내뱉어야 할 필요도 없다. 아이는 부모의 지지를 받을 수 있기에, 그 순간에 부모와 아이의 상호 신뢰도는 점점 더 높아진다.

대화 앞의 바리케이드를 치워버리자

부모의 말들이 관계의 질에 영향을 미친다는 사실을 이제 우리는 안다. 한번 이렇게 생각해보자. 연설, 훈계, 경시하는 발언, 꼬리표 붙이기, 명령, 경고, 위협, 비난 등이 시작되자마자 아이는 '대화의 문'을 부모의 코 바로 앞에서 닫아버린다. 성공적인 대화를 위한 통로가 막혀버리는 것이다. 자, 아이와의 '대화의 문'을 어떻게 하면 다시 열 수 있을까? 어떻게 하면 다시 그 안으로 발을 들여놓을 수 있을까?

대화를 방해하는 바리케이드를 치워버리고 아이에게 다가가려면 부모는 어떤 선택을 할 수 있을까? 부모와 아이가 공감적으로 연결되는 데는 미국의 심리학자 마샬 로젠버그Marshall Rosenberg의 '비폭력 대화'가 도움이 될 것이다.

"네 방은 언제나 돼지우리 같아!"

이런 말을 하기보다는 비폭력 대화를 위한 4가지 단계를 시도해보자.

- **1단계**: 눈에 보이는, 부모가 관찰하고 있는 모습을 표현한다. "바닥에 장난감과 옷이 가득하네."
- **2단계**: 이 모습을 보면서 부모가 느끼는 감정을 명명해보자. "입을 만한 깨끗한 옷이 더는 없을 것 같아 걱정이구나."
- **3단계**: 부모의 욕구를 지각하고 그것을 표현해보자. "내가 네 옷을 빨 수 있게 적어도 네 빨래를 빨래통에 넣어주렴. 나에겐 중요한 일이야."

- **4단계:** 부모의 요구 사항을 표현하자. "일주일 중 어떤 요일에 네 빨래를 세탁실로 가져올지 지금 나와 함께 결정해보면 좋겠어!"

아이와의 관계에서 적절한 단어를 선택하고 적절한 대화를 이끌어갈 책임이 부모에게 있다는 사실은 이제 좀 더 분명해졌을 것이다. 간단한 말조차 엄청난 힘을 가지고 있기에 아이의 인격 발달을 강하게 제약할 수도 있고, 반대로 날개를 달아줄 수도 있다. 말은 작게도 크게도 만들 수 있다! 그렇기에 부모의 내적 탐조등을 어디에 좀 더 강하게 비춰보고 싶은지, 그리고 매번 양심의 가책을 느껴 이제는 무엇을 변화시켜보고 싶은지 자신을 위해 고민해보자. 벌은 덜 주고, 규칙은 더 명확하게 정하고, 덜 혼내고, 더 명확하게 말하고…. 앞선 사례들에서 분명하게 알게 되었듯이 공감적인 의사소통이야말로 목표에 원활하게 도달하는 방법이다.

6장

아이의 언어로 말해야 갈등이 풀린다

옷 입기부터 양치질까지 다양한 일들이 가득한 일상에서는 적당한 말이 떠오르지 않을 때가 있다. 이 장에서는 매일매일 우리의 삶에서 일어날 수 있는 갈등들을 해결해줄 방법과 적절한 표현들을 만나보자.

옷 입기
전쟁

빨리빨리 준비해야 할 아침에 아이들은 옷 입기 전쟁을 벌이며 아침 루틴을 거부하기도 한다. 그러면 부모들은 대부분 이런 반응을 보인다.

"잠옷 입고 유치원에 가더라도 난 몰라!"

그런데 아침을 시작하는 게 상당히 어렵고 잠에서 깨어나는 데 시간이 필요한 아이들이 있다. 꿈속에서 현실로 갑작스럽게 넘어오면 그 아이들은 굉장히 짜증스러운 반응을 보일 수 있다. 그런데 어른들도 커피 한 잔 마시지 못한 정신없는 아침에 엄청 불쾌해질 때가 종종 있지 않은가?

어떤 아이들은 스트레스를 받는 부모를 지켜보면서 되레 천천히 움직인다. 무의식적으로 반대되게 행동하려고 애쓴다. 아이들의 마음속에 자기 결정 욕구가 깨어나기도 한다. '나는 나만의 것을 입고 싶어!'라고 생각하는 것이다. 분리불안도 내적 바리케이드를 만들어낸다. 그때 아이들은 이렇게 생각한다.

'옷을 입으면 유치원에 가야 해. 그러면 엄마(혹은 아빠)는 가버려. 그렇지만 나는 떨어지기 싫어!'

이런 점에 유의하자

옷은 두 번째 피부와도 같다. 그렇기에 아이들은 자신의 편안한 옷들을 찾을 권리가 있다. 아이가 자기 옷장에 접근할 수 있어야 하고, 옷장은 정리되어 있으며(예를 들어, 스웨터, 잠바, 양말, 속옷 등이 표시되어 있는 것) 계절에 맞는 옷들이 비치되어 있어야 한다. 이때 옷들을 어떻게 배치해서 입는지는 중요하지 않다. 아이의 성향은 여전히 발달 중이며(애착하는 티셔츠나 눈의 여왕 엘사만 좋아하는 시기는 언젠가는 지나가니 걱정하지 마시길), 부모의 옷 스타일과 아이가 선호하는 옷 스타일이 충돌할 수도 있다. 그렇지만 설령 그렇다고 해도 각기 다른 스타일을 존중해줘야 한다. 그런데 아이들은 어째서 부모가 권유하는 '훌륭한' 색깔 매칭을 거부하는 것일까? 아이의 선택권이 (심히) 제약되면, 아이는 압박을 느낄 수 있고 저항 반응을 보이며 불복할 수 있다.

👍 저녁 식사를 마친 뒤 다음 날에 입을 옷을 미리 골라두면 좋다. 아이의 협력 계좌가 채워질 때가 언제인지 생각해본 다음, 최적의 시간대를 찾아보자. 여러 시간대에 옷 고르기를 시도해보자.

선택권을 한정해 2가지 옷 세트를 보여주는 것도 한 방법이다. 선택권이 많으면 아이에게 과잉 자극이 될 수 있다. 그러면 아이가 지치거나 기분이 좋지 않아져 옳은 결정을 내리기 힘들다.

이른 아침에는 "어떤 옷을 입을래?" 같은 질문들이 아이에게 되레 부담일 수 있다. 겉으로는 거의 알아차리기 힘들지만, 결정을 내리는 일은 정신적으로 힘든 것이며 어린아이에게는 특히 더하다. 어린아이에게 수많은 질문이 쏟아지고 더군다나 결정까지 내려야 하는 일이 주어진다면, '나는 좋은 결정을 내릴 거야' 계좌는 금세 텅 비고 정신적인 작업에 꼭 필요한 에너지는 더는 남지 않는다(결정 피로). 결정을 내리는 데 필요한 에너지를 불필요하게 낭비하지 않고자 스티브 잡스와 마크 저커버그 같은 사람들은 옷 입는 일을 '해야 할 일' 목록에서 아예 없애버렸다.

옷 입는 일이 엄청난 부담이라면, '특별한 시간'을 만드는 것도 멋진 해결책이다. 에너지를 북돋울뿐더러 그날의 기본 욕구들도 충족시켜준다. 요즘에는 일상이 탁탁 짜여 있는 가정들이 많다.

그러면 자유로운 놀이를 즐길 시간이 잘 나지 않는다. 그러므로 아침에 5~10분 정도 일찍 일어나 아이의 욕구를 채워주자.

"정말 재밌게 놀고 있네. 나도 같이 놀아도 될까?"

5분간 놀아주면서(모래시계를 활용하면 시간에 대한 시각화가 가능하다) 오로지 아이만을 위한 시간을 내보자. 다자녀 부모들이 고개를 설레설레 흔들며 이건 시간상 불가능하다고 한다면, 아이들 저마다의 작은 의식을 실행해보자(별도의 포옹 시간, 가위바위보와 같은 간단한 게임 등). 가장 중요한 건 부모와 아이의 연결이다. 서로 연결되었다고 느낀다면, 어떤 방법이건 모두 열매를 맺을 것이다.

Tip 최고로 예민한 아이들

엄청나게 예민한 아이들은 옷 재질이 너무 껄끄럽거나 작은 실, 솔기 같은 것만 느껴져도 과민 반응을 보일 수 있다. 어떤 때는 양말이 성질나게 만들고, 어떤 때는 상표, 긴 소매, 너무 큰 치마 등이 짜증을 유발한다. 어떤 부모들은 이해하기 힘들 수도 있다. 그런데 이런 아이의 성격 특성에는 차분하고 공감적인 태도가 어마어마하게 중요하다. 그러므로 옷을 살 때부터 아이가 잘 입을 만한 부드러운 (천연) 재질을 고르는 등 주의를 기울이자.

부분 성공도 성공이다. 긍정적인 면에 초점을 맞춰보자.

"나를 놀리는 거야? 왜 아직도 안 입은 거야? 출발해야 해!"

이렇게 말하는 대신 아이에게 긍정적으로 표현해보자.

"와, 양말은 벌써 잘 신었네. 스웨터는 어디에 숨어 있지?"

부분적인 성공에 초점을 맞추면서 아이가 다음에 해야 할 일들을 설명해주자. 그러면 무작정 대결 국면에 접어드는 것보다 힘이 덜 든다. 불평과 비난은 어떤 터보 엔진도 작동시키지 못한다.

옷들이 말할 수 있다면

옷 입기 문제를 말로써, 그리고 놀이하듯 아이와 함께 풀어갈 수 있다. 이제부터 아이의 바지나 스웨터가 되어보자. 예를 들어, 아이가 제일 좋아하는 만화의 주인공이나 옷에 그려진 유니콘이 되어봐도 좋다.

"야, ○○! 나를 왜 이렇게 오랫동안 옷장에 넣어놨어? 나는 지금 당장 입혀지고 싶어. ××유치원에 가고 싶다고. 누가 나를 다른 친구들에게 데려가줄 거야? 나는 놀고 싶다고!"

이렇게 말해주면 아마도 아이는 엄청나게 재미있어할 것이다. 등원 길에 유니콘이 되어 이렇게 말해줄 수도 있다.

"잠바 속에 날 품어줘서 고마워. 덕분에 하나도 안 추웠어!"

유치원에 도착하면 선생님들과도 이야기해볼 수 있다. 이렇게 하면 옷을 입으라는 지루한 독촉이 좀 더 쉬운 활동이 되고, 아이의 기억 속에 남을 재미난 대화로 바뀌게 된다.

Tip 잠바 온도계

잠바는 잠바다. 그렇지 않은가? 그렇지 않다. 그렇게 쉬운 문제가 아니다. 아이가 잠바 하나를 고르면, 이는 곧 다음 문제를 의미한다.

"그건 안 돼! 다른 걸 입어! 그렇지 않으면 너무 추워서 감기에 걸릴 거야!"

아이가 잠바를 별로 안 입고 싶어 한다면, 2~3세부터는 그림으로 설명해줄 수 있다. 물론 다른 옷들로도 모두 가능하다.

준비물: 우비나 환절기 잠바, 겨울 잠바 등이 그려진 스티커, 상자, 풀, 베란다나 창문턱에 사용될 온도계

방법: 상자 위에서부터 아래까지 다양한 잠바 스티커를 붙인다. 그 옆에는 해당 잠바를 언제 입으면 좋을지를 표시한 대략적인 바깥 날씨와 기온을 메모해둔다. 아이는 매일 아침 온도계를 확인한 다음, 바깥 날씨에 따라 어떤 스티커가 적절한지 결정하게 되고, 해당 잠바를 입게 된다. 부모가 마련해둔 틀 안에서 "오늘은 이 잠바를 입을 거야!"라며 아이가 스스로 결정하면, 아이의 자율성 및 통제 욕구는 충족되고 아침 루틴은 편안해질 것이다.

옷 입는 걸 아이가 잊어버렸다면

아이들은 쉽사리 자신들의 세상 속으로 빠져들고, 즉흥적이고, 창의적이며, 자기들만의 리듬을 가지고 있다. 이때 바깥세상은 (온통 뒤죽박죽일지언정) 완전히 차단되고, 외부 세계에서 봤을 땐 지독히 쓸데없는 것들에 아이들의 온 신경이 다 쏠린다. 그러면 이런 말들이 들려온다.

"그럴 시간 없어!"

그런데 이런 닦달도 양말을 신지 않고 학교에 가고 싶어 하는 아이를 막지는 못한다. 아빠는 초조해하며 다시금 상기시킨다.

"양말!"

아이들은 제 행동에 뒤따를 결과를 잘 생각하지 않는다. 아이들은 현재, 지금, 이 순간을 살아가고 있다. 다음으로 해야 할 일은 잘 계획하지 않는다. 한마디로 말하면 아이들의 세상에서는 시간이 그다지 중요하지 않다. 이게 부모들과의 차이점이다.

☹ "얼마나 더 말해야 해? 꾸물댈 시간 없어. 뭘 해야 하는지 잘 알잖아. 옷 좀 입어!"

이런 짜증 가득한 경고는 부모의 '스트레스 잔'만 채우지, 이로 인해 아이가 조금 더 협력할 일은 만무하다. 반면, 부모가 아이와 연결되고자 노력하면 아이의 세상과 연결될 다리가 생겨난다. 아이의 생각, 감정, 행동에 대한 공감은 '아하' 하는 순간들을 만들어내며, 효과적인 새 해결책을 찾도록 도와준다.

Tip 의류용 빨랫줄

옷 입는 순서가 적힌 설명서를 아이와 함께 만들어보자. 아이에게 질문해보자.

"어떤 옷들을 그려야 할까?"

그러면 아이가 의견을 내놓을 것이다.

"바지, 팬티, 잠바…."

"이렇게나 많은 걸 떠올리다니 멋진걸. 지금 너랑 함께하는 시간이 너무 좋아! ○○이가 그림들을 붙여볼래? 엄마(혹은 아빠)는 뭘 하면 좋을까?"

모든 옷을 그림으로 그려 오린 다음, 순서대로 빨랫줄에 걸어두자. 이제부터 매일 아침, 이 '의류용 빨랫줄'을 바닥에 놓은 후 아이가 스스로 옷을 고르게 하자. 물론 다른 형제자매나 부모도 함께 해볼 수 있다. 이제 해야 할 일은 단 하나, 순서대로 하나하나 입는 것이다. 옷을 다 입고 나면 손뼉을 쳐도 좋다.

시각화된 상징들을 통해 아이는 스스로 옷을 입을 기회를 얻게 된다. 또한 의류용 빨랫줄은 지금껏 잊고 있었던 옷들을 다시 상기시켜주는 아침의 활력소가 되기도 한다.

실내화가 달아난다면

아이가 드디어 옷을 다 입었다는 사실에 부모는 엄청나게 기뻐하며 유치원에 도착했다. 그런데 이와 동시에 또 다른 장애물이 등장한다. 아이가 실내화를 신고 싶어 하지 않는다. 이제 부모는 이해심 가득한 내적 목소리를 활성화해야 한다. 그 목소리는 이렇게 속삭여줄 것이다.

'내 아이는 나를 화나게 하지 않아. 설령 지금은 상당히 괘씸하게 웃고 있지만 말이지. 지금 아이에게 중요한 건 자신의 욕구 충족일 뿐이야!'

그 순간 아이가 필요로 하는 게 정확하게 무엇인지 읽어내려고 노력해보자. 부모가 지금 밖으로 나간다면 아이에게는 '작은 이별'이 된다. 이는 아이를 두렵게, 혹은 아프게 할 수 있다. 상황을 아이의 관점으로 바라본다면, 그 이유를 이해하면서 아이를 안아주고(애착) 어느 정도 함께 놀아줄(욕구 충족) 것이다. 헤어지기 전, 하나의 의식으로 간단한 놀이를 해보자(가끔은 아주 짧은 1분 의식으로도 충분하다). 이런 상호작용을 통해 갖게 되는 긍정적 경험으로 아이는 내적 '행복'을 느끼게 된다!

분명 다음과 같은 '헤어짐의 말'을 한 번쯤 해봤을 것이다.

"정말로 나는 가봐야 해. 제발 말 좀 들어! 이제 실내화를 신어.

그렇게 어려운 일도 아니잖아!"

아이가 괘씸하게 웃어대며 반항적인 눈빛으로 쳐다본다면 공감적인 대화를 시도해보자. 훨씬 더 빨리 문제를 해결할 수 있다. 이런 상황에서는 관찰한 바를 말로 표현해보자. 정말로 큰 도움이 될 것이다.

"나랑 좀 더 놀고 싶구나. 내 생각엔 ○○이 실내화도 그러고 싶어 해!"

간단한 놀이를 시도해볼 수도 있다. 실내화가 숨었다거나 도망가서 찾아내야 한다고 말이다. 실내화 신기를 특히나 거부하던 아이들은 '내 실내화를 잡을 거야!'와 같은 놀이를 재미나게 생각한다. 아니면 이렇게 해보자.

"한 번 더 꽉 껴안아줄게. 그러면 우리 둘 다 오늘을 위한 힘을 가득 받게 될 거야!"

필요하다면, 아이가 부모를 현관까지 배웅한 후, 큰 소리로 '1, 2, 3'을 헤아리고 부모를 밖으로 밀어내는 놀이도 해볼 수 있다.

유치원과 학교, 아이에겐 엄청난 변화

유치원 첫날, 잘 알지도 못하는 낯선 공간에 처음으로 엄마 아빠 없이 오로지 혼자 서게 되는 일은 아이에게 엄청난 도전이다. 어떤 낯선 사람이 갑자기 아이 앞으로 다가와 아이와 대화하려고 애쓴다. 이때 아이의 애착 시스템이 활성화된다. 이 말인즉슨, 아이는 이 상황(어린이집에서 유치원 소속으로 신분 전환)을 잘 극복하고자 그 짧은 시간 안에 제 모든 힘을 끌어모아야 한다. 이때 아이가 믿고 의지하는 가정 환경과 여전히 새로운 환경 사이에 다리를 하나 놓아줄 수 있는 사람은 부모와 교사들이다.

부모들은 부정적인 일들로부터 자신의 아이를 보호하고자 한다. 좀 더 큰 변화들에서도 부모들은 자기 아이의 '정서적 짐'을 덜어주고자 노력한다. 즉, 어린아이들은 독립된 주체로서 잘 인지되지 않는다. 실상 아이들이 부모와 교사들과 함께 만들어 나갈 '전환기 다리들'을 애착 대상들이 홀로 만들어내는 경우가 너무나도 많다. 새로운 세상으로 넘어가는 전환기를 아이들이 직접 계획할 수 있다는 사실을 잘 모르는 것이다. 이때 어른들은 더욱 애착을 형성하기 위해 세심하게 아이와 함께해주며, 아이가 이 발달과제를 잘 성취할 수 있도록 전환기의 주변 환경들을 함께 계획해 나갈 필요가 있다. 그렇지만 핵심적인 사항은 아이 스스로 해결해 나가야 한다.

이 전환기의 공간적 변화와 정서적 변화를 지지해주기 위해 적응 기간의 규칙들을 미리 파악하고, 궁금한 점은 유치원 선생님들과 미리 연락해서 해결하자. 다음 사항들이 도움이 될 것이다.

- '첫 번째 날'이 있어선 안 된다. 입학 전, 기관과 선생님들과는 미리 만나봐야 한다.
- 유치원 주변을 자주 걸으며 긍정적인 분위기와 기대감을 느낄 수 있도록 해주자('기대감이야말로 가장 큰 기쁨'이라는 말이 그냥 생겨난 게 아니다). 산책 후에 유치원, 선생님들, 다른 아이들에 대한 그림을 함께 그려보자. 이런 창의적인 접근 방법과 아이의 그림을 통해 긍정적인 감정들이 생겨난다(기대

감은 곧 행복 호르몬을 방출한다).

- 숨바꼭질, 장난감 숨겨두고 찾기 등 '분리 연습 게임'을 집에서 해보자. 짧은 분리 상황은 헤어짐과 재회를 가르쳐주며, 아이가 애착 대상과 적절한 거리를 두도록 도와준다. 이런 놀이를 부모와 여러 번 해보면, 분리 경험이 성공적인 분리로 아이에게 저장된다.
- 아이와 산책하며 유치원 건물과 주변 환경을 살펴보자. 외적 안정감은 내적 안정감으로 이어진다.
- 유치원의 동의가 있다면, 적응 기간이 시작되기 전에 '탐색 일정'을 계획해보자. 유치원 친구들과 놀이터 등에서 함께 놀 기회를 마련해주자. 그런 상황을 통해 아이는 자기만의 관계망을 형성할 것이다.
- 아이가 친구들과 노는 걸 기대한다면 이에 관해 함께 이야기를 나눠보자. "다른 친구들과 노는 걸 네가 굉장히 좋아하는구나!", "네가 행복해하는 게 보여!"라고 말해줄 수 있다(긍정적인 감정을 짚어주기).
- 특별한 포옹, 특별한 손 악수, 뽀뽀 등 헤어질 때마다 둘만의 특별한 의식을 행해보자. 헤어질 때 나눠 갖는 '유치원 돌들'(색칠해둔 돌 2개로, 하나는 부모 돌, 다른 하나는 아이 돌)이 도움이 될 때도 있다. 아이에게 부모 돌에는 엄청나게 많은 사

랑과 포옹이 담겨 있으며 아이가 유치원에 있는 동안 온 힘을 다 쏟아줄 거라고 이야기해주자. 아이가 적응하기 시작하면, 둘 다 잘 준비된 것이다.

추천컨대, 아이의 적응 기간 전에 부모로서 자신의 행동, 생각, 감정을 한번 곰곰이 생각해보자. 나는 무엇을 두려워하는가? 나는 무엇을 걱정하는가? 나는 분리될 준비가 되었는가? 분리불안, 양심의 가책, 경쟁심 등은 공감적으로 적응하는 데 방해가 될 수 있다. 아이 돌봄 서비스의 장점들을 메모하는 것도 부모의 결정을 확고히 하는 데 도움이 될 것이다. 또한 부모가 돌봄 서비스 기관들을 신뢰하며 일종의 믿음, 안전함, 편안함, 확신 등을 내비치는 것도 도움이 된다.

유치원에서 온 편지

유치원 입학 전, 아이는 그렇게 많은 주목을 받지 못한다. 전환기에 도움이 될 정보를 부모들에게 알려주는 입학 설명회가 계획되지만, 이때 아이와는 누가 이야기를 나누는가? 아이야말로 능동적인 구성원으로, 입학 전 함께 고려되어야 할 대상이다.

아이가 앞으로 다닐 유치원으로부터 '초대장'을 받는다면 어떨까? 초대장에는 담당 교사와 유치원 아이들의 모습이 그려진 그림들이 들어 있다. 짧게 적힌 글은 부모가 아이에게 읽어줄 수 있다. 마지막에 이런 문구를 넣어둘 수도 있다.

"집에서 특히 좋아하는 물건을 유치원에 가져와보세요!"

이는 아이의 불안을 덜어줄 수 있다. 물론 가족이야말로 어린 아이에게 최고로 중요한 삶의 터전이자 사회화 공간이다. 교육상 '최적으로' 준비된 전환기는 공감적인 의사소통과 구성원 모두의 '협력'을 전제로 이루어질 수 있다.

아이의 분리불안

가족들 품에서 온종일 있다가 유치원을 다니게 되는 삶의 변화는 아이에게 민감한 과제다. 이 새로운 상황에 아이가 얼마나 빨리 혹은 천천히 적응하느냐는 아이의 기질, 부모와의 애착 및 관계의 질, 그리고 유치원 선생님들이 얼마나 공감적으로 함께하는지에 따라 달라진다. 지금껏 조금씩 겪어오면서 잘 극복해왔던 분리 경험들(할머니 할아버지 댁 방문, 소풍, 키즈카페 가기 등)도 긍정적인 영향을 미친다. 지금껏 잘 헤어졌고, 반갑게 다시 만났던 경험들이 아이의 기억 속에 잘 저장되어 있다면, 부모와의 분리가 위협을 의미하는 게 아니라는 걸 아이도 깨닫는다.

자, 등원 첫날이 코앞으로 다가왔다. 아이는 기대감을 드러내며 가방을 싼다. 아이의 동인(탐색 욕구)이 발동하면서 아이는 유치원 세상을 탐색할 준비가 됐다. 아이가 탐색 여행을 시작할 때는 안전한 항구(부모)가 여전히 시야에 있다. 그리고 얼마 후 유치원의 또 다른 항구(교사)가 나타난다. 이 새로운 항구가 매일 활성화되도록, 아이가 교사와의 관계를 잘 형성해 나가도록 부모가 도와줄 수 있다. 적응 기간에는 교사를 위해 한발 물러나 있자.

"아, 책을 읽고 싶구나. 선생님에게 한번 여쭤보렴!"

새로운 애착을 형성하는 이 같은 경험들로 아이는 새로운 기관을 안전하다고 느끼고 새로운 애착 대상을 신뢰하게 된다. 아이는 새로운 친구들을 만나고, 장난감들을 흥미롭게 바라보며, 좋아하는 공간이 생기기도 하고, 유치원 선생님들의 위로도 받아들인다. 이는 분리 시도를 시작해볼 수 있다는 신호이기도 하다. 분리와 이별은 이와 관계된 모든 사람에게 똑같이 아프고 스트레스다. 물론 지금까지의 분리 경험에 따라 정도의 차이는 있다.

중요한 조언을 하나 하겠다. 거의 확신컨대 눈물들이 줄줄 흘러댈 것이다. 이때 울음은 지극히 정상적인 반응이다. 아이는 울면서 의사소통하고, 면밀하게 충족되어야 할 관심과 애정에 대한 욕구를 확실하게 드러낸다.

"얘는 늘 관심받고 싶어 해요."

주변에서 들려오는 비판적인 이야기에 혼란스러워할 필요가 없다. 유치원 선생님이 "이제 그만 울어!"와 같이 경솔하게 발언하면, 아이는 유치원에서는 자기감정을 드러내면 안 된다는 인상을 받을 수도 있다. 헤어짐의 아픔은 부모뿐만 아니라 교사들도 진심으로 받아들여줘야 한다.

"헤어지는 게 힘든 것 같구나. 네가 준비될 때까지 옆에 있어줄게!"

부모들에게 "지금 ○○이가 놀이에 아주 심취해 있어요. 조용히 나가세요"와 같이 조언하는 건 역효과를 가져올 뿐이다. 그러면 부모들은 '매번' 헤어져야 한다. 만약 아이가 울면서 부모에게 "가지 마!"라고 말하면 무슨 일이 벌어질까?

"울 필요 없어. 선생님이 여기 있잖아!"

이렇게 말하는 대신, 유치원의 주변 풍경을 아이와 함께 그려보면서 헤어짐을 준비해보자. 나무 같은 특별한 특징들에 주목하자. 짧은 헤어짐에 관해서는 이렇게 의사소통해볼 수 있다.

"네가 이곳에서 너무도 재미나게 보내서 참 기뻐. 선생님이 여기 계시네. 엄마(혹은 아빠)가 첫 번째 나무까지 갔다가 다시 너를 데리러 올게!"

이런 식으로 그림에 등장하는 다양한 요소를 활용하여 분리 시간을 늘려가면 된다.

"오늘은 여기 두 번째 나무까지 가볼 거야."

아이가 자발적이지만 여전히 울면서 헤어진다면, 헤어짐의 과정을 짧게 유지해도 괜찮다. 울음은 중요한 의사소통 수단으로, 상대방에게 공감을 요구한다. 아이는 울면서 자신의 안전한 항구, 그러니까 담당 선생님에게 신호를 보내며 공감을 요구할 수 있다. 선생님이 위로해주면 헤어짐의 눈물이 누그러질 때도 있다.

유치원생으로 삶이 전환되는 것은 부드럽게 이루어져야 한다. 그러므로 아이의 적응 기간을 충분히 계획해두고, 어떤 전략과 의식, 부분 단계들이 아이에게 도움이 될지 고민해보자. 다른 부모들과 연락하여 오후에 따로 만나보는 것도 좋은 방법이다. 그러면 아이는 유치원 친구들과 더 빨리 사귀게 되고, 이는 유치원 생활로 연결되어 아이가 부모와 좀 더 쉽게 떨어질 수 있다.

픽업 전쟁: 아이가 집에 가길 싫어한다면

엄마: "오늘 유치원 어땠어?"

아이: "힘들었어!"

어른들은 처음엔 대개 이런 말이 우습다. 놀고, 먹고, 다시 노는데, 뭐가 그렇게 힘들지? 그런데 아이가 피곤한 건 당연하다. 굉장히 다양한 자극은 쉽게 과부하 상태를 초래한다. 그렇기에 아이의 협력 계좌는 텅 비어버리고 새로운 친구들과의 작별은 '스트레스'가 되면서 기분이 동요될 수도 있다. 아이는 당연히 엄마에게 "저리 가!"라고 소리를 지르기 시작한다.

"이제 그만! 엄마한테 두 번 다시 그렇게 소리 지르지 마!"

엄마는 화가 나고, 이 상황을 어떻게 모면해야 할지 잘 모른다. 이럴 때는 잠시 마음 가다듬기, 숨 고르기, 필요하다면 윗옷 벗기(이런 대화는 길어지기 마련이니까) 등이 도움이 된다. 이제 아이는 '계속 함께할 거야' 계좌를 채우기 위해 일종의 '선금'을 필요로 한다. 이때는 위협과 비난보다 '나 메시지'가 훨씬 더 효과적이다.

"나는 네가 나랑 조용히 이야기하면 좋겠어!"(목소리 크기 맞추기)

"나도 네가 화난 걸 알아!"

아이가 고함지르지 않으면 그때 대화를 다시 시작할 수 있다.

"이곳에서 네가 정말로 즐거워한다는 걸 나도 알아. 여기 앉아 있을게. 조용히 작별 인사를 하고 오렴!"

아이가 더 적절한 목소리 크기로 이야기하면 이렇게 말해주자.

"이렇게 조용히 말하니 네 이야기가 훨씬 더 잘 들려!"

감정이 마구 요동치는 상황에서는 친절하고 존중 어린 태도로 아이를 대하는 게 힘들 때도 많다. 그런데 이 세상 모든 부모를 안심시켜줄 이야기를 하나 하자면, 아이가 건방지게 행동하며 심지어 반격까지 가하는 건 아이가 부모 곁에서 안전함을 느끼고 있다는 뜻이다. 아이에게는 부모가 저항하거나 자기를 떠날지도 모른다는 두려움이 없다. 양쪽 다 진정되면 해결책을 제시해보자.

"오늘 무슨 일이 있었는지 진짜 궁금해. 집에 가는 길에 말해줘!"(즐거운 대화에 대한 기대와 희망)

짧은 의식들도 하원을 좀 더 쉽게 해준다. '당이 떨어진' 아이를 위한 초코바, 하원길에 함께 해볼 놀이도 시도해볼 만하다.

등교 첫날

아이가 유치원 밖으로 소위 '던져지면'(독일 유치원에서 행하는 졸업 의식) 부모는 복잡미묘한 감정을 느끼게 된다. 아이가 곧 초등학생이 된다는 생각에 눈물이 흐를 때도 있다. 아이가 초등학교에 들어갈 걱정을 한다면, 이는 아이와 함께 이야기해볼 시간임을 시사한다. 아이는 좀 더 복합적으로 생각하기 시작하면서 자신의 세상을 좀 더 잘 지각하게 된다. 잘 알지 못하는 상황은 아이를 불안하게 할 수도 있다.

아이가 학교에서 기대할 수 있는 것들을 함께 생각해보자. 그날 하루는 어떤 모습일까? 아는 친구가 있을까? 선생님 이름은 뭘까? 그러면서 아이의 의문들을 주제화하여 진지하게 받아들이고 각각에 맞는 해결책을 찾아볼 수 있다. 아이가 상상하는 학교의 모습을 그림으로 함께 표현해봐도 좋다. '예비학교'(초등학교 입학 전, 6세 아이들이 유치원에서 보내는 예비 과정을 말한다—옮긴이)에서 접한 '환상 속임수'도 도움이 된다. 예를 들어, 필통 속 연필들이 다양한 마법 주문을 읊는 거다(용감해지기, 행복해지기 등). 그 연필을 사용하면 교실에서 마법이 통한다고 상상해보자.

어떤 아이들은 헤어질 때 뽀뽀하거나 포옹하는 걸 더는 좋아하지 않는다. 이런 아이들을 위해서는 등교 전 작은 작별 인사로 '손에서 손으로' 자연스럽게 전달할 작은 '작별 돌멩이'를 준비해보자. 신비의 목걸이나 팔찌도 작별 의식이 될 수 있다. 아이의 '안전망'이 넓어지면 같은 반 친구와 함께 등교하는 것도 도움이 된다. 아이를 학교까지 바래다주는 상황이라면 아이가 다른 친구들을 사귈 수 있게 한 발짝 떨어져 있자.

아이가 학교만 가면 복통이나 다른 질환을 호소하면서 자주 조퇴하고 올 경우, 주의를 기울이면서 소아·청소년과 전문의와 상담해보자. 확실히 생물학적 이유 때문은 아니라면, 학교의 사회복지사나 상담교사와 면담할 수도 있다. 아이가 아프다고 하면,

이를 진심으로 받아들이고 하루 정도 집에서 쉬게 해주자. 하지만 휴식을 취하는 그날은 예외 상황이어야 하며, 아이가 집에서 지나치게 재미있게 보내거나 특별히 오랫동안 TV를 시청하도록 허락해주면 안 된다. 평소대로 생활하되, 아이가 학교에 있다면 부모가 행했을 일들을 아이에게 보여주자. 필요하다면 아이와 함께 해보자. 정말로 아픈 아이는 그날 푹 쉬도록 해줘야겠지만, 다른 이유로 아이가 집에 있는 거라면 지루해하도록 내버려두자. 그러면 등교와 더불어 다음 날 만날 친구들을 기대하게 된다.

Tip 등교 불안

주중에 아이가 두려움(사회적 불안, 따돌림 등), 두통, 복통 등을 수차례 호소한다면, 매일 학교에 가야만 하는 등교 의무로 심리적, 심신 상관적 반응이 유발된 것이다. 이는 등교 불안을 암시할 수 있다. 어떤 아이들은 집과 부모로부터 분리되는 데 크나큰 어려움이 있어 등교를 힘들어한다. 부모에 대한 과도한 관심과 등교 거부는 '학교 공포증school phobia'이라고 명명한다. 이런 경우에는 심리치료사와 상담할 필요가 있다.

장보기와 놀이터

어린아이와 함께 장 보러 나간 적이 있다면 누구나 알 것이다. 아이는 호기심 때문에 모든 걸 보고, 만지고, 시험하고, 지각하고 싶다. 예쁘고 맛있는 것들은 당연히 갖고도 싶다. 아이는 정치가들이 질투할 정도의 놀라운 설득력과 토론 기술을 겸비한 대화 전문가로 변신한다. 부모는 "안 돼. 오늘은 그거 안 살 거야"라는 말로 이의를 제기하려 애쓰지만, 별 소용이 없다. 그때부터는 "안 돼. 그건 안 살 거야!", "그만!", "이걸로 충분해!"라는 말을 계속 내뱉게 된다. 그러나 아이는 "하지만 나는 사고 싶다고요!"라고 혹 대답한다. 주변에서 '다른 사람들'의 시선이 느껴진다. 분위기는 금세 싸해지고, 부모는 조만간 폭발이 일어날 걸 감지한다.

"사탕 하나 더 살 거야"

마트에서 논쟁은 순식간에 확 달아오른다. 계산대 근처, 아이 눈높이에 맞춰 진열된 사탕과 초콜릿 같은 단 음식들이 괜히 '칭얼칭얼 제품'으로 불리는 게 아니다. 부모는 계산하기 위해 줄을 서 있고, 아이에게는 제 바람들을 표현할 충분한 시간이 주어진다. 이 바람들이 충족되지 못하면, 아이는 울기 시작하면서 펄쩍펄쩍 뛰어댄다. 그리고 결국엔 "안 돼. 이가 다 썩을 거야!"라는 말에 완전히 과도하게 흥분해서는 화가 난 채 바닥에 냅다 드러눕는다. 이 상황에서 부모는 어떤 선택을 할 수 있을까?

- **포기하기**: 포기하는 동시에 주변으로 사람들이 몰려든 낯뜨거운 상황이 마무리된다. 그러면 이렇게 말하며 절레절레 고개를 저어대던 사람도 더는 이러쿵저러쿵 간섭하지 않는다. "우리 애들은 킨더조이(달걀 모양의 독일 초콜릿 과자다—옮긴이)를 아무리 먹어도 문제없었어. 요즘 부모들이란!"
- **위협하고 식은땀 흘리기**: "지금 안 일어나면 아빠한테 다 이를 거야"라는 말로 위협한다. 그러다 이렇게 말한다. "셋 센다. 하나, 둘…." 이때 심장이 마구 두근거린다. '셋을 센 후에도 아무 일이 안 일어난다는 걸 아이가 알면 어쩌지?' 그렇기에

부모는 셋을 셀 때까지 최대한 길게 시간을 끈다. "둘 반, 둘 반의반, 둘 반의반의반…."

- **연설 늘어놓기**: 아이가 제멋대로 행동하는 동안, 설탕이 하는 '엄청나게 못된 짓거리'를 설명해주며 그것을 인지시킨다.
- **감정으로 조종하기**: "엄마(혹은 아빠)가 슬퍼하는 걸 보고 싶니?"

이 전략들은 얼마나 성공적일까? 지금껏 부모에게는 이 전략들을 시도해볼 기회가 아주 많았을 것이고, 적어도 양쪽 모두 만족하지 못했을 것이다. 스스로에게 질문해보자. 아이와 함께할 준비가 되어 있는가? 그럴 힘이 남았는가? '다른 사람들'의 시선은 신경 쓰지 않고 나와 내 아이에게만 집중할 수 있는가? 앞이 캄캄하다면, 아이와 함께할 힘이 부족한 것 같다면, 장보기를 중단해도 괜찮다.

동행

사탕 거절로 인해 아이의 뇌에는 엄청나게 시끄러운 알람이 울려 퍼지기 시작했다. 부모가 열쇠를 가져와 이 알람을 꺼주어야 한다. 아이가 바닥에 드러눕거나, 다른 사람들에게 피해를 주거나, 아이와의 동행이 너무 힘든 것 같으면 사람이 적은 마트 출입구로 아이를 데려간다. 그러면 방해받지 받고 아이에게 다가갈 수 있다. 눈높이를 맞추고, 신체 접촉을 하며(아이가 허락한다면 말이다. "싫어. 저리 가!"라는 아이의 말도 존중해줘야 한다), 표정, 손짓과 발짓, 억양 등을 통해 아이의 감정들을 말로써 반영해주자. 아이의 감정에 부모를 맞추자. 아이가 부모를 바라보면, 아이와의 동행이 가능해진 시간이 시작된 거다. 이때도 부모의 표정, 손짓과 발짓, 억양 등을 아이의 감정에 맞춰주자.

"네가 화난 걸 알겠어. 내 결정이 네 마음에 안 들 거야. 사탕 하나 더 갖고 싶지? (잠시 쉬면서 아이가 동의하는지 기다린다.) 장 볼 때마다 초콜릿은 하나, 이게 우리 규칙이잖아. 초콜릿이랑 사탕을 바꿔도 괜찮아! 네가 어떤 결정을 해도 괜찮아. 집에 가는 길에 먹어도 돼. 네가 준비됐다면, 다시 계속해서 장을 보자!"

부모의 태도와 대화 내용은 믿을 만해야 한다. 만약 아이가 계속 화낸다면, 이 공감적인 의사소통 고리(감정을 반영하기, 감정을 명명하기, 욕구를 표현하기, 해결책 및 행동 방안을 제시하기)를 처음부터 다시 시작해야 한다! 아이의 화를 가라앉히는 방법에 대해서는 2장에서 아이의 분노에 대해 언급한 내용을 찾아봐도 좋다.

Tip 상대방의 감정에 맞춰 대화를 조절하기

이렇게 상상해보자. 짜증 나는 옆집 사람 때문에 나는 지금 화가 엄청나게 나 있는 상태다. 그런데 나의 배우자가 침착한 목소리로 이렇게 말한다.

"짜증이 났구나."

이 말을 들으면 어떨까? 이해받는 기분일까? 아마도 이렇게 대답할 것이다.

"뭐야, 내 말을 듣긴 한 거야? 그 사람이 나한테…."

배우자가 억양을 바꿔 불쾌해진 목소리로 내 분노를 반영해준다면 어떨까?

"와, 당신, 단단히 '화가 나' 있는 것 같은데? 여기까지 그게 다 느껴져!"

더 나은가? 그래, 적어도 더 솔직하다. 아이가 마트에서 고함을 지르면, 부모도 조용히 소곤소곤 말하지 못한다. 그럴 필요도 없다. 감정을 숨기면 부모의 의사소통 방식과 행동이 거짓되게 보일 수 있다. 그러면 아이는 그저 달래지긴 했어도 제대로 이해받지 못했다는 기분을 느낄 수 있다.

마트에서의 술래잡기

"잘 들어. 그곳에 도착하면 지난번처럼 행동해서는 안 돼!"

이렇게 사전 경고하는 이유는 예전에 있었던 부정적인 경험들이 반복되지 않도록 하기 위함이다. 그런데 실상 무슨 일이 벌어진 건가? 부모는 시합이 시작되기도 전에 옐로카드를 준 셈이다.

아이의 자유로운 발달은 이미 그 전부터 제약된다. 아이의 머릿속에 '레드카드'가 떠오르면서 아이는 처음부터 불만을 갖게 된다. 유감스럽게도 사전 경고는 '그렇게 행동하지 마'라는 메시지를 담으면서 아이가 해선 안 될 행동만 언급한다. 아이가 할 수 있는 행동이나 문제 상황을 극복할 방법은 제시되지 않는다.

이런 사전 경고성 의사소통에서 긍정적이고 공감적인 언어, 좀 더 정확히 표현하자면 생산적인 언어로 바뀌기까지는 기다림이 필요하다. 자기가 할 수 있는 일이 무엇인지 아이가 제대로 이해하려면 부모가 어떤 말들을 어떻게 해줘야 할까? 아이가 자발적으로 협력할 수 있게 아이를 자극하거나 동기를 유발할 수 있을까? 의사소통 방식이 바뀌면 부모의 선의는 영감을 불러일으키게 되고, 아이와 부모는 둘 다 평온해진다.

☹ "마트에서 난장판을 벌이면 안 돼. 내 말 알아들었니?"(사전 경고와 옐로카드)

이렇게 말하는 대신, 아이에게 참여권이 있음을 알려주는 게 더 낫다. 아이를 적극적으로 참여시키자.

☺ "엄마(혹은 아빠)가 장 보는 걸 네가 도와주니 참 기쁘구나!"

무엇을 구매할지를 함께 생각해보는 것도 좋다.

☺ "뭐가 빠진 것 같아?"

초등학생들은 구매 목록을 스스로 작성할 수 있고, 어린아이들은 식료품 스티커 등을 붙여볼 수 있다. 마트에서는 아이에게 흥미로운 일거리가 주어진다.

"물건들을 함께 찾아볼까?"

'식품 보물찾기'가 계산대에서 끝나도록 구매 목록을 계획해보자. 이 '과제'는 아이가 스스로, 혹은 부모와 함께 계산을 마치면 성공적으로 끝나게 된다.

놀이터 갈등

부모와 아이 간에 전형적으로 발생하는 위태로운 상황 중 하나는 '놀이터 갈등'이다. 무기력해 보이는 부모들 무리가 이곳 놀이터에 북적북적하다. 그들은 아이를 집으로 데려가려고 고군분투 중이다. 아이와 협상하고, 선택권도 여럿 제시해보지만, 어느 순간 참을성은 바닥나버리고 부모의 권력을 휘둘러댄다.

"지금 같이 가거나, 아니면 너 혼자 여기 있어!"

이런 위협적인 말로 최악의 시나리오를 작동시키면, 부모 자신이 그토록 통제하고 싶었던 상황이 통제 불능 상황으로 치달을 수도 있다. 절망한 나머지 부모는 고함과 위협 등 예전에 써먹던 수단을 총동원한다. 아이와의 대화는 점점 더 공격적으로 변하고,

서로 더 멀어지게 되며, 부모의 목표는 저 멀리 아득해진다.

아이의 타협적인 태도를 간과하지는 말자. 아이는 부모가 바라는 바가 아닌 그 반대로 행동하려 든다고 확신하는 견해도 있지만, 그래도 우리는 아이가 타협하는 경우를 믿어보자.

아이에게 부모의 감정, 생각, 욕구를 명확하게 표현해보자. 부모가 자신에게 충분한 공감을 표명한다면, 아이에게도 그럴 수 있다. 상냥하게 속삭여주는 내적 동반자를 활성화하자. 내적 동반자는 부모가 존중 어린 태도로 이야기할 수 있게 도와줄 것이다.

"오늘은 안 돼! 너랑 의논하지 않아! 내가 그렇게 하길 바라니까. 이제 집에 가!"

이렇게 말하는 대신, 용기를 내어 부모의 감정과 욕구를 아이에게 구체적으로 표현해보자.

"나 오늘 정말 너무 지쳤어. 지금 집에 가고 싶어. 집에서 코코아 한 잔을 마시면 다시 힘이 날 것만 같아!"(나이에 맞는 설명)

또 아이와 이렇게 협상해보자.

"우리가 타협점을 찾아볼 수 있을까? 집에서 나는 ~을 하면 좋을 것 같은데(바람), 집에서 너는 뭘 하면 좋겠어?"

전자 기기를 사용하는 문제

아이들이 전자 기기를 이용해서 미디어에 노출되는 문제는 뜨거운 감자로, 여러 분야의 전문가들이 열띠게 토론하는 주제다. TV와 태블릿, 스마트폰 등의 사용이 가족 간에 허용되기 시작하면 갈등 상황이 거듭 벌어지게 되고, "이제 충분히 봤어. 끄자!" 같은 말들이 나오기 일쑤다. 그러면 아이들은 즉각 반응한다.

"늘 엄마(혹은 아빠)가 결정하잖아!"

"더 보고 싶어!"

부모와 아이의 힘 대결에서 그 끝은 늘 불화가 생기고 방문이 쾅쾅 닫힌다. 왜 그런 걸까? TV를 보고 있었다면 10분 전으로 되돌아가보자. 그때까지만 하더라도 모든 게 평화롭다. 모두가 평온한 상태다. TV에서는 아이가 좋아하는 프로그램이 나오고, 부모는 집안일을 하고 있다. 그런데 문득 부모의 머릿속에 이런 생각이 떠오른다.

'근데 이젠 충분히 봤잖아.'

부모는 TV 쪽으로 걸어가면서 이렇게 말한다.

"자, 이게 마지막이야. 그다음엔 끄자!"

흠, 이 요구 사항을 실행으로 바로 옮길 수 있으려면 뇌가 어느 정도 성숙해 있고, 현명하고 합리적인 아이여야 한다. 어림없다! 가슴에 한번 손을 얹고 생각해보자. 영화가 흥미진진하게 흘러가고 있는데 TV가 꺼져버린다면 부모라 해도 얼마나 이성적일 수 있겠는가.

아이와 가족을 위한 사용 규칙

아이가 TV나 태블릿, 스마트폰 등을 너무 장시간 사용하면, 부모는 서로의 선을 넘지 않으면서도 아이의 기기 사용 시간을 어떻게 제한할 수 있을지 고민할 것이다. 다음의 규칙들이 효과가 있을 것이다.

- 디지털 세상과 현실의 활동들 간에 조화를 이뤄줘야 한다(취미 활동, 친구와의 만남, 집에서 해야 할 일들 중간중간마다 하는 흥미로운 활동과 기분 전환 등).
- 매일 사용 가능한 시간에 대한 명확한 규정이 있어야 한다. 큰 아이들의 경우, 주간 할당량을 정해보자. 유리병 속에 매주 정해진 양의 구슬을 넣어두자. 아이가 보고 싶어 하는 프로그램마다 구슬 한 알이 '소비'된다. 구슬들을 다 쓰게 되면 더는 볼 수 없다.
- 가족이 함께 즐기는 시간을 마련한다. 예를 들어, 모두가 함께 영화 보는 날을 정한 다음, 이날을 좀 더 특별하게 꾸며보자(팝콘 준비 등).
- 전자 기기를 사용하지 않는 날을 정한 다음, 이날을 가족의 플레이 데이로 활용해보자.
- 아이가 즐겨보는 프로그램 내용에 관심을 가져보자. 아이와 함께 이야기도 나눠보고 프로그램도 함께 골라보자. 태블릿에서 게임이나 앱을 처음 설치했을 때는 아이와 함께 사용해보면서 아이의 반응을 관찰하자.
- 타협에는 시간 제한 프로그램이 도움이 될 수 있다(시간 제한용 앱, 부득이할 때는 서로에게 익숙한 타이머 활용).
- 프로그램을 선정할 때 주의하자. 아이의 나이에 맞게 권장되

는 프로그램이 교육상 좋다.

- 취학 전 아이들은 부모의 지도가 필요하다. 시청한 내용을 함께 이야기해보자(허구는 무엇이며, 현실과 무엇이 다른지 등).
- 잠자러 가기 전에는 사용 금지! 전자 기기 사용은 '수면 호르몬'인 멜라토닌의 분비를 억제한다.

아이의 주의를 현실로 되돌릴 방법

아이가 부동의 자세로 TV 앞에 앉아 있는가? 부모가 하는 말이 아이의 귀에 전혀 안 들리는 듯한가? 고장 난 레코드판처럼 부모는 "이제 그만!" 하고 계속해서 TV를 끄라고 요구하지만 아이는 반응하지 않는다. 쥐꼬리만큼도 말이다. 피곤함에 찌든 부모는 유일한 해결책인 마냥 아이에게 태블릿이나 TV 리모컨을 손에 쥐여줬지만, 결국엔 다음과 같은 말을 쉽게 입 밖으로 내뱉는다.

"내가 얼마나 많이 이야기했어? 내 말 안 듣니?"

이때 "이러면 내일은 사용 금지야!"와 같은 벌칙까지 동반되면, 전형적인 악순환에 빠지게 된다.

스마트폰, 게임기나 태블릿을 이용한 게임, TV 방송은 유쾌하고 재미도 있다. 이처럼 '보답을 주는 원천'으로부터 고개를 돌리는 일이 아이에게는 엄청나게 어렵다. 아이는 대개 완전히 빠져 들어 있다. 아이의 주의를 현실 세계로 되돌릴 방법은 없을까?

먼저 아이 옆에 앉아 잠시 함께 시청하자. 무슨 내용인지 알게 되면, 등장인물들을 언급하며 구체적인 질문을 던져보자.

"마리네뜨가 지금 누구였지? 걔가 레이디버그로 변신한 거야? 어떻게 한 거야?"

아이가 부모를 바라보며 그 질문에 대답하려 든다면, 고마워하며 대화의 장을 열어 나가자. 이제 아이는 부모를 주목하고 있다. 이때를 이용하여 지금 프로그램이 끝이 났고 이제는 TV를 끄길 바란다고 아이에게 설명해주자(분명한 태도와 의사소통).

아이가 좋아하는 활동이 끝나가고 있음을 미리 조금씩 알려주면서 아이를 준비시키는 것도 좋다. 대부분 도움이 된다.

"자, 이제 10분 더 볼 수 있어. 그런 다음에는 잠잘 준비를 하자꾸나."

이제 아이는 상황을 인지하게 되고, 아이에게는 부정적으로 다가올 상황이지만 그 상황을 불현듯 마주하지는 않게 된다.

허용 시간이 완전히 다 끝나기 전에 신호가 주어지도록 아이와 협의해두자(타이머를 2분 맞춰두기 등). 이게 아이를 '각성'시켜준다. 시간이 다 지나면 이렇게 이야기해줄 수 있다.

"그 프로그램을 네가 재미있어한다는 거 알아. 약속했듯이,

지금은 TV를 끄자!"

필요하다면 이런 말을 해주면서 긍정적인 것들로 관심을 끌 수도 있다.

"이제 우리는 함께 놀 거니까."

"이제 아이스크림을 먹을 거니까."

한편, 에피소드가 끝날 때까지 기다리는 등 자연스러운 멈춤을 기다려준 다음 TV를 끄면, 상황이 좀 더 편하게 마무리된다.

아이의 뇌로부터 주의를 돌리려면 어깨를 두드리는 것과 같은 신체 접촉도 좋은 신호 자극이 된다. 아이의 마음을 이해한다는 걸 보여주며 긍정적인 눈빛으로 바라보자! 부모 역시 모든 걸 계속해서 부모 혼자 결정하길 바라지는 않는다.

"네가 영화를 계속 보고 싶어 하는 걸 나도 이해해. 잘 두었다가 내일 저녁에 마저 다 보자."

더 읽을거리

컴퓨터 게임

아이가 너무 오래 컴퓨터 게임을 하는가? '어린이와 컴퓨터 게임'이라는 주제로 임상 심리학자이자 컴퓨터 게임 중독 전문가인 아르민 카저Armin Kaser 박사와의 인터뷰를 정리했다.

Q 어째서 아이들은 컴퓨터 게임에 대한 욕구를 참기 힘들어하나요?

A 컴퓨터 게임은 여러 측면에서 현실 세계보다 훨씬 흥미롭고 재미나지요. 그래픽 효과가 실제 주변 환경보다 다채롭고 자극적입니다. 음향 효과와 멜로디는 일상생활 속에서 흔하지 않은 기분과 감정을 유발하고요.

게다가 게임은 보상 기계처럼 만들어진 것입니다. 작은 미션이나 쉬운 도전 과제를 이행해도 금세 보상이라는 게 주어지고, 이로 인해 행복한 감정을 느끼게 됩니다. 학교와 같은 실제 세계에서는 보상이 잘 주어지지 않으며 확실하지도 않아요. 실생활에서 성공이라는 걸 적게 경험할수록 컴퓨터, 엑스박스, 플레이스테이션 등의 평행 세계가 더욱 매혹적으로 다가올 겁니다.

Q 게임 중독을 우려하는 부모 마음을 어떻게 하면 아이에게 적절하게 표현해줄 수 있을까요? 어떤 점에 주의해야 할까요?

A 아이의 나이에 따라 다릅니다. 12세 정도가 되어야 아이들은 자신의 미디어 소비에 스스로 책임을 질 수 있게 됩니다. 이보다 어린 아이에게는 부모가 명확한 제한을 설정해주고 이를 철저하게 지켜 나가야만 합니다. 컴퓨터 게임이 만족감, 인정, 즐거움의 주요 수단이 되어서는 안 됩니다. 힘든 상황이라면, 아이가 그 전에 확고한 보상을 받을 수 있는 자극 체계를 치료적으로 마련해줄 수 있습니다. 12세 정도가 되면 아이는 가족과 협상하기 시작합니다. 그러면 적절하게 논쟁하면서 합의점을 찾아가야 합니다.

컴퓨터 게임이 어떤 역할을 하고 있는지 이해하려고 노력해보세요. 아이가 친구들과 함께 게임을 한다면 사회적 관점이 중요하게 작용할 수 있습니다. 아이가 심심해서 게임을 한다면 대안들을 좀 더 많이 찾아봐야 합니다. 기분이 좋지 않을 때나 스트레스를 받는 상황에서 컴퓨터나 게임기를 잡는다면 인과적 관계를 잘 살펴봐야 합니다.

이처럼 힘든 대화는 어쨌건 아이가 평온하고 침착한 상태일 때 시도해야 합니다. 토론의 구체적인 목적이 무엇인지, 부모는 어떻게 합의할 준비가 되어 있는지 먼저 고민해보세요. 엄마 아빠가 모두 아이와 이야기해야 합니다. 그래야 잡음이 없습니다. 처음에 합의된 내용이 지켜지지 않으면, 그 내용을 서면으로 작성해두는 게 제일 좋습니다.

Q 컴퓨터 게임과 관련해서 부모와 아이를 위한 또 다른 조언이 있을까요?

A 최고로 좋은 방법은 컴퓨터 게임이 자유시간에 즐기는 가장 재미있는 활동이 되지 않는 환경을 만드는 겁니다. 게임을 하는 대신 친구들을 새로 사귀고 만나며, 새로운 취미 활동들을 시도해보는 거죠. 아이의 삶에 스마트폰, 태블릿, 콘솔 등은 천천히 들어오는 게 좋습니다.

아이가 정말로 컴퓨터 게임에 중독된 게 아닌지 의심된다면 전문가와 상담해보세요. 이에 대한 징조로는 엄청나게 증가한 게임 시간, 사회생활 감소, 컴퓨터 게임 외에는 흥미 상실, 대단히 큰 기분 변화, 약속한 게임 시간이 끝났을 때의 엄청난 분노 등이 있겠습니다.

컴퓨터 게임에 중독된 아이들 가운데 95퍼센트가 우울증, 불안장애, ADHD 등 다른 정신 질환을 앓고 있습니다. 치료 없이는 상황이 좋아지기 힘듭니다. 개입이 빠를수록 치료는 더 쉬워지고 효과는 더 좋습니다. 중독 상담센터, 게임 중독을 전문으로 하는 심리치료사들과 심리학자들, 또는 온라인 상담센터로부터 도움을 받으실 수 있습니다.

“

형제자매끼리 싸울 때

”

형이 아끼는 장난감을 동생이 가지고 간다. 그러면 벌써 싸움 시작이다. 매일 벌어지는 마찰들이 더는 악화되지 않게 하려면 부모는 어떻게 해야 할까?

☹ “둘이 서로 싸워대는 소리를 더는 못 들어주겠어. 둘이 싸우면 제삼자만 좋은 거지.”

그러면서 아빠가 아이들로부터 장난감을 빼앗는다. 고함이 멈췄다! 두 아이 모두 실망했고, 동생은 운다. 형은 자기도 벌을 받았다는 사실에 화가 난다. 형이 보기에 아빠의 행동은 불공평하다. “아빠 미워!”라는 말이 삐져나온다. 아빠는 “이제 그만. 네 방으로 들어가!”라고 말하고 싸움은 중단되지만, 아이들은 이때 올라오는 감정을 대처하는 방법이나 새로운 행동은 배우지 못한다.

싸움을 한 번 중재하거나 여러 차례의 다툼에서 장난감을 빼앗아버리는 일은 단기적으로나 효과가 있을 뿐이다. 장기적으로 봤을 때 아이들이 자기 문제를 '적절하게', 부모의 도움 없이 해결해 나가려면, 부모로부터 그 전략을 학습해야 한다. 형제자매들은 대부분 유치원이나 학교가 끝난 다음에 만난다. 아이들의 '배터리 상태'가 이미 빨간불로 깜빡거리고 있다면, 집 안 분위기를 꽤 어둡게 할 갈등은 예견된 바다. 이렇게 이의를 제기할 부모들도 있을 수 있다.

"애들은 주말에도 서로 싸워요!"

극적인 상황인가? 안 그렇다! 매일매일 부딪히면서 아이들은 서로 다른 감정들을 배워 나가고 새로운 중재 방식도 시도한다. 형제자매 관계에서는 많은 걸 참아낸다. 그 속에서 아이들은 자신의 관철 능력을 한번 시험해볼 용기도 가진다.

끼어들기 vs. 아무것도 하지 않기

아이들 방에서 시끄럽게 다투는 소리가 들리면, 부모의 내면에서는 지금 당장 개입하라는 조언자 목소리가 활성화된다. 그런데 아이들은 자기들만의 갈등을 경험해봐야 한다. 부모가 미리 앞서 끼어들면 아이들은 앞으로 닥칠 문제들을 스스로 다루는 방법을 배울 수 없다. 그러면 아무것도 하지 말아야 할까? 그것도 우리의 목적에는 맞지 않는다.

형제자매의 싸움 시에 대처하는 방법 몇 가지를 권한다.

- **잠시 숨 고르기:** "그만. 나는 너희가 치고받고 싸우지 않았으면 좋겠어."('누구도 다쳐선 안 돼!')
- **부모가 듣거나 지켜본 상황을 설명하기:** "장난감 때문에 너희 둘이 싸우는 거구나."
- **아이들을 진정시키고 아이들의 감정을 반영해주기:** "둘 다 지금 엄청나게 화가 난 걸 알겠어. 둘 다 우선은 진정부터 하자. 그다음 함께 해결책을 찾아보는 거야."(격한 감정이 조절될 때까지 기다리기)
- **평가하거나 한쪽 편을 들지 않기:** 무슨 일이 있었는지 아이들의 이야기를 잘 들어보자. 갈등과 다툼을 부모의 말로 정리해주자.
- **협조적인 해결책을 찾기:** 갈등을 해결하기 위해 아이들에게 필요한 것은 무엇인가?
- **욕구 표현하기:** "(한 아이에게) 내가 너를 제대로 이해한 게 맞

다면, 너는 이 장난감을 혼자 갖고 놀고 싶구나." "(또 다른 아이에게) 너는 형이랑 놀고 싶었던 거야. 근데 이제 상황이 꼬여버렸어." "(두 아이에게) 너희가 왜 화가 났는지 나는 충분히 이해해. 자, 이 상황을 해결하려면 어떻게 할 수 있을까? 너희는 어떻게 생각하니?" 아이들이 스스로 고안한 해결책이 대개 부모의 조언보다 더 효과적이다. 그래도 부모는 마음속에 몇몇 해결책을 가지고 있어야 한다.

- **공감의 고리 만들기**(아이의 발달 정도에 따라): "형이 왜 그런 기분이 드는지 이해하겠니?" "너는 어때? 네 기분이 어떤지 동생에게 말해줄 수 있겠니?"
- **부모의 조언**: "이렇게 하면 어떨까?" "다른 장난감을 엄마(혹은 아빠)랑 찾아보는 건 어때?"

형제자매를 위한 협동 게임

아이들끼리 서로 자꾸 울고불고 싸워대면 이런 의문이 생기기 마련이다. 아이들은 왜 나눠 주길 싫어할까? 연구들에 따르면, 행동 통제에 중요한 뇌 영역(전두엽 피질)은 아주 늦게야 비로소 완전히 발달하기 때문에 공평한 나눔이란 아이들에게는 어려운 것이다. 놀이할 때 아이들은 자신의 사회적 행동을 시험해본다. 하지만 관대한 행동이 득이 될 수 있다는 사실도 아이들은 상당히 빠르게 깨닫는다.

☹ "못됐다. 너는 정말로 동생을 슬프게 하는구나!"

이렇게 말하는 대신 다르게 말해보자.

☺ "네 장난감을 주고 싶지 않구나. 그래도 괜찮아. 네 장난감이니까 네가 결정할 수 있어! 네가 준비되면, 그때 나눠 줘도 괜찮아!"

형제자매를 위한 협동 게임을 해볼 것을 권한다. 가족의 일상생활 속에서 형제자매가 서로 협동하며 즐기는 게임이다. 놀이 속 미션을 해결하기 위해 아이들은 서로 도와야 한다. 놀이를 통해 '우리'라는 감정은 강해지고, 자신의 행동으로 타인을 위해 뭔가를 해주고 싶은 바람과 의지는 촉진된다. 예를 들어, 풍선으로도 재미있는 놀이를 할 수 있다. 아이들이 등과 등을 맞대고 서고, 그 사이에 풍선을 넣어둔다. 부모도 한 팀이 되어 함께 놀이할 수 있다. 두 팀은 풍선(폭탄)을 바닥에 떨어뜨리지 않은 채 옆방으로 가야 한다. 풍선이 목적지까지 옮겨지면 이 폭탄은 '해제'된다.

마지막으로 여러 아이를 둔 부모가 일상에서 반드시 주의해야 할 사항을 정리해본다.

- 나이에 맞는 권리와 의무를 부여해준다. "네 언니는 나이가

~살이기 때문에 그래도 되는 거야!" "네 동생은 아직 아기라서 혼자서 옷을 입지 못해. 그래서 엄마가 동생 옷을 먼저 입혀주는 거야!"

- 관련된 모든 아이에게 정당한 대우를 해준다. 편들지 말자!
- 갈등 이면에 숨겨진 욕구들을 파악하고, 명명하고, 충족시켜준다.
- 가족 구성원 모두에게 자기만의 자리를 갖춰준다. 아이에게 특정 역할을 강요하지 않는다.
- 아이들을 위한 의식을 각각 행하면서 아이들과 화합한다.
- 자기 관심사에 혼자 몰두할 수 있는 아이에게는 혼자만의 공간을 마련해준다.
- 부모 자신의 어린 시절을 떠올리면서 스스로 더 동일시하는 아이가 있는지 곰곰이 생각해본다. 한 아이가 부모로부터 좀 더 많은 관심을 받는 건 아닌가?

숙제하기:
대화로 잠재력을 끌어내자

아이가 숙제를 즐겨 하며 적극적으로, 자발적으로 숙제를 끝마친다면야 얼마나 좋겠는가. 더욱이 가장 효과적인 학습 방법은 달달 외우는 게 아니라, 자신에게 맞는 효과적인 학습 전략을 스스로 찾아내고 이해하는 것이다. 시험 점수나 기계적으로 반복되는 연습 행위를 보면, 우리 어른들은 아이가 자발적으로도 학습할 수 있음을 믿지 못하는 듯하다. 사실 그게 목적인데 말이다!

부모는 아이가 적극적으로 참여하고, 학교에서 행복해하고, 이와 동시에 성공을 경험하길 바란다. 개인 수업을 듣는 아이는 많지 않기에 아이가 자신의 강점을 발휘하지 못하거나 약점에만 치중할 가능성이 크다. 이는 아이의 학습 동기를 제약할 수 있다. 아이의 자신감이 떨어졌다는 느낌이 들면, 아이의 학습 속도에 맞춰 아이를 도와주고 부모의 공감적인 슈퍼파워를 발휘해보자.

숙제가 주어졌고 이 때문에 아이가 자주 스트레스를 받을 때도 부모의 대화 방식을 달리해보자. 그러면 아이가 잠재력을 최대한 발휘할 수 있도록 동기를 유발할 수 있다.

아이: "난 멍청한가 봐. 못 하겠어."

부모: "말도 안 되는 소리. 너는 바보가 아니야."

이때 공감적인 부모의 대답은 이렇다.

"연습하지 않으면 내가 '바보'인가 싶은 문제들이 종종 있어. 그렇다고 네가 멍청하다는 뜻은 아니야. 충분히 연습하지 않으면 누구라도 '아직은' 잘하지 못해. 연습하면 잘할 거야."

숙제와 관련한 상황들

숙제와 관련해서 아이와 부모가 맞닥뜨리는 여러 가지 상황들을 살펴보자.

숙제를 시작해야 할 때

부모들은 숙제 문제를 두고 아이에게 쉽게 말하곤 한다.

"몇 번 더 말해야 하니? 이제 숙제 좀 해!"

대신 이렇게 말해보자.

"이제 숙제를 하자. 어떤 숙제가 제일 재미있을 것 같아?"

유용한 팁 하나 알려주겠다. 장기적으로 볼 때, 하교 후 꼭 해야 할 일들과 숙제를 할 시간을 일정하게 정해두면 숙제할 때 가장 힘든 부분, 즉 책상 앞에 앉아 숙제를 시작하는 일이 더 쉬워진다. 아이의 기분을 좋게 해주는 '숙제 음악'과 같은 '신호들'도 숙제할 마음을 북돋워줄 수 있다. 이런 자제력, 즉 '힘겨운 일'에 대한 시도는 그 일을 해결하는 동안 자부심 같은 긍정적인 감정을 가질 수 있게 해준다. 이때 아이는 자신이 불편하고 힘든 일도 극복할 수 있다는 마음을 갖게 된다.

숙제에 집중하지 못할 때

"왜 자꾸 두리번거리는 거야? 숙제나 어서 끝내."

이런 말 대신 이렇게 말해보자.

"네가 어려워하는 것 같구나. 숙제를 빨리 끝내버리게 '터보 모드'로 한번 문제를 풀어볼까? 그러면 ~를 할 시간이 더 많아지지."(긍정적인 활동 언급하기)

이럴 때는 아이가 힘들어하는 과목들이 몇 개 있을 것이다. 이런 '과부하' 문제를 좀 더 창의적으로 해결해보면 어떨까? 예를 들어, 배경 음악 틀기, 움직이면서 하기, 부모의 도움을 받기, 인터넷에서 미디어의 도움을 받기, 만들기 재료를 이용하기 등이 있다. 아이에게는 어떤 아이디어가 있는지, 부모가 어떤 도움을 주면 좋을지 아이에게 물어보자. 단어를 말할 때 '딱딱하게' 물어보는 것보다 연필로 적어보는 게 분명 더 효과적일 것이다. 아이가 부정적인 일들을 겪지 않도록 방어해주는 동시에 때에 따라서는 다른 날에 과제를 할 수 있도록 도와주는 게 부모다.

숙제를 어려워할 때

"또 똑같은 데서 헤매고 있네. 내가 여러 번 설명해줬잖아. 이러면 절대 못 끝내!"

이렇게 말하지 말고 다음과 같이 말해보자.

"숙제를 잘 시작했네. 지금까지 얼마나 이해했는지 나에게 설명해줄래?"

아이가 적극적으로 설명하다 보면 꼬인 매듭이 풀릴 때가 있다. 또한 아이는 지금과 다른 또 다른 괜찮은 관점을 취할 수도 있다. 그러면 한 발짝 물러선 다음, '이 어려운 과제를 이해하도록 노력해볼게' 하는 표정을 지어주면 된다. 학습 심리학적 관점에서 보면, 적절하게 계획된 '작업 브레이크'는 놀라우리만큼 긍정적인 효과가 있다. 휴식 시간이 끝나면 아이의 수용 능력은 대부분 다시 높아진 상태다. 이 자유로운 시간은 뇌에 필요한 것이어서 이때는 아이가 스마트폰의 메시지 같은 것을 쳐다보며 새로운 정보를 뇌에 집어넣어서는 안 된다. 긴장 이완 훈련, 호흡 운동, 공부 장소 변경 등도 숙제로 인한 갈등과 긴장을 풀어줄 수 있다. 그러면 아이는 다시 적극적으로 해 나갈 수 있다.

문제를 틀렸을 때

"근데 너무 많이 틀렸잖아."

이런 말 대신 다음과 같이 말해보자.

"여기 봐. 실수를 몇 개 했네. 요 조그마한 도우미를 찾게 돼서 정말 다행이야!(실수를 도우미라고 명명하면, 실수는 아이의 실패를 보여주는 표시가 아닌 아이를 위한 지원자가 된다.) 그래야 우리가 이 문제를 다시 정확하게 자세히 들여다봐야 한다는 사실을 알게 되니까. 기대되는걸!"

아니면 이렇게 말해줄 수도 있다.

"와, 진짜 많이 맞혔구나. 실수들이 몇 개 보이는데, 우리더러 좀 더 집중하라는 소리인가 봐. 이것 보렴. 이 조그마한 도우미가 우리에게 무엇을 말하고 싶은지 같이 살펴보자."

내 아이에게 맞는 학습 전략

상황이 아이에게 맞아떨어질 때 학습이라는 것도 가능하다. 그렇기에 오후 시간의 부모 역할은 중요하다. 흔히 부모들은 자신의 어린 시절에는 그렇게 많은 지지를 받지 못했다며 과제를 '동기 부여자'로 애써 연결 짓는다. 하지만 학습은 아이의 욕구에 맞춰야 한다. 부모도 분명 동의하는 사실일 것이다. 물론 부모들은 학교 선생님이나 학습 계획에는 그렇게 큰 영향을 미치지 못한다. 그런데 학교에서 행하는 학습 형태를 굳이 부모도 집에서 계속해서 해 나갈 필요는 없다. 아이에게 맞는 최고의 학습 전략을 사용해도 괜찮다. 아이가 조용한 음악을 들으며 공부하길 좋아한다면 그래도 된다. 아이가 '댄스 휴식 시간'을 갖길 바란다면 가져도 괜찮다. 부모는 아이에게 영향을 미치는 사람으로서 계속 발전해 나가야 한다. 아이가 중심이 될 수 있게 기회를 주자. 아이가 자기 주도적이며 적극적으로 학습할 수 있게 도와주자. 자신의 다양한 재능을 최적으로 활용할 능력을 부여해주자.

더 읽을거리

아이를 위한 건강한 영양 공급

영양사인 아나스타샤 피야노바Anastasia Pyanova 박사와의 인터뷰를 정리했다. 학자이면서 두 아이의 엄마인 그녀는 아이들이 채소를 먹는 데 흥미를 느끼도록 도와주는 일이 왜 꼭 필요한지 그 이유를 알고 있다.

Q 우리 아이는 채소를 안 먹어요. 어떻게 하면 좋을까요?

A 아이들이 채소를 먹지 않게 하는 주범은 2가지가 있어요. 첫 번째는 채소의 맛이에요. 대부분 쓰거나 적어도 달지 않죠. 아이들은 대부분 단호박이나 고구마 같은 단맛 채소를 잘 먹어요. 우리는 생물학적으로 단것들을 선호하게 되어 있어요.

이는 자연에서 단맛이 나는 것들이 흔히 무독성이라는 사실과 관련돼요. 이에 반해 쓴맛은 그 식물이 독풀일 수도 있다는 신호일 때가 많죠. 이런 이유에서 학자들은 쓴맛이 나는 음식을 거부하는 아기들의 행동이 예전에는 생존에 이로웠을 거라고 추측하고 있어요.

두 번째는 채소가 '인기 없기' 때문이에요. 채소는 대개 열량이 아주 적어요. 인간은 생물학적으로 에너지를 주는 식료품을 선호하게 구조화되어 있어요. 예전에는 에너지 공급 식품들이 '자유로운' 자연에는 거의 없었잖아요. 그런데 진화 과정에서 영향을 받은 이런 맛의 선호도가 현대에는 우리를 괴롭히는 거죠. 우리 주변에는 열량이 많고 달콤한 식품이 널렸거든요. 그런데 이건 사실 아무런 상관이 없는 거예요. 아이가 최대한 일찍 채소를 접하면 채소를 좋아할 수 있거든요!

학습된 선호도 발달은 굉장히 일찍 시작됩니다. 엄마의 자궁에서부터 아이는 맛을 느낄 수 있어요. 수유 시기에도 끊임없이 달라지는 모유의 맛으로 새로운 식품을 접하게 돼요. 그 식품을 직접 맛보기 전에 말이죠! 이유식 시기에는 아이가 처음부터 다양한 채소류를 접할 수 있도록 이런 맛보기 과정을 꼭 갖게 해줘야 합니다. 아이가 처음에 거부하면 걱정하거나 의구심을 품을 필요는 없어요. 새로운 맛을 좋아하기까지는 보통 시간이 오래 걸리거든요! 어떤 채소를 아이가 좋아하려면 10~15회까지 시도해봐야 할 때도 있어요. 그리고 한 가지 사실을 절대 잊지 마세요. 부모가 모범이 되어야 한다는 사실을요! 엄마 아빠가 채소를 안 먹는데 아이가 어떻게 채소를 좋아할 수 있겠어요.

Q 아이가 채소를 맛있게 먹게 하는 방법을 구체적으로 알려주신다면요?

A 아이들은 조리된 채소 음식보다 생으로 먹는 걸 보통 더 좋아해요! 다채롭고 최대한 다양한 채소류를 먹기 편하게 조각으로 자른 다음, 접시에 예쁘게 올려 맛있는 소스와 함께 줘보세요. 땅콩버터를 바르거나 파스타, 익힌 감자 등을 곁들여서 주셔도 됩니다. 아이들은 에너지를 많이 제공해주는 음식을 선호하니 그 음식과 함께 채소를 먹어볼 가능성도 커집니다! 새로운 채소류를 음식에 넣어보고 싶다면, 아이가 즐겨 먹는 음식과 함께 곁들이는 것도 도움이 됩니다.

요리할 때 아이가 도울 기회를 주는 것도 좋아요! 특히 3~5세 아이들은 돕는 걸 좋아해요. 자신이 직접 준비하고 씻고 잘라본 것을 아이들은 더 먹어보려고 하죠. 채소를 다양한 방법으로 조리해보세요. 퓌레, 채소 스틱, 수프, 샐러드 등으로

요. 물론 생으로 먹거나 삶아서 먹어도 되고요.

"채소를 먹으면 아이스크림 줄게!"처럼 후식으로 아이를 유혹하지 마세요. 이런 방법은 그리 오래가지도 못하고 되레 역효과를 불러오니까요.

"이것 봐. 브로콜리가 작은 나무처럼 생겼네. 이 나무를 한번 먹어볼까?"

아이가 한번 시도해보게끔 부추겨보세요. 단, 채소를 먹으라고 강요하지는 마세요!

Q 단 음식들은 얼마나 먹어도 될까요?

A 설탕은 충치를 유발해요. 지나치게 많이 먹으면 과체중이 될 수도 있고요. 우리는 본능적으로 단 음식을 선호해서 설탕이 들어간 음식을 즐겨 먹을 수밖에 없어요. 특히 아이들이 더 그렇죠. 단맛이 나는 음식들이 대부분 열량도 높으니까요. 그렇다면 우리는 단 음식을 제한하고 금지해야 할까요, 아니면 그냥 허락해야 할까요?

연구들을 보면, 엄격한 금지 행위는 전혀 도움이 안 돼요. 집에서 단 음식을 금지당한 아이들이 성장하면서 오히려 더한 선호를 보인다고 하거든요! 이 말인즉슨, 어렸을 때부터 단 음식을 건강하게 섭취하는 법을 배워야 한다는 뜻이에요. 설탕이 들어간 음식은 예외사항이 될 수도 있겠지만, 전체적으로 다양하고 건강에 좋은 음식이라면 소량은 괜찮아요(1일 에너지 공급량의 최대 10퍼센트).

그런데 전문가들은 1~2세 미만의 아이들에게는 단 음식을 권장하지 않습니다. 특히 이 나이 때의 아이들은 필요로 하는 영양소들이 아주 많아요. 영양분을 거의 공급하지 않는 '아무 소용이 없는' 설탕 덩어리 음식이 아이들의 식단에 비집고 들어갈 틈은 없다는 거죠. 게다가 아이들은 처음부터 '자연의' 맛에 익숙해져야지, 아주 달콤하게 만들어진 식품을 바로 접해서는 안 돼요. 단 음식이 금지 식품일 필요는 없지만, 식단에서 '더 건강한' 식품을 밀어내서는 안 된다는 거죠!

보통 도움이 되는 방법은 더 많은 영양분을 공급해주는 다른 식품들과 함께 단 음식을 제공하는 것입니다. 예를 들면, 젤리를 과일이나 통곡물 바, 견과류(좀 더 큰 아이들에게) 등과 함께 주는 거죠. 집에서는 몸에 좋은 우수한 재료들로 요리하면서 단 음식인 척 만들 수도 있겠죠. 통밀 가루로 구운 과자 같은 거요. 하지만 '진짜' 과자를 가끔 줘도 문제 될 건 없어요! 상당히 균형 잡힌 영양식을 하며 많이 움직이는 아이들은 설탕 같은 건 거뜬히 감당해낼 수 있거든요.

즐겁게
양치하기

부모들은 아이를 양치시킬 때 꽉 붙잡고 있어도 되는지 많이들 궁금해한다. 당연히 안 된다! 왜일까? 제 몸과의 접촉과 관리를 통해 긍정적인 신체 감각이 형성된다. 그런데 부모가 건강 관리 랍시고 아이의 보호 공간에 쳐들어오면 자율성에 관한 아이의 내적 바람은 엄청나게 혼란스러워진다. 아이는 자기가 제 부모에게 의존적인 존재인 걸 알지만, '신체적 자율성'에 대한 욕구를 드러내고자 양치질을 거부한다. 그러면 부모는 머리끝까지 화가 나기도 한다. 그런데 서로 싸우면 싸울수록 욕구 잔들은 비워지고, 아이는 이를 닦을 마음이 점점 없어진다. 이런 힘겨루기 싸움은 부모와 아이를 끝없이 반복되는 논쟁으로 끌어들일 뿐이다.

똑똑이 논평들은 그만

"양치하지 않으면, 충치들이 생길 거야. 이 박테리아들이 네 이에, 네 법랑질에, 그리고 다른 여기저기에 구멍들을 낼 거야!"

자신이 생각하기에는 엄청나게 똑똑한 말로 접근하는 어른이 여기 또 나타났다! 우리에겐 지식이 있고, 우리 아이들도 충치에 관한 정확한 정보를 갖게 된다면 참 멋질 것이다. 그런데 아이의 귀에는 '이', '충치', 좀 더 인심 쓰면 '구멍들' 정도밖에 안 들어온다. 그렇다면 이런 설교는 무엇을 유발할까? 그렇다. 저항이다. 이 결정 방식에 의해 아이의 통제 욕구가 건드려진다. 아이의 내적 목소리는 이제 자기 결정, '자율성'을 외쳐댄다.

원래 협력을 잘 해주는 아이의 경우에도 말 한마디가 아이가 협력할 기회를 모두 망가뜨린다. 양치하고 안 하고가 중요한 게 아니다. 핵심은 이런 질문들이다. 어떻게 함께 이를 닦을까? 어떻게 하면 아이의 입장이 되어볼 수 있을까? 요맘때 나는 뭘 하고 싶었지? 지금 할 수 있는 가장 적절한 말은 뭘까?

구강 위생과 관련해서 아이는 굉장히 예민하다. 아이는 제 입 속을 제대로 들여다보지 못한다. 그런 상황에서 앞뒤, 위아래로 이를 잘 닦으라는 요구를 받는다. 한순간 엄청나게 많은 요구가 아이에게 주어지는 거다. 그런데 아이가 이런 요구 사항을 제대로 이행하지 못하면, 부모의 참을성은 금세 바닥난다.

😟 "이제 그만. 지금 당장 양치하지 않으면 더는 ~를 할 수 없어!"

그러면 어떻게 해야 제대로 하는 걸까? 뭐긴 뭔가. 부모의 슈퍼 파워를 써야지! 공감적인 대화를 활성화하고, 아이와 연결되고, 그러면서 아이와의 대화 속에 머무르자.

아이의 양치와 관련하여 기억해야 할 사항이 몇 가지 있다.

- 양치하기 좋은 최적의 시간대가 언제일지 생각해보자! 저녁 무렵엔 아이의 협력 계좌가 이러나저러나 그렇게 꽉 차 있지 않다. 이 점에 유의하자.
- 아이가 칫솔과 치약을 직접 선택할 수 있으면, 하기 싫은 양치질이 좀 더 흥미로워진다.
- 아이가 양치 컵에 물을 채워보게 하자. 제일 좋은 방법은 치약도 스스로 짜보게끔 하는 것이다.
- 손가락 놀이, 음악 듣기, 양치 관련 비디오, 앱 등도 도움을 줄 수 있다.
- 양치할 때도 아이의 상상 세계를 멋지게 자극할 수 있다. 함께 책을 읽으며 "콩순이는 이를 어떻게 닦을까?" 하고 물어보자. 또는 아이의 애착 인형 입에 잼을 조금 묻힌 뒤, 아이에게 "내 이 좀 닦아줘"라고 말해보자. "○○야, 내 이를 닦아줘

서 고마워. 이제 네 차례야!"라고 말하며 놀이하듯 아이의 흥미를 북돋워줘도 좋다. 열린 자세로, 친절하고 명확하게 표현함으로써 부모는 이제 아이에게 다다르게 된다. 아이가 협력하지 못하게 방해할 건 이제 아무것도 없다.

- 아이가 혼자서 제 이를 닦은 뒤, 필요하다면 친절하게 한 번 더 닦아줘도 괜찮다.
- 중요한 점이 있다. 부모도 함께 양치하면, 이 시간은 두 사람이 함께 보내는 특별한 시간이 될 수도 있다.

Tip 말하는 칫솔

아이들은 일상적인 과업들을 놀이로 풀어주는 걸 아주 좋아한다. 취학 전 아이들에게는 사물과의 대화가 효과적이다. 칫솔들이 살아 있는 것처럼 놀아주면 좋다. 칫솔들을 인형처럼 움직이며 아이의 이들에게 말을 걸어보자.

"안녕, 내가 너무도 좋아하는 이 친구들아. 온종일 어디 있었어? 너희가 너무 보고 싶었어. 너희를 내가 한번 볼게. 어머, 이게 다 뭐야? 나에게 주는 선물이야? 오, 안 돼. 이건 설탕 괴물이야! ('치아에 해를 입히는 것들'에 '세균맨', '세균 팡팡' 같은 이름을 붙여주자. 그런데 예민한 아이라면, 비유적으로 표현할 때 조심해야 한다. 아이에게 두려움을 줄 생각이 없다면 말이다.) 야, 설탕 괴물! 네가 ○○네 이들을 망치고 있잖아. 멋지지도 재밌지도 않아. 이제 ○○네 입에서 너를 닦아 없애버릴 거야. 닦자, 닦자, 쓱쓱 싹싹, 쓱쓱 싹싹…. 설탕 괴물을 물리쳤다. 야호!"

기억할 만한 주문! "설탕 괴물을 물리쳤다!"고 할 때 손뼉 치는 것도 잊지 말자. 이런 놀이 방식은 대부분 잠깐만 필요할 뿐이니 걱정하지 않아도 된다. 아이가 필요한 기술을 습득하고 충분히 성숙하게 되면, 이런 방법은 불필요해진다.

함께 연구해보자

그렇게 어리지 않은데 양치질을 어려워한다면, 아이가 자기만의 해결책을 찾도록 함께 연구해보는 것도 좋은 방법이다. 아이는 호기심과 흥미가 많아서 실험을 통해 건설적인 문제 해결 능력을 키워 나갈 수 있다. 대개 부모는 아이가 사고할 기회를 대신 넘겨받으면서 아이가 자기만의 해결책을 찾는 걸 저해한다. 이처럼 중요한 학습 과정을 자극하기 위해서는 이렇게 말해보자.

"양치하기에 관해 좀 더 자세하게 알아보고 싶니? 진짜 멋진 실험을 내가 하나 알아!"

Tip 치약 실험

호기심 어린 연구자들을 위한 한 가지 질문! "양치할 때 치약은 왜 필요할까?"

준비물: 일회용 컵, 치약, 생달걀, 붓, 식초

실행 방법(아이들이 직접 실험해볼 수 있게 하자!): 자, 렛츠고! 연구자들은 붓에 치

약(불소 크림)을 묻힌 다음 생달걀의 반쪽에만 칠한다. 그런 다음, 식초가 담긴 일회용 컵에 달걀을 조심스럽게 넣는다. 달걀껍데기에 작은 이산화탄소 방울들이 생기는 걸 금세 관찰할 수 있다. 하지만 치약을 묻히지 않았던 반쪽에만 그렇다. 어느 정도 시간이 지나면 치약을 바르지 않은 달걀껍데기의 반쪽만 천천히 부패해가는 모습이 관찰된다.

치약 실험에서 아이는 달걀을 자세하게 관찰해볼 수 있다. 질문들이 나오면, 아이의 눈높이에 맞게 대답해주면 된다.

"우리 이를 왜 치약으로 닦는다고 생각하니? 맞아. 치약은 이를 위한 보호막 같은 거야. 석회질 껍질은 달걀을 보호하고, 법랑질은 우리 이를 보호하지. 우리가 먹고 마시면, 산성화 물질들이 법랑질을 손상시킬 수 있어(이때 아이가 좋아하는 음료, 당분이 든 간식거리, 과일 등을 언급해줄 수 있다. 그러면 아이는 그 관계를 이해할 수 있다). 치약으로 양치하면서 우리 이를 멋지게 보호해주는 거야."

실험을 통해 아이는 양치질의 중요성을 명확하게 깨닫게 된다. 호기심 어린 탐험가들에게 '일상생활 문제'에 관한 자기만의 설명은 그 의미가 아주 크다. 이 경험을 내면화하면서 아이는 그것을 일상생활에 적용하게 된다.

잠자는 시간

여러 책에 등장하는 주제 1순위는 이거다. 아기는 언제 통잠을 자는가? 아니면, 아기를 통잠 재우는 방법이 있는가? 수면 상황은 가족마다 다르며, 통잠에 대한 이상적인 해결책도 존재하지 않는다. 그런데 대화 방식과 더불어 아이와 함께하는 방식을 조금 달리해도 큰 도움이 된다. 힘겨운 수면 상황도 다소 편해질 수 있다.

아이의 수면 및 각성 리듬은 생후 첫 몇 년 동안 특히 많이 발달한다. 아이의 수면 양식은 부모로 인해 달라진다. 2세 무렵까지는 꿈을 꾸는 렘수면 단계가 성인보다 길다. 아이의 뇌가 우선 발달해야 하기 때문이다. '성숙 단계들' 가운데 다수가 아직 완전히 완료된 게 아니기에 아이의 수면 단계는 몇 달, 몇 년에 걸쳐 변화된다. 아이가 꿈을 꾸는 렘수면 단계에 있는지는 수차례에 걸친 동공의 움직임, 잠자면서 미소 짓기, 기지개 켜기, 잠깐의 울음, 다시 잠들기 등을 통해 알 수 있다.

깊은 수면 단계에 들어갔다는 것은 아이가 깊게 숨을 내쉬며 주변의 소리나 다른 자극에 거의 반응하지 않는 걸 보고 알 수 있다. 아이는 안전감, 안정감, 친밀감, 애착 등에 대한 욕구를 표현하고자 수면 단계들 사이사이에 자꾸 깬다. 그렇기에 수면은 침대에 누워 있는 것 그 이상이다. 자기 방에서 잠자는 아이라면, 그 짧은 시간 동안 애착 대상과 떨어져 있어야 하므로 아이에게는 작은 이별과도 같다.

이 특별한 이별 형태를 거부한다는 걸 아기는 첫 몇 달은 명확하게 표현할 수 있다. 예를 들면, 애착 대상들이 자신의 곁을 거의 떠나지 못하게 한다. 이런 맥락에서 자주 듣는 말이 있다.

"아기가 널 조종하는 것뿐이야. 네가 다시 안아주면 네게 웃는 모습 좀 봐."

그런데 명확하게 짚고 가야 할 이야기가 있다. 아기는 부모를 조종하지 않는다. 아기가 자신의 마음을 표출할 방법은 지극히 제한적이어서 부모가 자기 마음을 알아주었다는 걸 그저 미소로 답할 뿐이다.

아이의 애착 행동

앞서 언급했듯이 아이의 애착 시스템(내적 알람 체계)은 아이가 피곤하거나 애착 대상으로부터 분리될 때 작동된다. 애착 이론의 관점에서 보면, 잠을 자려 하지 않고 계속 깨어 있으면서 자꾸 확인하는 건 애착 행동으로 이해할 수 있다. 부모 곁에 있고 싶고 주변 자극에 주의 깊게 반응하는 건 진화 과정을 통해 형성된 보호 체계다. 낯선 곳에서 잠잘 때 우리 어른들도 분명 이런 경험을 해봤을 것이다. 그럴 때 우리는 불안해하며 잠들 것이고, 잠자는 동안에도 반은 깨어 있는 상태일 것이다. 언제 푹 잠들며 쉴 수 있을까? 바로 안전하고 평온하다고 느낄 때다(예: 배우자의 곁, 어떤 경우에는 불이 켜져 있고 문까지 열려 있을 때). 당연하다!

아이가 최대한 빨리 혼자서 자기를, 아니면 통잠을 자길 기대하고 있다면, 이는 부모와 자녀의 힘겨운 대화로 이어질 수 있다. 절망한 엄마 아빠는 이 목표를 달성하기 위해 수면 교육을 권유받기도 한다. 즉, 아이의 발달 정도와는 전혀 관계없다는 점에 유의하면서, 아이가 소리를 지르게끔 내버려두고 개입하지 않으면서 아이의 수면 행동을 교육한다는 거다. 목표는 아이가 스스로 분리 불안이나 애착 욕구 등을 조절해냄으로써 잠자는 법을 배워 나가는 것이다. 소리를 지르거나 울면서 표현된 아이의 대화 욕구('나는 당신이 필요해요')는 완전히 무시된다. 그런데 연구자들은 이런 수면 교육으로 유발된 스트레스가 아이의 정신과 신체에 부정적인 영향을 미친다는 사실에 동의한다. 수면 교육 달성, 그러니까 통잠을 자기 위해 아이는 부모를 향한 욕구를 강제적으로 억눌러야만 한다. 아이의 대화 욕구에 대한 거부는 부모로부터 아이를 멀어지게 한다.

이에 반해 공감적 의사소통 방식에 따르면, 애착에 대한 아이의 욕구는 표출되어야 하고(울거나, 부모에게 매달리거나, 부모를 불러대면서), 부모는 생후 첫 몇 달 동안, 혹 아이가 좀 더 컸을지라도 이런 애착 욕구에 세심하게 반응해주어야 하며, 많은 신체적 피드백을 통해 그 욕구를 충족시켜줘야 한다. 그렇게 아이는 자기 부모에게 의존할 수 있어야 하고, 부모가 자신을 거부하지 않을 거라는 걸 느낄 수 있어야 한다.

아이의 수면 문제가 걱정되는가

그런데 수면 문제는 성장 시기 및 발달단계 때도 발생할 수 있다. 이때는 아이가 (정말 피곤할 때도) 잘 자려고 하지 않거나 자주 깬다. 감각적 자극에 대한 민감성, 부족한 적응력 등 아이의 기질도 수면 문제를 유발할 수 있다.

아이의 수면과 관련하여 걱정이 많다면, 소아 진료 담당 선생님과 상담해볼 수도 있다. 필요 시 수면 상담을 받아볼 수도 있다.

👍 아기의 경우, 안아주기, 노래 불러주기, 허밍으로 노래 부르기, 자궁 안과 비슷한 소리 들려주기(예: 백색소음 앱), 수유하기, 흔들어주기 등을 통해 아기에게 꼭 필요한 안정감을 줄 수 있다.

큰 아이의 경우에도 아이가 불안해하면 "더는 못 하겠어. 빨리 자!"라고 말하지 말고, 잠들 때까지 신체 언어의 긍정적인 힘을 사용해보자. 아이가 편안해지려면 부모가 있어야 한다.

긴장감이나 감정적 동요는 부모의 2가지 목표를 방해할 수 있다. 첫째, 아이가 평화롭게 잠드는 것. 둘째, 부모만의 회복 시간을 가지는 것. 지진계처럼 아이는 부모의 불안을 감지하고 둘 사이의 보이지 않는 연결 끈을 더 잡아당긴다. 또한 아이는 이렇게 생각할 수 있다.

'이런 상태에서는 엄마를 혼자 내버려둘 수 없어. 내가 꼭 안아주면 엄마에게 분명 도움이 될 거야!'

그 결과, 아이는 전보다 더 곁에 딱 달라붙어 있을 것이다. 그런 순간들에는 중지 버튼을 잠시 눌러두고 곰곰이 생각해봐야 한다. 내 신체 언어는 지금 무엇이라 말하고 있는가? 아이에게는 어떤 메시지가 전달되고 있는가? '너는 지금 자야만 해!'라는 내 생각을

'나는 여기에 있어. 네가 잠들 때까지 함께 있어줄 거야'로 새롭고 긍정적으로 바꿀 수는 없는가?

아이는 주변의 자극을 스스로 조절하지 못하므로 우리 부모들이 해줘야 한다. 아이를 곁에 두며 지나친 자극들(소리, 깜빡거리는 장난감 등)은 줄여주자. 큰 아이의 경우, 밤에만 주의를 기울여서는 안 된다는 사실이 중요하다. 지인의 방문을 줄이거나 TV를 꺼두고 일정한 생활 루틴으로 낮 동안 평온하고 부드러운 분위기를 유지해주면 저녁 상황은 더 나을 것이다. 홍수처럼 엄청나게 쏟아지는 정보를 매일매일 잘 걸러내고 조절하는 일은 아이뿐만 아니라 어른에게도 어렵다. 그렇기에 지나치게 흥분한 아이와 심히 짜증이 난 부모의 조합은 엄청난 폭발을 유발할 수 있다. 그 대신 스스로 진정하는 능력, 부정적인 신체적, 정서적 자극으로부터 스스로를 조절하는 능력이 촉구되어야 한다.

저녁의 루틴

일정하게 행해지는 의식이나 수면 루틴은 전반적으로 저녁 시간을 편안하게 해주고 스트레스를 줄여준다. 아이는 익숙한 루틴에 좀 더 편하게, 집중적으로 반응할 수 있다. 예를 들어, 책을 다

읽었으면 무엇을 해야 할지 아이는 잘 알고 있다. 아이가 어릴수록 저녁 루틴, 수면 루틴은 부모가 좀 더 결정하는 편이다. 아이가 순서를 좀 바꾸고 싶어 하면 그렇게 해줘도 괜찮다. 잘 알다시피 아이들은 스스로 혹은 함께 결정할 수 있을 때 협력을 더 잘한다. 특정한 루틴 없이 저녁 시간을 보내는 방법도 있다. 가족은 다 다르기에 평온한 저녁 시간을 위해 가족 저마다의 방법을 찾아야 한다.

아이들이 피곤할 때 전형적으로 나타나는 증상들은 하품, 무표정한 눈빛, 찡찡거림, 주먹 쥐기, 눈 비비기 등이다. 이 모습을 알아차렸다면, "○○이가 피곤해졌구나!"라고 말해주자. 일차적으로 아이는 피곤해져야 잠들 수 있다.

아기와 어린아이에게는 다음과 같은 저녁 루틴이 필요하다.

- 어린아이들은 밤잠으로 넘어가는 전환점이 필요하다. 이를 조심스럽게 준비해주고, 아이와 신체적으로 가까이 있자.
- 시간을 계획해두고 아이가 자신의 피곤한 증상들을 이해하게끔 도와주자. 조용한 동적 활동들에 주의를 기울이고, 편안한 불빛이건 외적 자극이건 모두 줄여주자.
- 긴장 이완을 위한 마사지 등도 잠자리로 넘어가는 의식으로 활용될 수 있는데, 항상 똑같은 방식으로 해주는 게 좋다. 예

를 들어, 기저귀를 갈아줄 때 "네 발을 내가 잡을 거야. 내 손은 따뜻하거든. 이 손으로 ○○이 발들을 만져줄게. 발을 온종일 굴러대서 발들이 피곤한 것 같구나!"라고 말해준다. 그러면 아이는 제 몸에서 일어나는 현상을 세심하게 지각하게 되고, 움직임과 행동도 안정된다. 아이의 전신을 마사지해주면서 피곤함의 증상들을 (아기일지라도) 설명해주자. 이는 아이의 긴장 해소에 도움이 될 것이다.

- 따뜻하게 목욕하기, 상쾌한 공기를 마시며 산책하기, 노래 불러주기, 책 읽어주기 등도 잠자리로 넘어가는 의식으로 활용될 수 있다.

저녁 루틴의 장점

루틴을 통해 최대한 똑같은 양상의 저녁 시간을 만들어낼 수 있다. 그런 루틴으로는 온 가족에게 잘 자라는 인사 건네기, 잠옷 입기, 양치하기, 책을 함께 읽거나 읽어주기, 안아주기, 기도하기 등이 있다. 이런 저녁 루틴을 아주 비슷한 방식으로 꾸준히 행하게 되면, 아이는 생후 약 3개월밖에 안 됐어도 밤에 잘 깨지 않게 되고 한 살부터는 밤잠 시간이 대체로 길어진다. TV 시청, 디지털 게임 등은 몸의 흥분 수준을 다시 높여주기에 그 무엇보다 잠을 방해하는 루틴이다.

Tip 잠들기 전, 아름다운 편지 한 장

대략 5세부터는 저녁 식사 후 부모가 아이에게 보내는 짧은 편지 한 장이 좋은 저녁 루틴이 될 수 있다. 그날 아이에게 특히 마음에 들었던 일, 재미있었던 일, 감사한 일 등을 이야기해주자. 모두가 잠들기 전, '아름다운 말들'을 읽어주자. 밤에 나누는 이 같은 대화는 고단했던 하루를 좀 더 편하게 해주고 긍정적인 일에 집중하게 도와준다. 그날이 얼마나 힘들었는지는 상관없다. 부모와 아이가 메모해둘 작은 일들은 언제나 있다. 아이의 관심이 어디에 쏠려 있는지, 부모를 '최고의 엄마(혹은 아빠)'로 만들어주는 게 무엇인지 알게 되면 부모 자신은 아마도 깜짝 놀랄 것이다.

아이들의 수면 발달은 5세가 되어도 아직 덜 끝났다. 이 시기의 수면 리듬은 성인과 사뭇 비슷하지만, 수면 발달은 평생토록 이어지는 발달과정이다. 어떤 아이들은 부모를 당연히 힘들게 한다. "나는 당신이 필요해요!"와 같은 아이의 충족되지 않은 욕구들과 "나도 나만의 시간이 필요해!"라는 부모의 바람이 서로 충돌하는 경우가 많다. 부모가 온종일 일했다면 저녁 시간에는 흔히 방전 상태다. 그런데 늦은 오후 무렵 아이와도 마주해야 한다면 이는 갈등 상황이 잠재적으로 내재해 있는 것이나 마찬가지다. 유치원이나 학교에 다니는 아이의 경우, 조회나 쉬는 시간 등 고정된 일정에 익숙해져 있기에 저녁 시간이 규칙적으로 행해지면 그 시간을 더 잘 예측할 수 있다. '양치하고 나면, 우리의 저녁 의식이 시작돼'와 같이 잠자리에 들기 전 행해지는 고정 활동에 관한 정보는 '나는 지금 자기 싫어요!'라는 갈등을 줄여줄 수 있다.

아이의 하루가 너무 급작스레 끝나지 않으려면, 잠자러 가는 시간을 제때 알려주어야 한다.

"장난감 정리해. 이제 자러 갈 거야!"

이렇게 말하는 대신, 다음과 같이 말해보자.

"10분 뒤, 나와 같이 정리하자(필요에 따라서는 모래시계나 타이머를 활용). 그때까지는 조금 더 놀아도 돼!"

그렇게 아이는 제 하루를 마감할 기회를 얻게 된다.

수면 의식

관계 형성은 저녁 시간 분리를 지지해주고 밤 동안 아이를 강하게 해준다. 취침 상황(아이 방 혹은 안방)이 어떻건 아이에게 맞는 개별적인 수면 동행을 해주자. 책을 함께 읽자. 그런데 이때 실상 중요한 건 본질적인 '책 읽기'가 아니다. 아이가 책장을 그냥 넘겨대도 괜찮고, 다른 주제를 이야기해도 괜찮다. 포근한 분위기, 부모의 곁, 부모의 목소리, 그리고 오로지 아이를 향한 부모의 관심이야말로 저녁 시간에 아이가 필요로 하는 정서적 동행이다.

아이가 잘 자려면 잠잘 상황을 낮에 준비해둘 수도 있다. 아이가 밤에 곯아떨어져 잘 자려면 낮 동안 아이는 이렇게 하면 좋다.

- 충분히 움직여야 한다(산책, 운동 등).
- 충분히 먹어야 한다(저녁을 너무 일찍 먹었다면, 필요에 따라서는 잠자기 전 간단한 간식을 한 번 더 먹어도 좋다).
- 충분한 애착을 느낄 수 있어야 한다('욕구 잔들'을 살펴보고 그 때까지 충분하게 충족되지 못한 욕구들을 채워주자).

"제발 혼자 좀 자"

혼자서 잘 수 있게 된 아이라도 다시 신체적으로 친밀한 거리에서 잠을 재워야 하는 경우가 발달단계에서 종종 생긴다. 유치원이나 학교에 다니는 아이들은 온종일 아주 많은 걸 경험하며, 스스로 모든 걸 정리하거나 감당해내지는 못한다. 그러면 수면 문제나 수면 장애(악몽 등)가 발생할 수 있다. 그 원인으로는 두려움, 낮 동안의 너무 잦은 분리, 유치원과 학교와 가정 내 변화들, 질병, 가족 스트레스, 친구와의 다툼, 자기 생일 등으로 인한 긍정적 흥분 상태 등이 있다. 아이가 일시적으로 다시 부모 곁에서 잠들고 싶어 한다면 허락해주자.

"자기 방에서 자는 게 다시 익숙해질 거야. 투덜거려도 그냥 자기 방에서 재워!"

이런 말들은 그냥 깔끔하게 한 귀로 듣고 한 귀로 흘려버리자. 스스로 예측한 것들을 아이와 함께 이야기하자. 그 상황에서 아이가 필요로 할 만한 게 무엇인지, 아이에게 도움이 될 만한 건 또 무엇이 있을지 함께 고민해보자. 이렇게 세심하게 대화를 주고받으며 아이 곁에서 함께해주면 아이는 안정된다. 그리고 얼마 안 되어 다시 혼자 잘 수 있게 될 것이다.

아이의 생각 정리를 도와주기

아이가 그날 있었던 힘든 일이나 걱정거리를 잘 처리하도록 부모가 도와주면 아이의 저녁 시간은 좀 더 빨리 평온해진다. 아이에게 힘이 될 방법을 소개하자면 다음과 같다.

- **동화책 읽고 대화하기**: 특정 주제에 관한 동화책을 읽고 이야기를 나누자. 그러면서 아이의 생각은 정리된다. 이때 올라온 감정과 생각에 관해 이야기를 나누면 아이의 기분도 홀가분해진다.
- **'뭐가 좋았어? 뭐가 싫었어?' 연습**: 스케치북을 두 면으로 나눈 다음, 그날 있었던 긍정적인 일과 부정적인 일을 함께 그려

보자. "오늘 뭐가 제일 좋았어?", "뭣 때문에 화가 났었어?"라고 물어보자.

- **역할놀이**: 조회 시간, 쉬는 시간, 점심 시간, 수업 시간, 갈등 이야기 등 유치원이나 학교에서 겪은 상황을 재연해보자.

Tip 아이와 하루를 정리해보는 역할놀이

아이가 학교에서 친구들과 안 좋은 일이 있었다면, 그 일에 대해 다음과 같이 역할놀이를 해볼 수 있다.

준비물: 인형, 레고, 손가락 인형, 바비 인형 중 하나

실행 방법: 부모의 인형이 아이이며, 학교 놀이터에서 놀고 있다. 다른 아이들이 인형(아이)에게 다가오면, 잠시 멈추자. 인형을 뒤로 숨긴 다음, "인형(아이)의 기분이 어떨까?"라고 아이에게 물어보자. 아이가 대답하면 "흠, 왜 그렇게 생각하니?"라면서 아이의 세상으로 들어갈 기회를 얻게 된다. 아이의 대답을 진심으로 받아들이고, 무시하거나 대수롭지 않게 여기지는 말자. 그 인형이 어떻게 할 수 있을지, 어떻게 하면 좋을지 아이에게 물어보자. 그리고 "맞아. 좋은 생각이야. 용기를 내며 '그만해. 날 내버려둬!'라고 강하게 소리칠 수 있지"라고 반응해줄 수 있다. 아이가 적절한 대답을 떠올리지 못하면, 그 상황에 대한 해결책을 대신 제시하며 도와주자. 이렇게 아이는 자기 문제의 해결책을 부모의 도움으로, 놀이로 배우게 된다. 이와 동시에 아이는 유일무이한 '올바른 해결책'은 없음을, 다양하게 반응할 수도 있음을 부모의 제안들을 통해 배운다. 부모가

함께해줌으로써 아이는 힘든 일들을 해결할 수 있고, 대화를 통해 그 상황을 좀 더 잘 이해할 수 있게 되며, 새로운 행동방식들도 배울 수 있다.

아이가 자꾸만 일어난다면

부모라면 이런 상황을 다들 잘 알고 있을 것이다. 늦은 저녁 시간, 이제 막 쉬려고 자리에 앉았다. 그런데 체감상 1분도 채 지나지 않아 아이가 별별 이유를 다 대며 침대에서 빠져나온다. 배가 고프다, 물을 너무 안 마셨다, 쉬 마렵다, 말해야 할 게 하나 있었는데 깜빡했다, 다음번엔 안방에서 잘 거다 등등. 이처럼 아이가 자꾸만 일어난다면 어떻게 해야 할까?

"이런저런 별것 아닌 이유로 핑계 대면서 자꾸 돌아다니지 마. 네 침대로 돌아가. 이제 형이잖아. 혼자 잘 수 있어!"

이렇게 말하기보다는 상황을 좀 더 자세하게 들여다보자. 아이는 부모 곁에 있을 이유를 어떻게든 찾을 것이다. 이 문제를 다음과 같은 방식으로 해결해보자.

- 현재 아이가 보이는 행동의 원인을 찾아보자(지금 왜 부모 곁에 더 가까이 있고 싶어 하는가?). 아이의 일상을 들여다보자!
- 다음번엔 누가 아이를 재우러 들어갈지 부부끼리 상의해보

자(누구에게 힘이 더 남아 있는가?).

- 아이를 재우러 들어가는 부모를 위해 중간 해결책을 찾아보자(예: 침대 옆에 매트리스 두기, 아이 옆에서 자거나 앉아 있기, 아이를 안아주기, 손잡기, 침실 조명을 켜거나 문 열어두기 등).
- 확실하게 해두기 위해 한동안은 부드럽고, 평온하며, 긍정적인 대화를 나누자.
- "다시금 기분이 좋아진 것 같구나!"와 같이 아이를 지지해주는 말을 건네며 아이가 다시 잠들도록 도와주자. 아이가 다시 제 방, 제 침대에 눕는 연습을 매일 시도해보자. 아이가 제 방에서 다시 잠들 때까지 그 '정도'를 조금씩 높여가자.

부모와 아이 사이에는 이해심 가득한 의사소통이 필요하다.

😊 "내 품에 한 번 더 안기고 싶어 하는구나. 침대 위에서 편안해할 때까지 네 옆에 누워 있을게."

😊 "내가 여기, 네 옆에 있잖아. 머지않아 혼자서 다시 잠잘 수 있을 거야. 나는 확신해."

이런 상황에서 아이와 의사소통할 다양한 방법은 7장에서 더 만날 수 있다.

7장

부모의 설명이 꼭 필요한 순간들

아이에게 어떻게 설명해줄 수 있을까? 이는 부모들이 힘겹거나 스트레스로 가득한 새로운 상황들에 직면하면 자주 하게 되는 질문 중 하나다. 부모들은 아이가 일상생활 속에서 힘들어하고 있으면, 스스로 불안해하면서 적절한 말과 해결책을 찾아본다. 이 장에서는 부모들이 자기만의 대화 방식을 갖춰 나가고 예민한 주제에서는 각 상황에 적합한 언어를 사용할 수 있도록 일어날 법한 대화 사례들을 소개한다.

두려운 아이

사랑하는 사람이 떠났건, 부모가 이혼했건, 이유가 명확한 두려운 상황에서건 부모들은 아주 고통스럽거나 스트레스로 가득한 상황과 마주하면 경솔하게 말을 내뱉을 때가 있다. 부모 자신들조차도 무엇을 어떻게 말하면 좋을지 잘 모르기 때문이다. 절망에 빠진 부모들은 옳지 않은 말들을 내뱉게 되면 어쩌나, 아이에게 큰 부담을 주면 어쩌나, 아이에게 상처를 주면 어쩌나, 아이가 잘못된 길로 빠져들면 어쩌나 하는 등의 두려움으로 대개 입을 다물어버린다. 그렇게 되면 아이가 불충분한 정보를 직접 채워 나갈 때도 있다. 이때 아무런 해를 입히지 않을 별것 아니었던 주제들이 아이의 상상 속에서 아주 극적인 이야기들로 탈바꿈할 위험이 있다. 여기저기서 황급하게 주워들은 정보가 아이가 이해하는 내용의 바탕을 이룰 때도 있다. "할머니 건강이 좋지 않아!"라는 말에 즉각 "그럼 할머니 죽어요?"라고 반응할 수도 있다.

이럴 때도 명확한 표현이 아주 효과적이다. 단호한 눈빛으로 분명하게 이야기할 준비를 할 수 있도록 다양한 주제에 맞춰 여러 대화 사례들을 접해보자.

아이가 두려워하는 것들

발달상 생후 첫 몇 년 동안은 다양한 두려움이 생긴다. 두려움은 우리에게 중요한 감정들 가운데 하나로, 아이의 발달에서도 건강한 요인이다. 두려움을 대개 부정적으로 간주하지만, 이 감정이 없다면 사람들은 여러 위험 요인에 무방비로 노출될 것이다. 마술적 사고 단계(약 2~5세)에서는 아이들이 현실과 상상 사이에 명확한 경계를 긋지 못한다. 아이들은 자신의 말, 행동, 심지어 생각조차 특정 사건에 영향을 미칠 수 있다고 생각한다. 사건의 발생까지 막을 수 있다고 생각한다.

이 단계에서는 모든 게 가능하다. 이로 인해 부모가 과부하 상태에 놓일 정도다. 그렇기에 "귀신은 없어!"라는 말은 아무런 도움이 안 된다. 아이는 위협적인 상상 속 존재들을 끊임없이 두려워한다. 취학 전 아이들이 자주 직면하는 두려움의 대상은 시끄러운 소리, 분리불안, 사회적 공포, 상해, 동물, 어둠, 천둥 번개, 괴물, 도둑, 배변 훈련 등이다. 취학 연령부터는 질병, 사고, 죽음, 병원 진료, 학교 문제, 사회적 거부 등이 두려움을 주는 주요 대상이다. 아이들이 두려움을 느끼는 대상은 분명 나이와 인지발달 정도에 따라 확연히 달라진다.

그런데 아이들이 느끼는 다양한 두려움을 중재할 적합한 방법들을 알게 되면, 이 두려움의 감정도 '극복'이 가능하다. 그렇게 되면 아이들은 자신감을 얻고, 확신과 용기도 조금씩 더 많이 갖추면서 다음 발달단계로 나아가게 된다. 그러기 위해 아이들은 그런 대책들을 실행할 힘이 자신에게도 있으며 그 힘을 발휘할 수 있다는 사실을 몸소 느껴봐야 한다. 그런 의미에서 아이와 함께 해주는 일, 동행은 중요하다. 또한 아이가 시간이 지남에 따라 스스로 진정하는 법을 배워 나갈 것이라는 믿음을 아이에게 심어줄 필요가 있다.

문제가 되는 상황은 두려움을 유발하는 상황들을 아예 피해버리거나, 두려움이라는 감정을 하찮게 여기거나, 두려워하는 아이를 꾸짖는 경우다. 그렇게 하면 어떤 발달단계 때 특징적으로 나타나던 두려움이 지속적인 불안장애로 악화할 수 있다.

아이가 두려움을 느끼면 뇌에 있는 예민한 알람 장치가 작동된다. 아이는 '괴물이 내게 안 좋은 짓을 할 거야!'라고 생각하고(사고 영역), 아이의 심장은 더 빨리 뛰고(신체 영역), 아이는 더는 제대로 사고할 수 없어 울고불며 부모를 찾는다(행동 영역). 위험 자극은 두려움을 유발하고, 몸은 싸우거나 혹은 도망갈 채비를 한다. 이런 교감신경 반응은 아이를 흥분케 한다.

두려움을 자주 느끼는 아이들은 이런 격렬한 신체적 반응을 '오, 안 돼! 지금 내게 굉장히 안 좋은 일이 벌어지고 있어!'라고 받아들인다. 그러면 아이는 잠재적 위험 요인으로부터 자기 자신을 보호하기 위해 잠자는 상황 등을 아예 피해버리거나 극도의 경계 모드로 주변의 것들을 죄다 샅샅이 살펴보게 된다. 알람 장치는 여러 자극에 굉장히 예민하게 반응한다. 자그마한 것도 아이를 불안하게 할 수 있다.

두려움을 이해하는 마음

아이의 뇌가 그 자극을 위험하지 않다고 받아들이려면, 아이에게는 우선 부모의 동행, 그러니까 부모가 함께해줄 필요가 있다. 불안은 지극히 정상적이며 우리에게 필요한 반응이라는 정보, 위협은 없으며 안전하다고 느껴도 괜찮다는 정보가 아이에게 필요하다. 그러므로 귀신 등 아이가 느끼는 두려움의 대상이 부모가 보기엔 비현실적이더라도 진심으로 받아들이며 따뜻하고 공감적인 태도로 평온하게 동행해주자.

"무섭구나? 이해해. 뭘 할 수 있을지 함께 생각해보자꾸나."

때에 따라 "우리 함께 이렇게 해보자"라고 말해줄 수도 있다.

아이가 문제 해결의 방향을 아직 못 찾았더라도, 두려움을 떨쳐버릴 아이디어를 아이 스스로 생각해볼 수 있게 우선 아이를 믿어주자. 그러면 아이는 자신감을 얻고, 아이의 뇌는 수정된 경험을 새롭게 저장하게 된다.

"알람 오류! 지금부터는 걱정하지 않아도 돼. ○○이가 해결할 줄 알아!"

두려움에 관해 이야기를 나누기 전, 잠시 생각해보자.

- 두려움에 관해 가족끼리 어떻게 이야기하는가?
- 두려움에 관해 나는 어떻게 생각하는가?
- 내가 아이에게 기대하는 바는 현실적인가? 아이는 이 두려움을 극복할 수 있는가, 아니면 그 순간 아이는 내 도움이 필요한가?
- 내가 함께해줌으로써 아이는 두려움을 어떻게 극복해낼 수

있는가?

- 나는 지금 아이의 두려움에만 초점을 맞추고 있는가, 아니면 아이를 전반적으로 바라보고 있는가?
- 나는 두려움이 있는가, 혹은 있었는가(아이는 선천적으로 예민한가? 어떤 성향을 물려받았는가)?
- 내 양육 방식은 어떤가? 너무 예민하거나 쌀쌀맞게 반응하는가? 내 반응을 통해 아이는 무엇을 배우는가?

'두려움'에 대해 설명해주자

"무서워할 필요 없어!"

이렇게 말하지 말고, 아이가 두려움을 극복하는 데 도움이 될 다른 표현들을 활용해보자.

"매일매일 다양한 기분이 올라올 거야, 그치? 어떤 기분들이 있지? (슬픔, 기쁨, 분노 등 아이가 이야기하도록 내버려두자.) 두려움은 어때? 이 기분은 어떻니? 모든 감정이 다 그렇듯 두려움도 제 할 일이 있단다. 두려움은 우리에게 경고를 해줘. 예를 들면, 우리가 길을 건너려고 할 때 두려움은 우리가 어떻게 반응해야 할지 재빨리 알려준단다. '정지! 도로에서는 조심해야 해. 차들을 주의하라고!'라고 말이지. 가끔 자동차가 가까워지면, 우리가 길을 빨리 건너도록 도와줄 힘도 두려움이 작동시켜준단다. 그 두려움을 우리는 몸으로 느껴. 심장이 더 빠르게 뛰는 거지. 네 두려움이 너를 지켜주거나 도와준 적이 있니? 우리는 그걸 유익한 두려움이라고 한단다."

"근데 경고할 게 하나도 없는데도 두려움이 올라온다면, 그 두려움은 너를 너무 지나치게 지켜주고 싶은 거야. 두려움이 너에게 너무 자주 경고하면 네가 멋진 일들을 경험할 수 없잖아. 그러니 너의 두려움에게 이렇게 말해줘야 해. 두려움이 너무 자주 나타난다고, 무엇을 해야 할지는 스스로 결정하고 싶다고."

"두려움이 다음번에 네게 또 경고한다면, 그 두려움의 생각을 네가 깨닫게 된다면 유익하거나 좋은 생각들을 떠올리렴. 그 생각들로 바꿔주면 돼."

"'내가 말을 잘못 하면 남들이 나를 비웃을 거야!'라고 생각하는 대신, '실수는 누구나 해. 난 나를 믿어!' 이렇게 생각해보자."

"두려움이 올라올 듯한 상황을 피하고 싶다면, 네가 지금까지 얼마나 용감하게 그 상황을 대비해왔는지 기억해보렴. 예를 들어, 빵집에서 주문할 때는 친절하게 인사한 다음, 빵이 있는지 물어보기!"

"불편한 감정들이 올라오면, 금세 지나갈 거라고, 위험할 건 아무것도 없다고 너 자신에게 이야기해주렴."

"두려움에 단호하게 맞서 싸워볼수록 넌 점점 더 용감해질 거야. 지나친 보호나 잦은 경고 따위는 네가 더는 필요로 하지 않는다는 걸 두려움도 곧 깨닫게 될 거야."

"다음번에는 어떻게 대비할 수 있을까? 네 생각은 어떻니?"

이런 말로 아이는 자신의 두려움과 더불어 관련 반응과 행동을 이해하게 된다. 설명을 들은 뒤, 아이에게 두려움에 맞서고 싶다는(할 수 있다는) 희망까지 올라와야 한다. 부모의 공감적인 동행과 용기를 통해 아이는 두려움을 극복하는 법을 배우게 된다.

'안 좋은 일들이 생길 거야!'

아이가 이렇게 생각하지 않고 긍정적으로 사고하도록 북돋워주자. 다음은 아이에게 용기를 주는 생각들이다.

- '나는 준비됐어. 무슨 일이 벌어질지 나는 알고 있어!'
- '나는 강해. 너랑 맞설 거야!'
- '새로운 걸 경험하는 건 즐거워!'
- '언제든 엄마 아빠를 부를 수 있어. 늘 나와 함께해주니까!'
- '내가 용기 내어 다가가면 두려움은 줄어들 거야!'
- '그만! 그저 나를 두렵게 하려고 할 뿐이야. 내가 바로 알아봤지!'

Tip 걱정을 잡아먹는 편지

아이들은 편지 쓰기를 아주 재미있게 생각한다. 아이가 어떤 걱정거리로 힘들어하는 듯하면, 아이에게 걱정센터로 편지를 한번 보내보겠냐고 물어보자. 그곳은 아이들의 모든 걱정거리를 듣고 대답해주는 곳이다. 아이가 아직 글자를 혼자 쓰지 못한다면, 아이가 이야기하는 감정들을 부모가 한 단어 한 단어 받아적자. 이 편지는 걱정센터로 보내지게 된다. 자, 이제는 부모 차례다. 걱정센터에서 사용할 특별한 편지지를 만들어 아이의 걱정거리에 도움이 될 생각과 조언을 담아 답장해주자. 아이는 주소가 적힌 편지를 '우체국'으로부터 받아보게 된다. 편지봉투를 아이가 직접 열어보게 하자. 걱정거리를 해결할 새로운 방법들을 함께 읽어봐도 좋다. 아이의 상상력을 활용하자. 아이가 소원 목록이 담긴 편지를 산타클로스에게 쓸 수 있다면, 걱정센터에도 분명 연락을 취할 수 있을 것이다.

자는 것을 무서워한다면

"괴물은 없어!"

무서워서 잠들지 못하는 아이에게 이렇게 말하기보다는 다음과 같이 말해보자.

"네가 무서워한다는 걸 알겠어. 이리 와보렴(신체 접촉). 네가 나에게 이야기해준 것처럼 괴물들은 정말 으스스하구나. ○○이가 어떻게 해볼 수 있을까?"

👍 아이에게 시간을 주자. 아이들은 진짜 기막힌 생각을 해낸다. 그러면서 자신의 두려움을 스스로 극복할 능력을 발달시킨다.

아이에게 도움을 주기 위해 이런 의견을 내볼 수도 있다.

"괴물 처치 스프레이를 기억하니? (미리 물, 금박이나 은박의 별장식 등 다양한 마법 요소들로 투명 분사기를 만들어두자.) 내가 같이 해줄게. 그걸로 네 방에 있는 괴물들을 분명 물리칠 수 있을 거야. 괴물 처치 스프레이를 가지러 함께 가보자!"

👍 아이가 진정하면, 그다음 날에 아이의 두려움을 그려보자.

"나는 그 괴물을 본 적이 없는데, 한번 만나보고 싶네. 그 괴물이 어떻게 생겼는지 한번 그려볼 수 있겠어? (…) 네가 이야기했던 것처럼 진짜 무섭게 생겼구나. (이때 "어머나, 귀엽게 생겼네. 야, 좀! 이런 녀석을 무서워할 필요는 없지!"와 같은 무시하는 듯한 반응이나 "오, 안 돼. 나도 너무 무서워!"처럼 지나치게 과도한 반응을 보여서는 안 된다.) 그런데 네 두려움이 지금은 네 머릿속이 아닌 종이 위에 있는 거잖아. 그러니까 우리 이렇게 해보자!"

그러고 나서 아이가 그린 괴물들로 다양한 방법을 시도해볼 수 있다.

- 마법 가위로 잘라버리기
- 괴물에게 좋은 특성을 부여하여 '친절하게' 바꿔놓기
- 괴물센터에 보내버리기(괴물 그림을 아이가 직접 편지봉투에 담아 우체통에 넣기)

두려움은 정상적인 감정으로 아이가 살아가면서 몇 번씩 마주하게 된다. 어떤 때는 신경조차 쓰지 않고 그냥 지나쳐버릴 때도 있을 것이다. 이때는 뭘 많이 할 필요가 없다. 마법 담요나 마법 쿠션처럼 상상의 나래를 펼치게 도와줄 조그마한 물건들, 어떤 특별한 능력이나 영웅의 능력을 가진 인형들, 드림캐처, 용기 잠옷, 상상 여행(예를 들면, 행복의 나라로), 긴장 이완 훈련, 호흡 훈련 등도 아이의 마음을 편하게 해줄 수 있다.

아이가 창의적으로 대응하고 부모의 지지까지 받게 되면, 자신의 강점들을 인지할뿐더러 긍정적인 자아상도 발달시킬 수 있다. 힘든 상황과 맞닥뜨려도 아이는 긍정적인 자아상을 통해 용기를 가지게 되고 자신의 어두운 면을 극복할 수 있게 된다. 부모가 계속해서 함께해주거나 '과잉보호'하면 아이는 자기 능력을 발견하지 못한다. 그런데 만약 아이가 계속해서 두려워하고 괴로워한다면, 소아·청소년 심리치료사와 상담해보는 게 좋다.

아이가 힘을 비축하거나 안정감을 느끼도록 상상의 여행을 떠나보자. 우선 아이에게 포근한 자리를 마련해주자. 이불을 이용해 작은 동굴을 만들어도 괜찮다. 아이들은 커다란 공간이나 방이 어느 정도 제한되면 안전하게 보호받고 있다는 기분을 느낀다. 편안한 목소리로 다음과 같은 텍스트를 읽어주자.

"편하게 앉아봐. 숨을 천천히 들이쉬었다가 내쉬렴. 준비되었다면 두 눈을 감아봐. 너 자신과 네 몸에 집중해보렴. 이제 내가 10까지 셀 거야. 호흡할 때마다 점점 더 편해질 거야. 1, 2, 3, 4…. (아이와 함께 숨을 들이쉬고 내쉰다.) 이제 너는 편안해졌어. 네가 원하는 만큼 그렇게 편안해졌단다. 이제 네가 행복하고 안전하다고 느끼는 곳을 찾아보렴. 알고 있는 곳도 괜찮고, 한번 가보고 싶었던 곳도 괜찮고, 상상의 공간도 괜찮아. 그곳에서 너는 안정감, 평온함, 힘을 얻게 된단다. 네 상상의 세계에서 이제 문 하나가 열릴 거야. 그곳으로 들어가보렴. 그곳에는 너만을 위한 특별한 행복의 장소가 기다리고 있어. 네가 그곳에 도착했으면 내게 수신호를 보내줘. 그 행복의 장소를 한번 둘러보렴. 뭐가 보이니? 무슨 소리가 들리니? 어떤 향이 나니? 색깔들, 그림들, 네 눈에 띄는 특별한 모습들, 네 머릿속에 떠오르는 그 모습 그대로 그렇게 내버려두렴. 동물들이 있니? 날씨는 어때? 편안하게 모든 걸 둘러보렴. 그리고 그 공간이 네게 주는 편안함을 느껴봐. 너는 긍정적인 에너지를 느끼게 되고, 이 특별한 곳에서 새로운 힘을 충전하게 될 거야. (잠시 쉰 다음, 이야기를 다시 이어가자.) 이곳은 네게 걱정거리나 두려운 일이 있을 때 언제나 되돌아올 수 있는 너만의 행복 공간이야. 이곳에서 힘을 충전할 수 있단다. 네 방으로 되돌아가기 전, 모든 걸 네 기억 속에 저장해 두렴. 이 순간을 즐기도록 해. 용기, 확신 등으로(이때 아이가 지금 듣고 싶은 감정들을 더 많이 언급해주자) 너를 가득 채운 뒤, 이제 천천히 되돌아가보자. 네 몸을 느끼고, 네 팔과 손을 움직여보고(모든 신체 부위를 거쳐간다), 근육들에 힘을 줘보렴. 네 기분이 좋아졌고 준비가 충분히 되었다면, 이제 눈을 뜨렴."

내용은 아이의 나이에 맞춰 적절하게 조절하면 된다. 선택 사항! 마지막으로 아이는 자신의 개인적인 행복 공간을 그려볼 수 있다.

이외에 또 다른 긴장 이완 훈련법이나 명상법 등을 해봐도 좋고, 힘을 상징하는 영적 동물을 집 안에 들여놔도 좋다. 아이가 다른 세상을 접해보거나 그 동물을 이해할 수 있게 아이를 자극해보자. 아이의 상상 세계는 끝이 없어야 한다. 부모가 하는 말들은 그림 같은 모습으로 아이의 눈앞에 펼쳐질 것이며, 부모의 목소리와 말의 템포를 통해 상상의 세계로 통하는 다리가 놓일 것이다. 깊은 호흡이나 의도적인 긴장 완화 훈련을 통해 신경 체계는 안정되고 근육은 이완된다. 두려움 등 도전적인 상황에 부딪히더라도 아이는 자기 스스로 발휘할 수 있는 이 새롭고 확실한 힘을 느끼게 될 것이다. 이 힘은 아이의 자기 효능감을 높여주고, 지금부터 아이가 언제 어디서나 활용할 수 있는 아이만의 힘으로 아이를 이끌어줄 것이다.

조용한 아이

아이의 말이 늦으면

두 돌이 끝나가도록 아이가 약 50개의 단어를 말하지 못하거나 두 단어를 연결해서 말하지 못한다면("엄마 여기", "개 멍멍" 등), '말이 늦은 아이'일 수 있다. 가장 먼저 설명되어야 할 부분은 아이의 신체적 건강 여부다. 청각, 건강한 목소리, 인지 능력 등 언어의 기본 조건들이 모두 갖춰져 있으면, 아이는 '말이 늦은 아이'일 수 있다. 이 아이들은 다른 아이들보다 말을 늦게 시작한다. 하지만 걱정할 필요는 없다. 대부분 세 돌이 될 때까지 자신의 뒤처진 언어 발달을 완전히 따라잡는다. 이 아이들은 '말이 늦게 터지는 아이'라고 불리기도 한다. 하지만 언어 능력이 현저하게 발달하지 못한 아이들도 특수 언어치료 접근을 통해 말을 '꽃 피울' 수 있다.

주의할 점이 있다! 언어 발달의 지연 문제를 제대로 다루지 않은 채 초등학교에 입학하면 다수의 아이가 점차 난독증 문제를 보인다. 말이 늦은 아이에 관해서는 2장에서 소개한 보크만 교수와의 인터뷰를 통해 더 많은 정보를 찾아볼 수 있다.

선택적 함구증

선택적 함구증이란, 언어 능력은 기본적으로 소유하고 있으나 특정 상황이나 특정 사람 앞에서는 그 언어 능력을 발휘할 수 없는 경우를 말한다. 이 증상은 대개 2~5세 사이에 나타나지만, 이에 대한 진단과 치료는 훨씬 더 늦게 시작되는 경우가 많다. 그렇기에 이에 관한 정보를 부모가 좀 더 일찍 알고 있을 필요가 있다.

선택적 함구증을 앓는 아이는 집에서는 지극히 '정상적'으로 대화하지만, 유치원에 있을 때나 친척들과 있을 때 거의 또는 아예 말하지 않을 수 있다. 이 증상을 인지하고 진단하는 데는 아이의 현재 언어 능력과 더불어 아이가 언제 말하고 말하지 않는지를 아는 게 중요하다. 예를 들어, 아이가 이모랑은 말을 하는데 고모랑은 말을 하지 않을 수 있다. 또 아이가 특정 장소에서 거의 혹은 아예 말을 하지 않는 게 최소한 한 달 이상이어야 한다.

선택적 함구증의 또 다른 증상들은 다음과 같다.

- 얼어붙은 듯한 표정이 잦다.
- 지속적인 눈 맞춤이 어렵다.
- 완벽주의 성향이 있다.
- 유치원, 학교, 특히 다른 사람들과 사회적 상호작용을 할 때 두드러진 제약을 보인다.

선택적 함구증 아이들의 95~100퍼센트가 유년기 사회 공포증 및 사회적 두려움을 호소한다. 선택적 함구증 아이들의 경우, 영아기 적응 장애(문제 있는 식사 습관, 과도한 고함, 수면 장애)를 보이거나 배설 관련 영역에서 문제를 겪는 경우가 많다. 그렇기에 유치원이나 초등학교에서 화장실을 잘 이용하지 못하거나 여러 다른 사람들과 함께 식사하는 상황에서는 큰 어려움을 보일 수 있다. 부모는 아이가 아픈 게 자기 탓이라 생각하며 자신의 양육 방식에 무슨 문제가 있었는지 스스로 자책하는 경우가 많다. 연구들에 따르면, 선택적 함구증의 유발 요인은 다양할 수 있으며(두려움이 많은 기질적 요인, 유전적 요인 등), 좋지 않은 양육 방식만으로는 선택적 함구증이 생겨나는 경우가 드물다.

다음의 방식으로 선택적 함구증에 대처하자.

- 함구증 전문가와 상담하면서 관련 정보를 모아보자.
- 필요하다면, 최대한 빨리 (치료적으로) 개입하자.
- 아이가 악의적으로나 고의적으로 '말하면 안 되는' 상황에 놓인 건 아닌지 늘 주목하자.
- 아이에게 말하라고 강요하지 말자! 압박은 전혀 도움이 안 된다. 아이를 기다려주자.
- 아이의 사회적 장소(유치원, 학교 등)에 미리 이야기해두자.

다음의 방법 및 행동방식이 선택적 함구증 아이들의 일상생활에 도움이 될 것이다.

- 얼굴 바로 앞보다는 아이 옆쪽에 자리를 잡고 대화하는 게 좋다.
- 선택적 함구증을 앓는 아이들은 새로운 사람들을 만날 때 일반적으로 자신이 신뢰하는 편안한 공간에서 좀 더 편안해한다. 부모는 다른 아이들을 적극적으로 놀이 활동에 함께 참여시키고, 놀이 초반에 잠시 함께하면서 도와줄 수 있다.

- 혼잣말 식으로 질문들을 던지자. 그러면 선택적 함구증 아이는 자기가 꼭 대답해야 한다는 압박을 덜 받는다.
- 아이가 처음으로 부모와 이야기할 때, 너무 놀라거나 지나치게 좋아하는 반응은 보이지 말자.
- 처음엔 개인적인 주제는 피해서 아이와 대화하는 게 좋다.
- 우노Uno처럼 대다수가 아는 게임을 여러 명이 함께 해보자. 우선 애착 대상(엄마, 아빠 등)이 아이와 함께 놀고 점차 다른 사람들(교사 등)이 참여하자. 다른 사람들은 처음엔 같은 공간에 있되 놀이에 참여하고 있는 사람들에게는 신경 쓰지 않고 자기 활동만 한다. 그러다 시간이 지나면 천천히 개입할 수 있다. 이때 중요한 건 선택적 함구증 아이에게 모든 걸 조금씩 맞춰주는 것이다. 또한 처음 몇 판 동안은 아이가 반드시 "우노!"를 외치지 않아도 바닥을 친다거나 원하는 색깔을 가리키는 등 대안을 고려해보는 것도 좋다. 이 상황이 자신에게 안전하다고 느낄수록 아이는 점차 대화에 참여하게 된다. 처음엔 폐쇄형 질문들이 특히 더 낫다. 아이는 고개만 끄덕이거나 "예", "아니요"라고만 대답하면 된다.
- 새로운 상황이나 환경에서는 선택적 함구증 아이가 소통할 수 있는 애착 대상들과 함께하도록 하자.

부끄러움을 많이 타는 아이

아이가 발달단계상 부끄러워하거나 낯선 상황들을 피하고 싶어 해도 부모는 어떻게 하면 아이가 자신감을 얻을까, 자신이 무엇을 해줄 수 있을까 궁금해한다. 부모가 느끼는 기본적인 두려움은 대개 이런 식으로 표현된다.

“어떻게 아무 말도 하지 않을 수 있겠어요! 자기 스스로 해가 되는 행동을 하고 있잖아요. 그걸 지켜보는 게 부모로서 마음이 아파요!”

아이의 조심스러운 행동이 부정적인 성격으로 보일 때는 2가지 욕구가 서로 상충하고 있다. 부모의 경우, 아이가 자기 스스로 책임질 수 있도록 용감해지길 바란다. 아이의 경우에는 자기만의 속도로 발달하며 그런 모습이 받아들여지길 바란다. 부끄럽고 두려워하는 행동들이 아이에게 버거운 사건들(이사, 소외, 죽음 등)로 인해 유발된 게 아니라 그저 아이의 기질에 불과하다면, 그 모습 그대로 인정해주어야 한다. 아이의 긍정적인 발달을 부모가 인지하고 있음을 아이에게 보여주는 게 중요하다.

"네가 노력하고 있다는 걸 알아. 네가 새로운 걸 시도해서 정말 기뻐!"

하지만 아이가 놀이터에서 다른 아이들에게 다가가고 싶어도 실상 그러지 못하는 등 심리적 압박을 느끼는 모습이 확실하게 보이면, 그때는 개입해서 도움을 요청하거나 전문적인 상담 혹은 치료적 지원까지 이루어져야 한다.

이렇게 하지 않기

- **비웃기**: "아, 그렇게 행동하지 좀 마!"
- **비교하기**: "네 동생도 인사하잖아!"
- **대신 해주기**: "너무 오래 걸리잖아. 내가 하고 말지!"
- **성별에 따른 고정관념**: "네가 여자애라서 그래. 남자애들은 더 용감해!"
- **강요하기**: "지금 해내야만 해!"

이렇게 시도해보기

- **공감하기:** "어려워하는 것 같구나. 내가 옆에 있잖아. 네가 준비될 때까지 옆에 있어줄게!"
- **조건 없는 사랑을 표현하기:** "지금 네 모습 그대로 너는 멋져. 그 모습 그대로 나는 너를 사랑하고!"
- **다양한 철회 방법을 제공하기:** "오늘은 너무 긴장된 하루였어. 남은 시간은 좀 더 편안하게 보내자!"
- **부끄러움을 기회로 보기:** "오늘은 뭘 관찰해봤어?"

강점을 키우며 친구 관계 만들기

부끄러워하는 아이들은 첫 만남에 바로 친구를 사귀는 게 힘들다. "난 늘 혼자 놀아", "나만 또 초대를 못 받았어" 같은 말을 들으면 부모는 고민에 빠지기 시작한다. 자기 자식이 또래들과 못 섞이거나 소외되면 부모는 마음이 아프고 두렵기도 하다. 그렇게 되면 부끄러움이 많은 아이의 감정에는 부모의 걱정도 함께 섞이게 된다.

이처럼 감정이 몰아치는 상황에서는 명확하게 사고하거나 행동할 수 없다. 그 상황을 좀 더 객관적인 시각에서 바라보려면 내면의 마구 섞인 감정들로부터 한 발짝 거리를 두는 게 좋다. 그러면 원하는 바를 달성하기 위해 어떻게 해야 할지 그 해결책들이 보이기 시작한다.

한번 다음과 같이 해보자.

- 취미를 함께 찾아보자. 스포츠 그룹, 합창단, 댄스 동아리 등 소그룹으로 하는 활동이 제일 좋다. 우선 관련 장소나 공간을 바깥에서 살펴보자. 그곳이 안전하다고 느껴지면 그 공간 안에서도 좀 더 편안해진다. 강사 선생님과 미리 이야기를 나누어 아이를 세심하게 돌봐주길 부탁드리자. 아이가 그룹과 수업을 신뢰하게 되면, "문 앞에서 기다릴게!", "한 바퀴 돌고 올게!", "1시간 뒤에 데리러 올게!" 등 아이를 바로 지켜볼 수 있는 자리에서 점점 거리를 늘려 조금씩 물러나보자.
- 도전적이거나 새로운 상황에서는 함께 노래 부르기, 함께 흥얼거리기, 특이한 악수법 등 특별한 의식들을 매번 똑같이 행해보자.
- 아이의 강점이 무엇인지 함께 고민해보자. 강점마다 스티커, 행복 돌멩이, 마스코트, 히어로의 상징 등을 함께 만들면서 아이의 능력을 시각화하자. 자신에게 있는 능력들을 깨닫게 되면 아이도 깜짝 놀랄 것이다.

- 사회적 친밀감을 인형 등을 활용해서 놀이로 연습해보자. 인형으로 조용하게 말한 뒤, 아이에게 질문해보자. "들었어? 이 친구가 네게 무슨 말을 한 것 같아?"
- 거울 앞에 자신감을 가지고 서보자. 단, 압박은 금물! "안녕, 나는 ○○이야. 같이 놀아도 될까?" 목소리가 작은 아이라면, 라디오 방송 연습이 도움을 줄 수 있다. '조용히 말하기'에서 '중간 정도의 크기'로 목소리를 높일 수 있게 시도해보자. "네 목소리를 좀 더 크게 만들어줄 버튼을 상상해보렴. 얼마나 크게 이야기하고 싶니?"
- 부끄러움을 특히나 심하게 타는 아이에게는 동물과의 교류가 도움이 된다. 그러면 자신이 누군가에게 꼭 필요한 존재라는 것을 느끼게 되고, 그 동물을 친절하게 돌보며, 자신이 혼자가 아니라는 사실을 깨닫게 된다. 이와 함께 자존감도 상승한다.
- 저학년 그룹을 위한 중재자나 도우미의 역할로 자기보다 어린 친구들과의 교류가 도움이 되기도 한다.

병원 방문하기

다가오는 병원 검진 일정이나 예방 접종은 아이에게 불안감을 유발할 수 있다. "무서워할 필요 없어!", "그렇게 나쁜 일 아니야!" 같은 말들은 아이에게 도움이 되지 못한다. 아이에게는 검진을 받거나 주사를 맞는 안전한 공간에 관한 현실적이고 진정한 정보가 더 필요하다. 신생아일지라도 주사를 맞으면 짧게 따끔할 거라는 등의 설명을 아이에게 해주어야 한다. 이때 부모는 자신의 감정 상태를 잘 살펴봐야 한다. 아이도 그 감정 변화를 느낀다. 부모가 너무 무서워하거나 긴장하면 아이도 그 감정을 느낄 수 있고, 그 감정이 아이에게 전이될 수도 있다.

감정 전이를 막으려면 우선 부모가 마음을 단단하게 먹어야 한다. 그런 다음, 병원 방문이나 의학적 처치에 관해 스스로 어떻게 생각하는지 곰곰이 살펴봐야 한다. "나는 네 선생님이 좋더라. 진짜 너무 세심하셔!", "그곳에는 ○○이가 갖고 놀 수 있는 엄청나게 큰 블록들이 있잖아!" 등 긍정적인 분위기로 대화를 이끌면 아이는 병원 방문을 좀 더 편안하게 받아들일 수 있다. 중요한 건 어쨌거나 아이의 건강이다.

무서워하는 아이에게는 이미지가 쉽게 연상되는 단어 사용에 주의해야 한다. 주사를 맞을 때, 때에 따라서는 '예방 접종'이나 '주사' 같은 용어들을 사용하지 않는 게 더 나을 수도 있다. 병원에 도착하기 전까지는 '바늘'이라는 말 대신 '콕 찌름', '얇은 관' 정도만 이야기해줘도 괜찮다. 병원에 도착하여 아이가 멋진 블록들을 봤고 분위기도 좀 괜찮아졌다 싶으면, 그때 앞으로 진행될 과정을 설명해주면 된다.

"이제 무얼 하게 될까? 궁금하지 않니?"

부모들은 걱정이 많은 탓에 예방 접종이나 병원 방문에 관한 이야기를 지나치게 너무 일찍 해버린다. 그러면 되레 문제가 된다. 아이는 부정적인 생각들로 일찍이 스트레스를 받게 되고, 그날이 될 때까지 일상생활은 계속 엉망이며(불안한 수면, 부모 곁을 더 많이 찾기) 불안감은 엄청나게 높아질 수 있다.

부모는 아이의 걱정을 다음과 같이 덜어줄 수 있다.

- 병원 방문에 관한 동화책을 읽어주거나 이와 관련된 어린이 방송을 시청한다.
- 의사 놀이를 해본다. 의사 가운이나 진료 가방 등 역할놀이 재료들이 있으면 아이가 역할놀이를 쉽게 즐길 수 있다. 역할놀이의 장점은 아이가 의사 역할을 해보는 동시에 진료 도구들에 익숙해진다는 점이다. 예를 들어, 아이는 의사 선생님이 언제 어떤 목적으로 청진기를 자신에게 갖다 대는지 좀 더 잘 이해하게 된다. 게다가 진료 과정을 좀 더 잘 내면화하게 된다. 역할놀이를 하면서 아이는 자기감정을 표현하며 더 잘 극복할 수 있다. 다양한 역할(의사와 환자)을 통해 아이는 여러 관점을 배울 수 있다.
- 아이에게 구체적으로 질문해본다. "뭐가 도움이 될 것 같아?" "우리가 뭘 하면 다음엔 네가 좀 덜 힘들 것 같아?"

아이들은 호기심 덩어리다. 아이들이 질문한다는 건 그 주제에 관심을 두고 있다는 뜻이다. 아이의 지적 호기심을 채워줄 최고의 방법은 아이의 눈높이에 맞춰 확실하게 대답해주는 것이다. 자신에게 닥칠 상황을 신뢰할 수 있으면 더 많은 안정감을 느낀다.

👍 다음은 꼬마 환자들이 자주 던지는 질문들로, 아이들 눈높이에 맞춰 들려줄 수 있는 대답들도 함께 제시되어 있다.

"예방 주사는 왜 맞아야 해요?"

"중요한 질문이야. 이렇게 한번 상상해보렴. 예방 주사를 맞으면 네 몸은 자기만의 작은 경찰관들(항체, 항원)을 갖게 된단다. 그러면 그들은 네 몸속에 경찰서를 지은 다음, 네 몸을 감시하며 지켜줘. 못된 바이러스나 몹쓸 박테리아가 어느 날 갑자기 쳐들어오면 경찰관들이 온 힘을 다해 그 병원균들을 물리치거나 못 들어오게 막아줄 수 있지."

예방 주사를 여러 번 맞아야 한다면, 이렇게 말해줄 수 있다.

"경찰 단속을 강화하기 위해 예방 주사를 맞을 때마다 새로운 경찰관들이 네 몸속으로 들어온단다!"

"내 옆에 있어줄 거죠?"

"그럼! 네 옆에 있을 거고 너와 함께할 거야. 우리는 함께 잘 해낼 거야. 원한다면 내 무릎에 앉아도 좋아!"

진료실에서는 이렇게 물어봐도 좋다.

"직접 보고 싶니, 아니면 다른 데를 보고 있을까?"

"주사는 아파요?"

"살짝 따끔하지만, 다행히 눈 깜짝할 사이에 지나가. 팔 어디에 주사를 맞고 싶은지 네가 결정하렴."

"곰돌이(애착 인형)를 데리고 가도 돼요?"

"좋은 생각이야. 곰돌이도 건강하게 지내려면 아주아주 조그마한 경찰관들이 많이 필요하니까. 의사 선생님이 처음엔 곰돌이에게 주사를 놓아주실 거야. 주사 맞는 게 어땠는지 나중에 곰돌이에게 물어보자."

"엄마(혹은 아빠)가 주사를 맞을 때 아팠어요?"

"엄마(혹은 아빠)가 주사를 맞을 때 어땠는지 이야기해줄게. 사실 기다리는 동안은 기분이 진짜 별로였어. 그러고 나서는 아주 잠깐 따끔했는데, 정말 순식간에 훅 지나가버렸어!"

솔직하고, 짧게, 그리고 부드럽게 대답해준다.

불편한 검사들

유감스럽게도 소아·청소년과 선생님들 중에는 꼬마 환자들을 그렇게 세심하게 배려하지 않으며 아이들의 욕구와 두려움도 거의 혹은 아예 신경 쓰지 않는 의사들이 있다. 그런 의사들로부터는 "이제 그러면 안 돼!" 같은 말들을 듣게 된다. 만약 아이와 부모가 이런 일을 겪게 된다면, 다시 말해서 의사의 거친 행동방식으로 진료실 분위기가 좋지 않고 아이와 부모의 기분이 그 의사의 대화 방식에 따라 점차 나빠진다는 생각이 든다면, 대화의 키를 낚아채서는 의료진의 부정적인 감정이 부모과 아이에게 전이되지 않도록 적극적으로 방어해야 한다. 불편한 감정이 전이되는 걸 막아서 아이가 병원에서 긍정적인 경험을 쌓을 수 있도록 아이에게 의식적으로 집중해야 한다.

주사를 맞거나 진료를 받는 동안 아이가 주눅이 들어 있고 무서워한다면, 아이를 부모의 무릎에 앉힌 채 진료를 받게 할 수도 있다. 이렇게 부모와의 신체 접촉을 허용해주자. 아니면 대화를 통해 아이와의 연결고리를 형성하여 함께해줘도 괜찮다.

"우리가 집에서 곰돌이랑 어떻게 놀았는지 기억하니? 지금부터 선생님이 그렇게 똑같이 할 거야. 선생님이 네 심장 소리를 듣고 싶어 하셔. 잠깐 티셔츠를 벗어보자!"

이 상황을 위해 집에서 미리 쉽게 입고 벗을 수 있는 옷을 골라 입고 오면 좋다.

좀 더 큰 아이들은 옷을 벗은 채 의사를 기다리는 상황을 불편해할 수 있다. 담당 의료진에게 유연한 진료 방식을 요청해보자(진료 바로 직전에 티셔츠 벗기—진료를 받기—금세 다시 옷 입기). 그러면 아이가 그 상황을 좀 더 편하게 받아들일 수 있다.

성기 부위를 진료하기 전에는 담당 의사가 진료 과정을 반드시 설명해주어야 하며 아이의 동의 여부를 물어봐야 한다. 그래야 의사와 아이 간에 높은 신뢰 관계가 형성될 수 있다. 지금까지의 경험을 비추어 볼 때 담당의가 그런 질문을 하지 않을 것으로 생각된다면, 부모가 큰 소리로 아이에게 질문해주자.

"네 중요한 신체 부위를 살펴봐야 하는데 괜찮겠니?"

부모와 자녀의 세심한 대화가 의사와 아이의 대화 방식에도 긍정적인 영향을 미친다면 참 좋을 것이다. 아이가 자신의 개인적인 경계를 이야기하고 스스로 결정할 수 있을 때, 이는 아이를 보호해주는 하나의 주문이 된다.

가까워진 수술일

수술이 꼭 필요하다고 의료진이 설명하면 부모의 얼굴에는 걱정, 근심 등 불편한 감정들이 확연히 드러난다. 아이들의 반응은 제각각이다. 단, 하나는 분명하다. 아무것도 모르는 아이들에게 의학적 개입은 스트레스다. 그리고 이는 두려움의 감정을 유발한다. 이때 부모가 두려워하는 모습을 보이면 아이가 느끼는 두려움의 크기도 영향을 받게 된다.

연구들에 따르면, 수술에 관한 명백한 두려움과 수술 후 좋지 않은 예후 간에는 명확한 관련성이 있다. 이런 이유에서 아이의 걱정은 진지하게 받아들여져야 하고 예정된 수술에 관해서는 아이와 개별적인 대화를 나누며 아이를 진정시킬 필요가 있다. 대화의 깊이나 정보량 등은 아이가 던지는 질문들로 조절할 수 있다. 아이가 대화를 주도하며 페이스를 유지하고, 계속된 흥미를 보인다면 의학적 개입에 대한 부담은 줄어들 수 있다.

중요한 점은 병원 사전 미팅 때 아이가 함께하고 아이도 적극적으로 참여할 수 있어야 한다는 것이다. 그래야 아이는 이때 들은 정보들로 이후의 진행 과정을 파악할 수 있을뿐더러 해당 상황과 담당 의료진을 신뢰할 수 있다. 의료진과의 교류를 통해 아이는 관계를 형성하게 되고 이로써 아이의 협력 태도도 더욱 좋아진다. 어떤 경우에는 치료 효과까지 높일 수 있다. 대화를 통해 아이의 두려움과 스트레스가 감소하는 건 분명하다.

수술 전후, 그리고 수술하는 동안 어떤 일이 벌어질지를 다음과 같이 설명해주며 아이의 질문들에 대답해줄 수 있다.

"왜 병원에 가야 해요?"

"우리가 그 병원에 갔던 일을 기억하니? 맞아. 거기서 네 사촌 동생이 태어났었지. 병원에서는 아기들이 태어나기도 하고 아픈 사람들이 다시 빨리 건강해지도록 치료나 수술을 받기도 해.

병원에 가는 이유는 아주 다양하단다. 네게 수술을 권한 이유는 뭘까? 너는 어떻게 생각하니?"

"수술이 뭐예요?"

"진료 중에 의사 선생님이 네 몸에서 어떤 문제를 발견하게 되면 그걸 치료할 방법을 찾는단다. 수술로 네가 아주 빨리 건강해지는 거야."

"아파요?"

"우리가 병원에 도착하면, 너는 미술용 앞치마처럼 생긴 재미난 가운을 입게 돼. 그러면 네가 잠들도록 도와줄 의사 선생님이 들어오실 거야. 너를 편하게 해주고 잠까지 잘 수 있게 해주는 달콤한 수면용 주스를 주실 거야. 네가 잠이 들면, 더는 아무것도 느끼지 못해. 그럼 수술실로 가게 될 거야. 거기서 수술 전문의 선생님들이 너를 반길 거고. 그분들이 너와 함께하면서 너를 살펴줄 거야. 네가 잠에서 깨어나면 내가 네 곁에 있을게!"

선택 사항이지만 이렇게도 말해줄 수 있다.

"소아과에서처럼 가끔 작은 주사를 놓을 때가 있어. 하지만 그곳에는 진짜 멋진 마법 밴드가 있단다. 그러면 거의 아무런 느낌도 나지 않을 거야!"

이외에 다음과 같은 말들을 활용해 아이가 긍정적인 것으로 시선을 돌리게 해도 좋다.

"수술을 받기 전에 우리는 병원에 입원해 있는 동안 필요할 수 있는 물건들로 짐을 싸야 해. 뭘 가져가고 싶니? 누가 절대 빠져선 안 되지? '토깽이'도 함께 가도 된단다. 병원에는 어린이 병동이라는 게 있는데, 아주 다양한 그림을 많이 볼 수 있을 거야!"

"잠드는 주스를 마시면 어떤 예쁜 꿈을 꾸고 싶니?"

부모가 정신적으로 아플 때

“오늘은 내 기분이 별로야. 감기에 걸린 것 같아.”

부모는 몸이 아픈 듯하면 이런 말을 종종 내뱉는다. 아이는 정말로 똑똑하고 민감해서 ‘조용히 해야 해’ 메시지가 지금 고지되었음을 알아챈다. 아이는 질병에 관해 생각하며 자신의 모든 경험을 바탕으로 어떤 도움을 줄 수 있을지 고민한다.

“차 한 잔 줄까요?”

부모가 복통으로 몸을 웅크린 채 누워 있으면 이 조그마한 녀석들은 “아이고”라 말하며 쓰다듬어준다. 지금까지의 경험을 바탕으로 아이의 머릿속에는 엄마가 아프면 쉬어야 한다거나 죽을 먹어야 한다는 생각이 순식간에 떠오른다. 이웃들은 ‘빠른 쾌차’를 빌고, 주변에서는 엄마가 곧 나을 거라고 아이에게 말해준다. 질병과 더불어 가능한 치료 방법에 관한 이야기를 듣게 되는 아이는 그것에 관한 명확한 이미지를 그린다.

그런데 사람이 정신적으로 아프면 어떤 모습일까? 정신적으로 아픈 이야기는 사람들이 그렇게 터놓고 이야기하지 않는다. 주변 사람들뿐만 아니라 자기 자신도 말이다. 많은 이가 여전히 터부시한다.

"수년 동안 내 기분은 별로였어! 엄마들은 절대 아프면 안 된다고, 그렇게 나 자신에게 계속해서 말해왔어!"

아무도 보지 못할뿐더러 정신적으로만 아프기에 '사적인 고통'으로 치부하거나 그냥 침묵해버릴 때도 많다. 부모는 아이에게나 주변 사람들에게나 이를 어떻게 말해야 할지 잘 알지 못한다. 정신 질환에도 병명이 있고 그것에 맞는 적절한 치료법도 있지만, 잘 언급하지 않는다. 두려움, 불안, 죄책감, 수치심 때문에, 혹은 힘이 없다는 이유로….

정신이 아픈 이유는 많다. 결단코 나만의 일이 아니며 누구나 아플 수 있다는 건 통계만 봐도 알 수 있다. 독일에서는 3분의 1 정도 사람들이 정신적으로 건강하지 못하다. "너는 전혀 안 아파 보이는데!", "그냥 긍정적으로 생각해보면 돼!"와 같은 낙인찍는 말들 때문에 사람들은 정신 질환에 대한 적합한 치료법을 잘 찾아보질 못한다.

정신 질환은 일상생활을 방해하고 파괴하며 심리적 압박까지 주기 때문에 전문적인 진료가 필요하다. 질환에 따라 다르겠지만 정신적으로 아픈 부모의 양육 능력은 최소한 일시적으로는 분명 제약된다. 그렇기에 당사자에게 도움을 주고, 이에 관해 이야기를 나누고, 필요한 경우에는 전문가를 함께 찾아가는 것도 꼭 필요하다. 주변 사람들 가운데 누가 그런 것 같다고 생각되면 조심스럽게 물어보자.

"요즘 얼굴이 별로 좋아 보이지 않아요. 무슨 일인지 이야기해 주실 수는 없을까요? 제가 어떤 도움을 드릴 수 있을까요?"

엄마 혹은 아빠가 정신적으로 아프다면, 다음의 단계들을 거치면서 아이와 대화해볼 수 있다.

- 증상을 보이기
- 질환을 명명하기
- 아이가 가질지도 모를 죄책감을 없애주기
- 치료 방법을 설명해주기
- 부모로서 대화할 준비가 되었다는 신호를 보내기

아이의 죄책감을 없애주기

건강한 아이는 부모에게 무슨 일이 있는지 상당히 일찍 인지한다. 하지만 무슨 병이고, 무슨 증상이 나타나는지는 알지 못한다.

정신 질환을 숨기거나 이에 관해 아무런 말도 하지 않는 건 역효과를 낳을 뿐이다. 아이에게는 부모가 가진 질병이 무엇인지, 어떤 영향을 미치는지, 그런 상황에서 자신은 무엇을 할 수 있을지 등에 관한 정보가 필요하다. 아무도 이야기해주지 않으면 아이는 자신이 가진 정보나 직접 관찰한 것들, 자신의 생각이나 감정 등을 자신에게 맞게 해석해보려고 애쓴다. 이때 "제가 좀 더 잘한다면, 아빠가 그렇게 슬프지 않을 거예요!", "제가 나쁜 아이라서 엄마가 소리 지르는 거예요!"라고 말하며 죄책감을 느끼기도 한다.

아이들은 아빠의 억눌린 기분이 우울증을 유발하거나, 엄마의 조급함이 알코올 문제를 초래한다는 관계적 맥락을 만들어내지 못한다. 또 정신 질환을 분류하거나 설명하지 못한다. 아이들은 무기력해지고, 무능력함을 느끼며, 누구와도 이야기하지 않고 그 짐을 홀로 짊어진 채 혼자 내쳐졌다고 많이들 생각한다. 정신 질환을 앓는 부모를 돕고자 자신이 부모 역할을 대신 해내려는 아이들도 있다(부모와 동일시). 나이에 맞지 않는 과도한 책임은 아이의 발달을 저해하고 아이의 정신 질환도 유발할 수 있다.

아이를 안심시키기

아이와 정신 질환에 관해 이야기를 나누는 게 본능적으로 꺼려질 수도 있고 때론 옳지 않은 일처럼 느껴질 수도 있다. 하지만 아이의 나이에 적합한 수준으로 솔직하게 이루어진 대화야말로 힘겨운 감정과 생각을 아이에게서 덜어주고 이와 동시에 아이가 안정감을 느끼게 하는 유일한 방법이다. 지식과 말에는 힘이 있다. 이제부터는 침묵을 깨는 일이 좀 더 쉬워지도록 아이와의 대화에서 무엇을 알아야 할지 설명하려고 한다.

부모가 아이에게 정신 질환을 설명해주는 방법으로는 무엇이 있을까? 대화의 기반을 마련하기 위해 동화책을 함께 읽어보는 것도 좋다. 특정 질환에 초점을 맞춘 동화책들, 예를 들어 부모가 앓는 정신 질환의 정의와 증상, 그것이 아이나 가족에 미치는 영향을 삽화를 곁들여 설명한 그림책이나, 우울증을 앓고 있는 부모에 관한 동화책 등을 함께 읽으면서 관련 증상들을 좀 더 자세하게 알아갈 수 있다. 하지만 아이만의 책을 만들어보면서 질병, 치료법, 자조 전략 등을 개괄적으로 살펴볼 수도 있다.

"나는 오늘 너랑 그림을 그리고 싶어. 자, 봐. 이게 나야. 내가 너를 학교에 데려다주는 모습, 회사에 출근하는 모습…. 내가 즐거워한다는 걸 너도 확실하게 느낄 때가 있을 거야. 그때 내 모습

은 어때?"(아이가 기분을 그려내도록 지지해주기)

"그런데 토요일처럼 침대에서 일어나기 싫은 그런 날도 있어. 그때 내 모습은 어땠던 것 같아?"

이처럼 가지각색의 증상들, 이에 상응하는 감정과 생각 혹은 행동을 명확하게 표현해볼 수 있다. 그런 다음, 흐르는 콧물이나 피부 발진 등 다양한 신체적 질환을 표현해보자. 마지막으로 뇌를 그려보자. 이때 '머리에 자리한' 정신을 변화시키지만 바로 알아차리기는 힘든 질환들도 있음을 설명해줄 수 있다.

"이곳에서 사람들은 각기 다르게 생각하고, 느끼고, 행동하는 거야. 자기에게 뭔가 문제가 있다는 것도 이곳에서 깨닫게 되는 거지. 그런 정신적인 질환을 내가 가지고 있는데, 이를 ~라고 부른단다(우울증, 불안장애, 강박 장애 등). 이런 질병을 앓고 있는 엄마 아빠가 많아. 아이들이 그런 경우도 종종 있고. 좋은 소식이 있다면, 이 질병을 치료해줄 전문가들이 계신다는 거야. 치료사 선생님이라고 부르지. 빨리 낫기 위해 엄마 아빠들도 가끔은 약을 먹어. 종종 내가 왜 그렇게 다르게 혹은 이상하게 행동하는지 네가 이해하는 게 중요하단다. 그건 내가 앓고 있는 질병 때문이지, 다른 이유는 없어. 네가 잘못한 게 절대 아니야! 나는 너를 아주 많이 사랑한단다. 또 다른 궁금한 점이 있니?"

병원에 입원해서 집중 치료가 필요한 경우, 어린아이에게는 이야기를 만들어서 들려줄 수 있다.

"종종 아빠 얼굴이 안 좋다는 걸 너도 느꼈니? 요즘 아빠는 모든 게 회색 잿빛처럼 느껴진대. 아빠의 색깔들이 완전히 뒤죽박죽이 된 거야. 어떤 색깔은 전혀 찾아볼 수가 없대. 지난 몇 주간 아빠가 너무 힘들었나 봐. 그래서 아빠는 모든 게 회색 잿빛처럼 느껴진대. 그러면 아빠는 '오늘은 끔찍한 하루야! 오늘은 슬퍼!' 이런 기분이 든대. 그럼 아빠는 어떻게 하지? 맞아. 아빠는 소파에 누워서 거의 웃질 않아! 그런데 아빠에게 좋은 생각이 있대. 아빠가 다시 여러 다양한 색깔을 느낄 수 있게, 아빠의 뒤죽박죽된 색깔들을 정리하는 걸 도와줄 뇌 전문가, 감정 전문가를 찾아낸 거야. 그래서 아빠는 조만간 무지개 집에서 지낼 거야. 그곳에서 전문가 선생님들이 아빠가 왜 회색 잿빛만 느끼게 됐는지, 어떻게 해야 다시 여러 색깔을 느낄 수 있는지 차분히 살펴봐주실 거야. 무지개 집에는 새로운 색깔들(새로운 힘)을 찾으려는 엄마 아빠들이 많이 있어. 아빠가 다시 다채로운 색깔들을 느끼며 웃는 방법을 찾아내는 동안, 우리는 둘이서 진짜 재미난 일들을 많이 하고 있자꾸나. 아빠가 돌아오면 우리가 경험한 일들을 이야기해주자."

가족의 죽음을 맞닥뜨린다면

부모들은 아이에게 죽음이라는 주제를 자세하게 설명하지 못하고 본능적으로 움츠린다.

"모든 게 다시 잘될 거야. 아빠는 지금 그냥 슬플 뿐이야!"

순간적으로 이렇게 말할 수도 있다. 자기 자식이 슬퍼하는 모습을 보고 싶지 않은 보호 본능으로 인해 많은 부모가 침묵한다. 그런데 남몰래 삼키는 부모의 슬픔을 아이도 느낀다. 아이는 자신이 들은 것과 느끼고 있는 것이 일치하지 않아 혼란스럽다.

아이와 죽음, 이별, 상실에 관해 공감적으로 대화하면, 아이는 관련된 정보를 얻게 되고 이를 통해 슬픈 상황도 어느 정도 통제할 수 있다. 아이에게 적합한 동화책으로 대화를 유도하고, 아이가 궁금해하는 사항들은 아이의 눈높이에 맞춰 설명해주면서 실제 사례들을 통해 분명하게 이야기해주는 게 중요하다. 그래야 아이는 자신의 슬픔과 더불어 그것을 표현할 다양한 방식을 이해하게 된다. 시간이나 장소를 특별하게 정해둘 필요는 없다. 이별, 상실, 죽음, 슬픔 등의 주제를 아이에게 맞춰 상세하게 설명해줄 기회는 일상생활 속에 많다. 숲속에서 죽은 동물을 보게 되면, 이때 아이와 함께 이야기를 나눠봐도 좋다. 시들어버린 화분이나 어린이 방송도 좋은 기회가 된다.

아이가 죽음에 관해 얼마나 알고 있는지 질문해봐도 좋다. 아이가 질문하면 그 질문에 맞춰 솔직하게 대답하는 게 좋다. 물론 적절한 대답이 떠오르지 않을 때도 있다. 이때는 "너는 어떻게 생각해?", "무슨 말이지?"라고 반문하면서 아이가 현재 얼마나 알고 있는지 파악할 필요가 있다. 아이의 질문에 아무런 대답도 생각나지 않는다면, "지금껏 그걸 생각해본 적이 없어", "잘 모르겠어"라고 솔직하게 대답할 수도 있다. 인생의 순환이나 삶에 관해 함께 연구해보거나 인터넷 혹은 책을 통해 해답(종교적인 대답을 포함해)을 찾아보는 것도 하나의 방법일 수 있다.

아이가 죽음을 얼마나 이해하고 있는지를 정확하게 파악하면 아이에게 대답해주는 일이 좀 더 쉬워진다. 정보가 충분해야 아이의 생각 시스템이 과부하에 안 걸린다. 그러므로 초등학생 때까지 각 나이에 맞춰 살펴보자. 나이에 따라 언급되는 내용이 달라질 수 있다.

아기 때부터 3세까지

애착 관계 연구자들에 따르면 생후 약 6개월부터 아기도 슬퍼할 수 있다. 정서적인 애착 연결이 갑자기 뚝 끊기면, 아기는 상실감에 슬퍼진다. 그런 슬픔을 아기는 수면 문제, 아픔, 잦아진 울음 등을 통해 명확하게 드러낸다. 이 감정이 인정되고 다른 애착 대상이 사랑을 듬뿍 담아 아기와 함께해주면서 그 욕구가 충족되면, 아기가 느끼는 슬픔은 적절한 위로와 지원을 받게 된다.

대략 첫돌부터 아이는 살아 있는 것과 살아 있지 않은 것을 구분한다. 이런 깨달음과 더불어 아이의 인지 능력과 의사소통 능력이 발달하게 되면, 아이는 죽은 상태와 살아 있는 상태를 좀 더 잘 이해하게 된다. 또한 아이는 생후 첫 몇 년간은 자기중심적으로 생각한다. 모든 걸 자기 자신과 관련 짓는다. 이런 사고방식은 아이가 타인의 입장이 되어보거나 똑같은 상황을 다른 관점으로 지각하는 것(이른바 '마음 이론'. 이에 관해서는 2장을 참고)을 방해하기도 한다. 게다가 아이의 마술적 사고('내가 할머니를 다시 데려올 수 있어!')와 아직 완성되지 않은 시공간 개념으로 인해 아이는 죽음을 어른들이 이해하는 것처럼 받아들이지 못할 수도 있다. 이 나이 때의 아이는 죽음이 번복될 수 없음을 이해하지 못한다. 장례가 치러진 후에도 돌아가신 분이 언제 다시 돌아오냐는 질문을 종종 던지기도 한다.

4세부터 6세까지

이때의 아이는 '왜'라는 질문들로 지식욕을 채운다. 아이들은 호기심이 많아서 주변에서 죽음이라는 말을 듣게 되면 무슨 뜻인지 궁금해한다. 그렇게 죽음을 천천히 단순하게 이해하기 시작한다. 하지만 4세가 되어도 여전히 현재를 중심으로 살아가기에 '죽었음'을 '떠나감'이나 '조금 죽었음' 등으로 이해한다. 아이에게 떠나갔다는 건 그 사람이 다시 돌아온다는 걸 의미할 수도 있는 것이다. 아이에게 죽음은 최종적인 게 아닌 듯하다. 아이는 죽음을 '극적인' 상황과 연결하지는 못하므로 대화 도중 이렇게 말할 때도 있다.

"그럼 넘어져서 한번 죽어봐!"

Tip 죽음에 관한 질문들

죽음에 관해 아이와 이야기를 나누고자 이런 질문들을 던져볼 수 있다. 단, 이와 같은 대화는 아이가 죽음에 관심을 보일 때만 하자.

"숲속에서 죽은 동물을 발견하면 어떻게 해주고 싶니?"

"동물이 왜 죽었다고 생각하니?"

"동물이 죽으면 어떤 일이 일어날까?"

"이 친구(반려동물)랑 어떻게 작별하고 싶어?"

"이 친구(반려동물)에게 어떤 일이 일어날 것 같니?"

"이 친구(반려동물)가 죽으면 어떤 기분일까? 위로받고 싶을까? 누구를 위로해 본 적 있니?"

"슬픔이라는 감정은 중요한 걸까?"

"죽은 동물을 위해 어떤 의식을 치러줄 수 있을까?"(양초에 불을 붙이고 소원을 빌어도 좋다. "나는 네가 형형색색의 아름다운 날개를 달고 동물들의 천국에서 훨훨 날아다니면 좋겠어!")

6세 혹은 7세 이상

초등학생들은 죽음을 좀 더 현실적으로 이해한다. 이때 기반이 되는 건 원인과 결과에 대한 이해 능력이다. 이 나이 때의 아이들은 지금껏 엄청난 발달단계들을 거쳐왔고 이제 좀 더 복합적으로 생각할 줄 안다. 그러면서 더 심도 있는 질문들로 해당 주제를 더 잘 이해하고 싶어 한다. 죽음이 번복 불가하다는 걸 깨닫게 되면, 자기 부모가 죽을까 싶어 두려워하거나 걱정하는 아이도 있다. 죽음에 대한 개념을 어느 정도 갖추게 되더라도 (발달 및 특성 정도에 따라 차이는 있되) 초등학교 저학년 때는 아이의 상상이 여전히 주를 이루며 죽음의 번복 불가를 거부하기도 한다. 그러나 시간이 지나면서 죽음에 관해 좀 더 객관적이고 과학적인 관심을 보인다. 그러므로 이런 말들은 하지 말자.

"할아버지는 지금 잠이 드신 거야. 이제 무덤 속에서 계속 주무실 거야."

이런 말은 되레 잠과 관련된 두려움을 유발할 수 있다. 아이들은 문자 그대로 받아들이는 경우가 많다.

"엄마는 병원에서 죽었어!"

이렇게 말하면 아이가 병원이라는 장소를 안전하지 못한 곳으로 받아들일 수 있다. 대신 이렇게 표현해보자.

- **죽음의 원인에 대해:** "이 세상에는 가벼운 병, 심각한 병, 아주 심각한 병이 있어. 너무 끔찍한 부상도 있지. 할아버지는 암을 앓고 계셨기에 돌아가셨어. 암은 아주아주 심각한 병이라

서 죽을 수도 있거든."

- **신체 기능을 근거로 설명하기:** "할머니는 나이가 진짜 진짜 많으셨어. 89년 동안 사셨지. 할머니의 몸은 더는 제대로 기능하기 힘들었어. 할머니의 심장도 더는 뛸 수 없었어. 그래서 할머니는 더는 숨을 쉴 수가 없었지. 할머니는 이제 돌아가신 거야."
- **종교적 혹은 영성적 접근은 아이에게 적합하게, 긍정적으로 시도하기:** "나는 내가 죽으면 너의 수호천사가 될 거라고 믿어. 신적 존재나 하늘나라 같은 저세상을 믿는 사람도 있거든. 너는 어떤 생각이 좋니?"

감정, 생각, 걱정거리 등을 이야기할 시간과 장소를 언제나 아이에게 제공해주자. 아이가 슬퍼하면 그 슬픔에 공감해주자. 또한 지금은 아주 고통스럽게 느껴지겠지만 이 엄청난 아픔도 금세 사그라지고 달라질 거라고 이야기해주자.

부모가 이혼할 때

부모가 서로 헤어지면 부모로서의 감정과 부부로서의 감정이 서로 막 섞이게 된다. 그러면 아이에게 초점을 잘 맞추지 못한다. 실망, 분노, 슬픔, 수치심, 죄책감 같은 압도적인 감정들로 인해 부모는 더 무기력해질 뿐이다. '아이에게 무슨 말을 해줘야 할까?', '적절한 때는 언제일까?' 하고 부모는 머리가 터지도록 온종일 고민하지만, 적절한 말이 끝내 떠오르지 않을 때도 많다.

높은 이혼율 때문에라도 우리는 이혼·분리 가정의 아이들을 수용하는 방법, 그리고 그 아이들에게 공감적으로 설명해주는 방법을 잘 알고 있어야 한다. 하지만 유감스럽게도 대부분 잘 모른다. 부모들은 '내 말이 아이에게 상처가 될 거야'라는 불안감과 누구

(이혼 상담가, 중재자 등)에게 도움을 청할지 모르는 무지로 인해 최대한 말을 아끼거나 궁색한 거짓말을 하는 경우가 진짜 엄청나게 많다. 부모는 아이가 잘 지내길 바라지만, 아이는 부모가 "우리는 헤어질 거야"라는 말을 내뱉는 순간 부모라는 본능적인 보호 가운이 벗겨진 것만 같다. 깜짝 놀란 아이는 이 말 한마디만으로도 울음을 터뜨리기도 하고 두려움, 슬픔, 화, 죄책감 같은 강렬한 감정들이 올라오기도 한다.

이혼은 부모에게도 심리적으로 엄청난 고통이라서 많은 이가 침묵한다. '더는 할 말이 없어! 상황이 되레 더 나빠질 거야!'라고 대부분 생각한다. 그런데 이런 침묵이 부정으로 이어질 위험도 있다. 장기적인 분리 선포는 아이의 마음에 깊이 각인되는 사건이다. 정서적 혼란을 잘 다루는 법을 습득하는 일도 이혼 가정 아이에게 주어진 과제다. 고통과 더불어 앞으로 닥쳐올 갈등을 극복하기 위한 능력을 발달시켜야 한다.

부모가 대화를 멈추면, 아이는 가족 사이의 비구두적인 신호들을 해석한다. 이로부터 도출된 추론들이 아이를 불안하게 하면, 아이는 자신에게 부족한 정보를 비이성적인 대답과 이유로 스스로 채워간다. 취학 전 나이이거나 초등학교에 다니는 아이라면 "내가 너무 나빠서 엄마 아빠가 헤어지는 거야!", "내가 숙제를 잘 했더라면 이런 일은 없었을 거야!" 등 부모의 이혼에 자기의 책임도 있다고 생각한다. 부모는 아이와 함께하면서 아이가 직접 파악한 내용 이상의 것을 아이의 눈높이에 맞춰 진심으로 설명해줘야 한다. 이혼에 관한 대화는 한 번으로 그치지 않는다. 아이는 다양한 순간에 여러 질문을 던질 것이다. 그러면서 이혼과 관련된 궁금증을 풀어가고자 노력할 것이다.

또한 선생님처럼 아이와 함께 지내는 주변 사람들도 중요하다. 그들이 아이와 이야기 나눌 준비가 되었음을, 아이가 '안전한 네트워크'에 자신을 믿고 맡길 수 있음을, 그리고 이혼으로 인한 스트레스를 아이 혼자서 다 감당해낼 필요는 없음을 아이에게 보여줄 수 있다.

이별에 관한 대화

아이와 대화하기 전에 부모는 부모 영역의 감정과 부부 영역의 감정을 분리할 수 있는지 둘이서 함께 고심해보는 게 좋다. 그러면서 현재 자신들의 감정 상태는 어떤지, 또 인내심을 가지고 아이와 공감적인 대화를 나눌 수 있는지 생각해볼 수 있다. 아이가 자신들이 이혼하는 이유를 이해해주길 바라는 자신들의 바람에 관해서도 한번 짚어봐야 한다. 아이의 사고와 감정은 어른들과 완전히 다르다. 이런 설명은 청소년기가 되어야 온전히 이해할 수 있는 듯하다.

부모의 이혼에 관해 아이와 대화할 계획이 있다면, 우선 아이의 세상으로 한번 들어가보는 게 좋다. 내 아이는 무엇을 이해할까? 아이에게는 지금 이혼에 관한 정보가 얼마나 많이 필요할까? 무엇이 내 아이에게 도움이 될까? 언제가 좋을까? 입학식과 같이 아이의 삶에 중요한 사건들이 있으면, 그 후까지 기다려주는 게 좋다! 어떤 말은 아이를 혼란스럽게 하기도 한다. 그러므로 이혼의 이유에만 초점을 맞추지 말고, 앞으로 일어날 일들에 관해서도 관심을 두어야 한다. 변하지 않고 그대로인 건 무엇인가? 우리를 계속해서 연결할 것은 무엇인가? 아이는 결혼과 가족을 어떻게 이해하고 있는가? 다음 과정들은 어떤가? 이런 대화를 나눌 때는 감정에도 시간과 공간이 필요하다는 사실을 인지해야 할 것이며, 아이가 던지는 질문들에는 아이의 나이에 맞춰 적절하게 진심으로 대답해주어야 한다.

취학 전 아이들이 오해할 표현

"우린 더 이상 서로 사랑하지 않아!"

'사랑'이라는 말은 굉장히 복합적이다. 아이들이 알고 있는 유일한 사랑은 부모가 자기에게 주는 무조건적인 사랑, 절대 끝나지 않는 사랑이다. 그런데 이혼에 관해 대화하기 시작하면 부모의 조건 없는 사랑이 되레 특정 요인들과 연결되면서 '더 이상 사랑하지 않는 것'도 하나의 선택지일 수 있다는 불안감이 엄습해온다. "나를 여전히 사랑하나요?"라는 질문으로 부모의 사랑을 재확인하려는 아이들의 모습을 보면 그런 불안을 엿볼 수 있다.

"우리는 너무 많이 싸워!"

취학 전 아이들도 이미 여러 번 싸워봤다. 유치원이나 놀이터에 가봤다면 친구 간 다툼은 당연한 거다. 그런데 지금까지의 경험을 비추어 볼 때 싸웠다가 화해하는 것도 당연한 일이다. 그런데 어째서 부모들만 다르지? 어째서 부모들에게는 화해라는 선택지가 없는 거지? 나이와 발달 정도에 따라 다르겠지만, 이런 분명하지 않은 메시지로 인해 이렇게 요구하는 아이들도 있다.

"왜 서로 사과하지 않는 거야? 그냥 서로 미안하다고 말해!"

확신을 주는 말들

이 불안정한 시기에 아이가 갖게 되는 심리적 욕구들은 어떤 발달 시기보다도 더 많은 관심이 필요하다. 그러므로 아이의 욕구잔들을 채워줄 말들로 대화하는 게 중요하다. 완전히 사이가 갈라진 부모라면, 중립적인 위치에 있는 사람이 아이와 대화하거나 함께해주는 게 좋다. 부부 영역의 어려움은 부모가 감당해야 할 문제다. 부부로서는 분리되지만, 부모로서는 계속해서 함께할 방법을 분명 같이 고민해야 한다.

명확한 메시지로 아이에게 안정감과 평온함을 전달해주자. 어린아이의 경우, 이혼에 관한 대화를 할 때 말이나 설명보다는 부모의 태도와 감정 전이가 더 중요하다. 그렇기에 진심 어린 태도로 대화에 임하자. 아이의 시공간 개념은 천천히 발달한다는 사실을 염두에 두자. 어린아이들은 "예전에는 우리가 서로 사랑했지만, 이제는 아니야!"와 같이 시간적인 관점이 들어간 설명은 잘 이해하지 못한다. 새로운 삶의 형태는 최대한 쉽게 설명해주자. 그래야 아이가 앞으로 자기에게 일어날 일들을 명확하게 이해할 수 있다. 대화의 올가미 속으로 빠져들지 않기 위해 부모 자신의 내적 태도를 계속 반복해서 확인하는 게 좋다. 그렇지 않으면 아이를 혼란스럽게 할 상반된 신호들을 보낼 수도 있다. 이 과도기를 함께 건널 용기와 희망은 공감적인 대화를 통해 아이에게 전달해줄 수 있다.

- **죄책감 지우기**: "우리는 오랫동안 고민했고, 이제 헤어지기로 했어. 그런데 '우리 둘'만 헤어지는 거야. 부모로서는 평생을,

그러니까 지금처럼 똑같이 네 부모로서 항상 함께할 거야. 이 사실을 네가 이해하는 게 중요해. 이건 우리 둘의 결정인 거지, 너와는 아무런 상관이 없어!"

- **감정을 존중하며 함께해주기:** "네가 기분이 ~한 것 같구나(감정 명명하기). 그런 감정은 지극히 당연한 거야(인정해주기). 네 기분이 좋아지려면 우리가 뭘 해야 할까?"
- **아이를 향한 무조건적인 사랑 표현하기:** "네가 있어서 우리는 행복해. 지금껏 그러했듯이 우리는 널 항상 사랑할 거야!"
- **자기 표출하기:** "물론 나도 슬퍼. 너도 느꼈을 거야."
- **변화 공유하기:** "엄마(혹은 아빠)가 이사 나갈 거라고 네게 이야기했었지? (종이 한 장을 꺼내 지금의 집과 새로운 집을 그려준다.) 여기가 엄마(혹은 아빠)가 조만간 살 집이야. 엄청 가깝지? 이곳에는 네 방도 있어. 이 집에서 무엇을 갖고 가고 싶니? 한번 생각해보자. 너의 새 방은 어떤 모습이면 좋을까?"

행복한 아이를 위한 성교육

몇 살부터 성에 관해 아이와 이야기해야 할지 궁금하다면 이렇게 되묻고 싶다.

"언제부터 아이에게 색깔을 가르쳐주시나요?"

색깔들은 아주 어렸을 때부터 동화책 등을 통해 자연스럽게 언급되지만, 생식기 명칭은 그렇지 않다. 이와 마찬가지로 부모들은 대개 아이에게 이렇게 질문한다.

"귀는 어디 있지? 코가 어디 있는지 가리켜볼래?"

부모들은 불안과 부끄러움으로 성교육에 대해 움츠러들고 스트레스를 받기도 한다. 그런데 성교육이라면 딱딱한 강연을 떠올릴 게 아니라 나이에 적합한 생식기 명칭들, 신체 위생, 몸과 관련된 역할놀이(유치원에서 하는 의사 놀이 등), 자기 결정, 생식 및 임신에 관한 정보 등을 떠올려야 할 것이다. 아이가 호기심을 보이는 주제를 중심으로 아이의 속도에 맞춰 설명해줘야 한다.

아이가 태어나면 부모들은 그저 아주 간단하게 음문과 음경이라고 말하는 대신, '소중이' 등과 같은 다른 표현들을 사용하거나 별것 아닌 듯 말해줘야 할 것만 같은 충동을 느낀다. 신체 부위와 기관들은 모두 다 제 이름으로 불리지만 생식기만은 안 그렇다. 그런데 우리가 정확한 명칭을 사용하지 않으면, 생식기 및 이와 관련된 모든 것을 아이가 금기시할 수 있다. 생식기와 관련된 객관적인 정보를 아이에게 편하게 알려줄수록, 아이는 관련된 불편한 경험들도 좀 더 편하게 이야기할 수 있다. 예를 들어, "아빠, 유치원에서 친구가 날 만졌는데 기분이 별로였어"라고 아이는 말할 수 있다. 설명이야말로 내 아이를 지키는 길이다!

성이라는 주제가 너무도 부끄러운가? 이 주제로 아이와 마주하면 꺼려지고 무슨 말을 해야 할지 잘 모르겠는가? 그렇다면 그 이유를 잠시 생각해볼 필요가 있다.

- 나는 깨친 사람인가?
- 성교육을 무엇이라고 생각하는가?
- 두려움, 부끄러움, 기타 감정들이 올라오는가?

- 이에 관해 (나의 속도로든 아이의 속도로든) 아이와 이야기한다면 어떤 장점이 있을까?
- 아이에게 직접 정보를 전달해주고 싶은가, 아니면 유치원이나 학교 같은 기관에 그 기회를 넘기고 싶은가?

아이들의 성

아이와 나누는 성에 관한 대화는 제 몸을 아이가 유희적으로, 탐색적으로, 선입견 없이 알아가는 일을 의미한다. 즉, 아이가 제 호기심을 충족시켜 나가는 일이다. 하지만 몸에 느껴지는 흥미로운 기분, 심취, 경계를 지각하고 관련 이야기를 나누는 것도 해당한다. 그런데 이 모든 것을 성인의 성(키스, 애무, 성관계, 오르가슴을 느끼기 위한 신체 접촉 등)과 혼동해서는 안 된다. 아이의 질문에 대답하거나 성적인 설명을 해줘야 할 때, 부모들은 성인의 관점으로 바라본다. 이 주제는 아이의 관점으로 마주해야 한다.

조그마한 유아들도 제 몸을 탐색하고 지각하고 싶어 한다. 아이들은 스스로 제 몸을 만지거나 애착 대상이 어루만져주면 편안한 감정이 올라온다는 사실을 일찌감치 알고 있다. 나이가 많아질수록 아이들은 그런 편안한 신체적 기분을 스스로 만들어낼 수 있음을 점점 더 분명하게 지각한다. 그러므로 이런 중요한 발견을 부모가 방해하거나 벌해서는 절대 안 된다.

아이가 제 성기 부위를 만진다면, 어떻게 해야 할까?

"그만둬. 더러워."

이런 식으로 말하지 말고 이렇게 반응해주자.

"네 몸을 탐색하며 만져보고 싶구나? 그건 언제든 네 방에서 할 수 있단다."

함께 고민해볼 것들

- 기분 좋은 접촉과 불쾌한 기분을 유발하는 접촉
- 아이의 몸에 손을 대도 되는 사람, 장소, 방법
- 자신의 신체적 경계에 관해 이야기하는 방법(예를 들어, 또래 친구, 친척, 그 외 어른을 대상으로)
- 자신의 몸을 방해받지 않고 탐색해도 되는 곳과 그래서는 안 되는 곳(공공장소 등)

이런 점들을 아이와 함께 고민해보면 아이가 몸의 느낌을 나이에 맞게 안전하게 탐색하도록 도와줄 수 있다. 이와 동시에 아이가 자기 자신뿐만 아니라 타인을 고려할 수 있도록 부끄러움에 대한 경계선도 그어줄 수 있다. 이를 통해 아이는 자기만의 성적 영역을 갖춰 나가고 자기 몸을 사랑할 수 있다는 사실을 이해하게 된다. 그렇게 아이는 신체 지각 능력을 강하게 키운다.

아이들은 태어날 때부터 성적 존재다. 아이들은 물리적으로 오르가슴을 느낄 수 있고, 앞서 설명했듯이 성적인 발달 시기 동안 신체 접촉에 의한 자극이 엄청나게 좋은 기분을 유발한다는 사실도 경험한다. 성 상담사는 이를 유아 자위 혹은 자기만족이라 부른다. 아이가 그런 탐색 중인 상황과 마주한다면, 성인의 성과 관련하여 생각해서는 안 된다. 아이는 주의 깊게 제 몸을 마주하게 되고, 편안하고 좋은 기분을 경험하게 된다. 비난받아야 할 게 하나도 없다. 이는 건강한 발달단계 중 하나일 뿐이다.

아이는 성장하면서 자신의 성을 천천히 지각하게 되고, 여아와 남아의 차이를 깨닫는다.

"나는 음경이 있어. 아빠도 마찬가지야."

이런 말들이 일상이 된다. 아이는 롤모델인 어른이나 또래 친구들의 행동방식을 모방한다. 아이들은 특히 유치원에서 상호 간에 통용되는 사회적 '코드'를 관찰한다. 그렇기에 사람들 간의 신체적, 상호적, 사회적 차이점에 관한 이야기가 흥미로울 수 있다. 이모가 어떻게 아이를 갖게 되었는지 점차 궁금해지는 것이다. 아이가 던지는 질문들을 보면, 아이가 어떤 주제로 이야기하고 싶은지를 명확하게 알 수 있다. 그럴 때 아이의 눈높이에 맞는 대답들을 솔직하게 건넬 수 있다. 혹은 그 주제와 관련된 동화책을 꺼낼 시기로 딱이다.

아이가 유치원에 다니기 시작하면 부모는 '의사 놀이' 주제와 맞닥뜨리게 된다. 아이는 (의도한 바는 결단코 아니나) 놀이를 하면서 친구들 간의 생물학적 차이점(친구들이 다 다르게 생겼다) 혹은 다른 친구들이 자기 몸을 만진다거나 곁에 가까이 왔을 때 올라오는 느낌 등을 살펴보게 된다. 그렇기에 아이와 함께 자기 결정권에 관해 이야기할 필요가 있다.

"좋아하고 싫어하는 것은 나 스스로 결정할래"

의사 놀이를 이야기하는 아이에게 이렇게 말하지는 않는가?

☹ "두 번 다시 그런 짓을 하면 안 돼!"

대신 이렇게 말해보자.

☺ "네가 유치원에서 경험한 일이 흥미로웠나 보구나. 그때 어떤 기분이었니? 뭐가 불편했니(혹은 좋았니)?"

☺ "언제 안 된다고 말하고 싶니? 그 경계선을 어떻게 하면 그을 수 있을까?"

☺ "불편한 감정들이 올라오면 누구에게 솔직하게 이야기할 수 있겠니?"

일상에서 경험한 일들을 통해 아이는 불편한 기분과 좋은 기분을 다루는 법을 배우게 된다. 아이가 그런 놀이를 좋아하지 않는다면, 아주 분명하게 자신의 의사를 표현하도록 용기를 북돋워주어야 한다.

"그만. 나는 싫어!"

아이는 자기만의 경계선을 명확하게 긋고 아니라고 말하는 법을 배워야 한다. 부모가 아이의 이야기를 들을 준비가 됐다는 걸 아이가 알면, 자신의 경험을 부모에게 모두 이야기할 것이다.

아이의 자기 결정권을 존중해주자

"헤어지기 전에 한 번만 안아줘!"

이모가 안아달라고 하지만 아이는 한 발짝 뒤로 물러서더니 시선을 회피해버린다. 그렇다면 이렇게 말하지는 말자.

☹ "이모 한 번만 안아줘. 아니면 이모가 슬퍼할 거야."

대신 아이를 이렇게 도와주자.

☺ "○○이는 손을 흔들고 싶은가 봐. 우리도 그 마음을 존중해줘야지."

이런 신뢰적인 경험들과 더불어 자기 몸에 대한 결정권은 자신에게 있다는 사실을 깨닫게 되면 아이는 자신의 경계를 넘는 행동들에 대해 소위 안테나를 켜고 민감하게 반응할 수 있다. 뭔가 심상치 않다고 느꼈거나 제 몸에 대한 경계가 제대로 지켜지지 않았다고 생각하면 아이는 머뭇거리지 않고 그 선을 지키려 들거나, 부끄러워하지 않고 이 이야기를 부모에게 털어놓을 것이다.

성폭력 예방하기

성폭력은 부모가 그렇게 자주 생각해보고 싶은 주제는 아니다. 이를 심도 있게 다뤄야 할 상황이면 굉장히 힘들기도 하다. 하지만 성폭력과 그 예방법을 곰곰이 생각해보는 건 분명 중요한 일이다. 가해자는 대부분 우리 아이들의 주변 사람이다. 그리고 성폭력 역시 대부분 우리 아이들 주변의 사회적 환경에서 일어난다. 친척, 가족의 친구나 지인, 학원 선생님, 스포츠센터나 문화센터 강사 등이 모두 포함된다. 어린이와 청소년의 경우, 대부분 가족 구성원으로부터 성폭력을 당한다.

아이를 보호하자

"낯선 사람들을 따라가면 안 돼!"

이렇게 말하는 대신, 이 주제에 관해 아이와 미리미리 준비해두자. 위협적인 위험에 노출되거나 사고가 일어났을 때 어떻게 반응할 것인지 예방 차원에서 아이에게 질문해볼 수 있다.

"이웃집에 불이 나면 어떻게 하지? 맞아. 소방서에 신고해야지. 또 뭘 해야 할까? 그래, 어른들에게 말해야 해. 특히 나한테."

"어떤 어른이나 나이 많은 형, 누나가 네게 기분 좋지 않은 말을 하거나 네 마음에 들지 않는 행동을 한다면 어떨 것 같아? 그러면 어떻게 할 거니? 그 사람이 '이게 우리 둘만의 비밀'이라고 말한다면 너는 어떻게 대답할 거야?"

이 맥락에서 아이는 비밀, 놀람, 그리고 개인의 사적 영역을 구분할 수 있어야 한다.

- '비밀'은 지속적인 것으로 다른 사람이 곤란해질 상황을 막고자 함이다. 아이에게는 비밀이 있어선 안 된다. 비밀은 꼭 이야기되어야 한다.
- '놀람'은 확실한 종료 시점이 있으며, 깜짝 파티처럼 즐거움이나 기쁨과 연결된다. 놀람은 유일하게 아이 자신만 간직해도 되는 것이다. 그렇기에 '안전한' 것이다.
- '사적 영역'은 어느 아이에게나 있어야 한다. 이건 기본권이다. 예를 들어, 아이가 제 기분이나 생각을 부모에게 이야기하며 다른 사람에게는 말하지 않길 바라는 것도 마찬가지다.

부모를 위한 조언서들은 좋은 비밀과 나쁜 비밀의 차이를 자주 다룬다. 그런데 비밀, 놀람, 사적 영역 간의 구분이 좀 더 명확하고 더 낫다. 그러면 아이들은 어떤 비밀이건 부모에게 모두 말해야 한다는 걸 확실하게 인지할 수 있다.

안전한 접촉과 안전하지 못한 접촉에 관한 지각

☹ "접촉에도 좋은 접촉과 나쁜 접촉이 있어."

이처럼 접촉에 대한 평가는 내리지 말자. 미디어 매체에서는 끔찍한 경우들만 언급하지만, 선을 넘어선 행동이나 성폭력은 우리 주변의 일상생활에서도 발생할 수 있다. 좋은 접촉과 나쁜 접촉의 차이를 아이에게 가르치게 되면, 아이는 나쁜 접촉을 겪거나 이에 관해 이야기할 때 윤리적 갈등에 빠질 수도 있다.

☺ "안전한 접촉도 있지만, 불편하거나 아프거나 비밀스러운 접촉도 있어."

접촉들은 분명하고 구체적으로 설명되어야 한다. 안전한 접촉(예: 엄마가 나를 어루만질 때)이나 불편하거나 아픈 접촉(예: 친구가 나를 밀 때)도 있지만, 비밀스러운 접촉(예: 누군가가 이 사실을 아무에게도 말하지 말라고 할 때)도 있다는 사실을 아이에게 설명해야 한다. 이런 형태의 접촉들을 아이가 알고 있는지 물어보자. 비밀스러운 접촉은 이렇게 덧붙여 설명해줄 수 있다.

"아이들의 음경이나 음문을 만지고 쓰다듬고 싶어 하는 사람들이 있어. 그러면서 자기가 그랬다는 사실을 다른 사람들에게 절대로 말하면 안 된다고 해. 결코 그렇지 않아. 불안하거나 비밀스러운 접촉들은 늘 이야기해야 해."

안전한 어른과 안전하지 않은 어른

"그 사람은 네게 그런 짓을 절대 하지 않을 거야."

이렇게 말하는 대신, 이 세상에는 안전한 사람과 안전하지 않은 사람이 있다는 사실을 아이에게 설명해주자.

"안전한 사람은…"

- "누군가가 위험에 처했거나 다쳤을 때, 혹은 불안함을 느낄 때 도움을 줄 수 있어."
- "비밀을 지키라고 너에게 절대로 부탁하지 않아."
- "네게 좋은 기분을 안겨줘."
- "네가 힘들어하는 이야기를 쉽게 꺼낼 수 있는 믿을 만한 사람이 되어줄 거야."
- "너를 늘 보호해줄 수 있어야 해."

"안전하지 않은 사람은…"

- "네게 비밀을 지키라고 부탁할 거야."

- "너랑 둘이서만 시간을 보내려고 애쓸 거야."
- "위급한 상황이라면서 자기를 도울 수 있는 사람이 너밖에 없다고 말할 거야. 그런데 위급한 상황에서 어른은 아이에게 도움을 요청하지 않아."
- "오직 자기만 너를 이해할 수 있다고 말할 거야."
- "부모 몰래 네게 선물을 주거나 그것에 상응하는 무언가를 요구할 거야."
- "네게 복잡한 감정들이 올라올 거야."

아이가 불안한 사람이나 장소를 언급한다면, 아이가 말하는 메시지는 중요하게 받아들여야 한다. 아이가 안전한 어른들을 파악할 수 있게 도와주자. 그래야 성폭력으로부터 우리 아이를 지켜낼 수 있다.

어떤 특정 주제를 다루기 위해 부모들은 자기 자신이 갖고 있는 부끄러움이나 두려움을 극복해내야 한다. 그런데 그렇게 하는 것이 매번 쉽지만은 않다. 양육자들은 이런 이야기들로 아이에게 되레 두려움을 심어줄까 봐 많이들 걱정한다. 아이가 자신에게 맞닥뜨린 상황을 잘 알아낼 수 있으려면 열린 대화, 정확한 정보, 신뢰, 확신 등이 필요하다. 이런 대화들을 통해 아이는 자기 느낌을 믿어도 된다는 사실을, 자신의 이야기를 다른 사람이 들어준다는 사실을 깨닫게 된다. 일상생활 속 예방 원칙들을 알게 되면서 아이의 자신감은 상승한다.

아이들이 궁금해하는 다소 무거운 주제들

”

테러, 전쟁, 고통, 기아, 자연재해, 각종 차별 등등 우리 아이들은 살면서 다양한 주제를 접하게 된다. 본능적으로 부모는 아이를 이런 주제들로부터 보호하고 싶지만, 이 주제들을 잘 다뤄주는 것도 부모의 책임이다. 이때 부모는 이해하기 쉬운 말로 아이에게 설명해줄 필요가 있다. 아이들은 안전한 공간에서, 쉬운 말로, 적절하게 이처럼 예민한 주제들을 이해할 수 있게 도와주는 부모들이 필요하다.

아이가 일상생활 속에서 이런 주제들과 맞닥뜨리고는 화들짝 놀라며 어떻게 해야 좋을지 우왕좌왕하기 전에, 우리 부모들이 적절한 정보를 제공함으로써 아이를 강하게 만들어줘야 한다. 이 주제들을 스스로 한번 다뤄보는 게 중요하다. 예를 들어, 이런 주제들과 관련된 아동용 서적들을 책장에 꽂아둔 다음, 아이가 관심을 보이면 그때 함께 이야기하는 방법도 있다. 아이에게 적절한 어린이 방송도 찾아보자. 아이들 눈높이에 맞춰 설명해주는 상담 시설을 방문해볼 수도 있다. 그럼 다소 무거운 주제들을 아이들의 언어로 어떻게 설명해줄 수 있을지 함께 알아보자.

인종차별 문제

인종차별이 언제 '작용'하고, 인종차별을 겪는 사람들이 어떤 기분이며, 아이들이 자기 자신과 타인을 위해 얼마나 연대적으로 개입할 수 있는지 등 인종차별에 관한 인식을 잘 심어주는 일은 중요하다.

피부색, 종교, 출신 국가 등 사람들이 인종차별을 겪는 이유와 정도는 다양하다. 예를 들어, 아프리카나 아시아 사람, 무슬림, 소수민족 등에 대한 인종차별, 유대인 배척주의 등이 있다. 예전에는 자기가 남보다 더 우월하다는 생각에 남을 함부로 대했던 사람들이 있었다는 사실을 아이에게 이해시켜주자. 그러나 요즘에도 인종차별적 행동들은 존재하며, 이는 불공정한 행동이고 타인에게 상처를 준다는 사실을 아이가 이해할 필요가 있다.

이런 이유에서 책 속에서 인종차별적 표현이나 관련 상황을 찾아보는 것도 도움이 된다. 다른 관점으로 바라보기, 비판적으로 반영하기, 이 주제에 관해 대화하기 등으로 아이의 연대적 행동방식을 촉구할 수 있다. 다른 주제들과 마찬가지로 부모가 아이에게 모범을 보이는 건 기본이다. 다양성이 우리 일상에서 낯선 언어여서는 안 된다. 아이가 정의와 공정함을 이해할 수 있게 유념하자.

인종차별에 반대하는 자세

☹ "인디언 분장을 당연히 해볼 수 있지."

이렇게 말하는 대신, 다음과 같이 이야기해주는 게 더 좋다.

☺ "인디언이라는 말도, 그 복장 같은 것도 없어. 미국에 살면서 '원주민'이나 '토착민'이라 불리는 사람들이 있는 거야. 그들의 옷은 특별해. 엄청 큰 공을 세울 때마다 깃털을 단단다. 그런데 어떤 가게에서는 이 같은 옷을 판매하고 있지만 이건 변복이 아니야. 사람들이 '너'처럼 분장하고 나타나서는 카니발 때 ○○이처럼 꾸몄다고 말하면 네 기분은 어떻겠어? 만약 네가 친구들 나라의 전통 옷을 입고 분장했다고 말한다면 그 친구들 기분은 어떨까?"

전쟁 문제

아이는 나이와 발달 수준에 따라 이 주제에 관한 질문을 던지기도 한다. 그러면 아이의 나이에 맞는 정보를 가지고 적절하게 대답해줄 필요가 있다. 피난을 직접 경험해본 부모들은 그런 질문에 당황할 수 있다. 이때는 자신의 감정이 아이에게 전이되지 않도록 현재에만 머무르는 게 좋다. 물론 피난 경험이 있는 부모가 그 당시 피난을 직접 겪어봤기에 이 주제에 관한 대화가 아직 힘들다고 자녀에게 솔직하게 말해도 괜찮다.

아이와 이 주제를 다룰 방법들은 사춘기 때까지는 제한적이기에 적당하게 관련 정보를 전달해주어야 한다. 전쟁에 관한 지식이 부족하다고 부모 스스로 그렇게 느낀다면, 솔직하게 인정하고 아이와 함께 답을 찾아보아야 한다. 이때 너무 캐물어서도 안 되고 아이에게 부담이 될 정보를 제공해서도 안 된다. 어린이 뉴스처럼 아이들이 시청 가능한 방송들이 유익한 정보를 제공해주며 부족한 지식을 채워줄 수 있다. 뉴스는 낮에 보여주는 게 제일 좋으며 부모가 함께 시청해야 한다. 그래야만 이와 관련된 내용을 필요에 따라 그날 좀 더 자세하게 다룰 수 있다.

전쟁 주제에 대해 이렇게 말한 적 있는가?

"우리랑은 상관없는 일이니 너는 걱정할 필요 없어."

이렇게 말하는 대신, 아이의 나이에 맞춰 다음과 같이 적절하게 설명해주자.

취학 전 아이에게

"두 사람이 어떤 이유로 서로 싸우고 있다고 생각해봐. 두 사람은 어떻게 화해할 수 있을까? 고함치는 게 좋을까? 서로 밀어대는 게 좋을까? 네 생각은 어때? 그런데 전쟁 중인 나라들은 너처럼 합리적이고 평화로운 해결책을 찾지 못한 거야."

큰 나라가 작은 나라를 공격할 때는 이렇게 말해줄 수 있다.

"뭐든 자기 맘대로 하려 들고 다른 사람들이 안 따라주면 엄청나게 화를 내는 아이가 유치원에 있다고 생각해봐. 그 아이는 다른 친구들과 타협하지도 않고 무섭게 위협만 해대지. 그 아이가 진짜 화가 나면 다른 친구들을 밀고, 때리고, 심지어 다치게도 해. 아무도 그런 행동을 좋아하지 않아. 다른 사람들 모두 화가 나고 슬퍼한다는 걸 걔도 알아. 그런데도 자기 마음대로 하고 싶은 거야. 하지만 폭력으로 인해 친구들을 모두 잃게 되지."

초등학생 아이에게

전쟁이라는 단어를 아이가 어떻게 이해하고 있는지 물어보자.

"이 단어를 지금껏 들어보거나 본 적 있니?"

"어떤 그림들이 떠오르니?"

"둘 이상의 나라들이 서로 의견을 모으지 못하면 전쟁이 일어나. 한 나라의 힘이 좀 더 강하면, 다른 나라가 의견을 굽히도록 폭력을 행사하는 거지. 이들이 싸우면, 못된 말만 내뱉는 게 아니라 무기들을 사용해서 서로에게 상처를 입힐 때도 있어. 그러면 그 나라들은 전쟁에 군인들을 보내. 자기들이 가진 힘을 내세우면서 상대방을 이기고 싶은 거지. 그런 나라들에 사는 사람들은 다른 '안전한' 나라로 피신해야 할 때도 종종 있어. 고국을 떠나야만 하는 거지. 이건 그들에게 굉장히 힘든 일이야."

앞서 언급된 질문들에 대한 대답을 보면, 아이의 현재 지식 수준을 어느 정도 가늠해볼 수 있다. 여기에 부모가 가진 지식을 덧붙여줄 수 있다. 중요한 건 전쟁에는 늘 끝이 있다는 희망을 전달해주는 것이다. 이를 위해 누구나 무언가를 할 수 있다는 사실을 가르쳐주는 것도 중요하다. 어른들이 반전쟁 시위를 벌이는 것처럼, 아이들도 평화의 편지 쓰기, 전쟁 상황에 놓인 사람들을 위해 촛불 켜기, 평화의 돌 그리기 등 자기 의견을 표현할 수 있다는 사실도 함께 가르쳐줄 수 있다.

공감과 지지로 깊은 애착 관계를 만드는

부모의 말 수업

1판 1쇄 인쇄 2025년 4월 10일
1판 1쇄 발행 2025년 4월 21일

지은이 힐랄 비릿
옮긴이 이은미

펴낸이 김봉기
출판총괄 임형준
편집 안진숙, 김민정
외부 편집 김민정
일러스트 하꼬방
디자인 산타클로스
마케팅 선민영, 조혜연, 임정재

펴낸곳 FIKA[피카]
주소 서울시 서초구 서초대로 77길 55, 9층
전화 02-3476-6656
팩스 02-6203-0551
홈페이지 https://fikabook.io
이메일 book@fikabook.io
등록 2018년 7월 6일(제2018-000216호)

ISBN 979-11-93866-29-0 03590